中国水利教育协会　组织

U0792219

全国水利行业"十三五"规划教材（职业技术教育）

水利工程造价与招投标

主　编　张梦宇　曾伟敏　吕桂军
副主编　曹京京　韩晓育　宋弼强
主　审　梁建林

中国水利水电出版社
www.waterpub.com.cn
·北京·

内 容 提 要

本书主要介绍了现行水利工程概预算编制原理、方法与步骤，以及工程招标与投标的程序、招标投标文件的内容、工程量清单计价、标底与报价的编制方法。全书共分十一章，包括概述、工程造价的项目划分与费用构成、工程定额、基础单价、建筑与安装工程单价、设计概算编制、其他工程造价文件编制、水利工程招标文件编制、水利工程投标文件编制、竣工结算与项目竣工决算、计算机编制水利工程造价。

本书是为适应国家高等职业技术教育的发展而编写的，可作为高职高专院校水利水电建筑工程、水利水电工程造价与管理、水利工程、水利工程施工等专业的教材，也可供水利类专业教师和水利水电工程行业从事施工、设计、监理、造价咨询等的工程技术人员参考。

图书在版编目（CIP）数据

水利工程造价与招投标 / 张梦宇，曾伟敏，吕桂军主编. -- 北京 : 中国水利水电出版社，2017.2(2022.7重印)
全国水利行业“十三五”规划教材. 职业技术教育
ISBN 978-7-5170-5185-5

Ⅰ. ①水… Ⅱ. ①张… ②曾… ③吕… Ⅲ. ①水利工程－工程造价－高等职业教育－教材②水利工程－招标－高等职业教育－教材③水利工程－投标－高等职业教育－教材 Ⅳ. ①TV51

中国版本图书馆CIP数据核字(2017)第028685号

书　　名	全国水利行业“十三五”规划教材（职业技术教育） **水利工程造价与招投标** SHUILI GONGCHENG ZAOJIA YU ZHAOTOUBIAO
作　　者	主　编　张梦宇　曾伟敏　吕桂军 副主编　曹京京　韩晓育　宋弼强 主　审　梁建林
出版发行	中国水利水电出版社 （北京市海淀区玉渊潭南路1号D座　100038） 网址：www.waterpub.com.cn E-mail：sales@mwr.gov.cn 电话：（010）68545888（营销中心）
经　　售	北京科水图书销售有限公司 电话：（010）68545874、63202643 全国各地新华书店和相关出版物销售网点
排　　版	中国水利水电出版社微机排版中心
印　　刷	天津嘉恒印务有限公司
规　　格	184mm×260mm　16开本　20印张　474千字
版　　次	2017年2月第1版　2022年7月第5次印刷
印　　数	11001—14000册
定　　价	**59.00**元

前言

本书是按照国家对高职高专人才培养的规格要求，根据全国水利水电高职教研会制定的水利工程造价与招投标课程教学大纲编写完成的。本书依据2014年水利部颁布的《水利工程设计概（估）算编制规定》、最新的《水利建筑工程概算定额》（上、下册）、《水利建筑工程预算定额》（上、下册）、《水利工程施工机械台时费定额》《水利水电设备安装工程预算定额》以及《水利工程概预算补充定额》，并及时吸收了水利部办公厅印发的《水利工程营业税改征增值税计价依据调整办法》，使得本书更加系统完善。全书共分十一章，主要有以下特点：

（1）本书是根据国家水利部颁发的现行工程造价文件和取费标准，结合当前水利水电工程造价的发展要求编写的，内容新颖、实用。

（2）根据高等职业技术教育的要求，结合本课程实践性强的特点，本书在内容编写和章节安排上突出各章的学习任务。各章节在基本原理、基本理论和基本方法阐述之后，均有一定数量的典型例题，并配有相关的综合案例，便于“教、学、练、做”一体化。

（3）为提高工程造价人员的计算机应用能力，本书介绍了计算机编制水利工程造价的方法。

（4）本书系统地阐述了工程招投标的程序、招标文件与投标文件的编写、标底与报价的编制、投标项目的选择以及投标策略等，并附有案例，便于读者熟悉招标投标的工作内容。

随着改革的深入和经济的发展，国家和上级主管部门将会陆续颁布一些新的规定、定额、费用标准，各省、自治区、直辖市地方水利工程概预算编制办法具体规定各不相同，各地有关人工、材料等的预算价格不同，本书难于归纳，但是工程造价基本原理相同。因此，各学校在采用本书授课时，应结合国家和上级主管部门的新规定与本地区的实际情况和规定予以补充和修正。

本书由黄河水利职业技术学院张梦宇、曾伟敏和吕桂军担任主编，黄河水利职业技术学院曹京京、韩晓育和梅州生态建设有限公司宋弼强担任副主编，黄河水利职业技术学院梁建林教授担任主审。具体编写人员和分工如下：绪论、第一章、第二章、第三章、第六章、第九章、第十章、第十一章由黄河水利职业技术学院张梦宇编写，第四章、第五章的第六节至第九节和第七章由黄河水利职业技术学院吕桂军编写，第五章的第一节由黄河水利职业技术学院王飞寒编写，第五章的第二节至第五节由濮阳黄河河务局第一黄河河务局宋红霞编写，第八章由黄河水利职业技术学院闫国新编写，附录一由黄河水利职业技术学院曹京京编写，附录二由惠州市弘基水利工程有限公司曾伟敏编写，附录三和附录四由梅州生态建设有限公司宋弼强编写，附录五由黄河水利职业技术学院韩晓育编写。

本书编写过程中，得到了郑州金控计算机软件有限公司韦黎的大力支持，在此表示感谢！

由于编者水平所限，书中难免存在缺点和错误，恳请读者批评指正。

编　者

2017年1月

目 录

绪　论

随着我国社会主义市场经济体制的建立，在建设领域推行以项目法人责任制、建设监理制和招投标制等为主要内容的建设管理制度已初见成效，并将逐步规范化。建设项目投资与造价管理也正在这一体制形成和发展过程中得以逐渐完善和发展。

本书系统地介绍了我国水利水电工程造价理论和方法，论述了水利水电工程招投标工作与工程造价的关系，以期使水利水电工程投资获得最佳的经济效益。

一、我国水利水电工程投资概况

水利水电基本建设在国民经济发展中占有十分重要的地位，由于我国的水量在空间和时间上的分配很不均匀，造成洪涝、干旱灾害频繁。历史上，我国人民在同水害作斗争的过程中，取得了丰富的经验和成就，如修建四川都江堰、陕西郑国渠、京杭大运河等一大批水利工程。从新中国成立到 1996 年，我国水利水电工程建设共完成基建投资 1700 亿元，建设万亩以上灌区 5606 处，建成大、中、小型水库 8.5 万座。利用世界银行贷款建设的黄河小浪底工程和投资巨大的长江三峡工程已经完工，巨额投资的南水北调工程正在建设。1998 年洪水以后，国家对长江、黄河、松花江、辽河等流域投入了大量的建设资金，修建堤防加固工程和控导工程。自 1995 年以来，水利基本建设投资平均每年都在 200 亿元以上。如何预测准、管好、用好这笔巨大的建设资金，充分发挥其最大的经济效益，对我国的经济建设具有重大的意义。

二、水利水电工程造价的重要意义

水利水电工程造价在水利水电基本建设过程中具有十分重要的意义。具体表现如下：

（1）为建设项目决策提供了科学依据。建设项日在投资决策之前要进行深入细致的可行性研究，充分论证建设项目技术上的可行性和经济上的合理性，作为经济分析重要基础的投资估算为项目决策提供了科学依据。

（2）为建设项目前期投资控制提供了科学的方法。在工程项目的可行性研究阶段和初步设计阶段，控制工程规模、设计标准、工程范围等时，应通过技术经济比较的方法优化设计方案，对工程投资进行前期控制。

（3）为建设项目提供了合理的工程投资规模和宏观控制目标。初步设计概算是有关部门控制投资规模的主要依据，概算编制的准确程度，直接影响工程建设的进展情况和投资效果，工程建设期间不得任意突破概算投资额，这是国家或业主进行宏观控制的目标。

（4）为筹措建设资金提供了依据。随着水利投资体制和建设管理体制改革的不断深化，水利水电工程建设投资方式正向着多元化的格局发展，主要有各级政府财政投资、贷款、集资、利用外资和动员社会力量参与水利水电基本建设投资等形式，各种投资所占的比例与工程总投资密切相关，如果投资总额不准确或比例失调，必然影响建设资金的到位，水利工程造价为通过各种方式筹措建设资金提供了基本依据。

（5）为推行工程招标投标制提供了必要条件。招标投标制是水利水电工程建设管理制度改革的重要内容，合理的标底为选择最优的承包商提供了重要依据，合理的报价有效地避免了盲目要价和竞相压价等不正当竞争，也为工程建设的顺利进行打下了良好的基础。

（6）提供科学的工程造价实施控制方法。科学的造价实施控制方法对调整客观因素影响的投资，避免主观因素对工程投资的影响，可以避免盲目要价和竞相压价等不正当竞争行为，规范业主和承包商之间的权利和义务，提供了科学的投资控制方法。

（7）为科学反映工程实际造价提供了依据。竣工决算是反映工程实际造价和投资效果的技术经济报告，编制竣工决算的主要依据是设计概算、合同及其调价、结算等资料。

（8）为基本建设审计提供了基础资料。概预算文件、合同及其调价、结算等资料是审查财务收支账目真实、合法与否的重要基础资料。

三、水利水电工程造价管理的发展

我国唐宋年间的著作中已有关于定额的明确记载，如“皆量出以为入，定额以给资”“诸路上供、岁有定额”等，这说明我国古代就已有利用定额进行资金控制的先例。美国工程师泰罗（1856—1915）在企业管理过程中，制定了工时定额，采用有差别的计件工资制，被称为“科学管理之父”。新中国成立以来，我国工程造价这一学科随着社会的发展经历了一个曲折的过程。

（一）概预算管理制度建立时期（1949—1957 年）

新中国成立初期，我国国民经济尚处于恢复时期，还没有工程概预算制度，工程建设采用的是实报实销的办法。在 1951—1957 年，国家主要着手建立社会主义性质的概预算制度，当时主要是借鉴前苏联的经验，先后确定了概预算在建设中的作用，规定在不同设计阶段必须编制概算或预算；确定了概预算编制的原则、内容、方法，概预算的编制、审批、审定修正办法；确定了概预算的编制根据。1951—1952 年政务院财经委员会相继颁发了《基本建设工作程序暂行办法》和《基本建设工作暂行办法》。

（二）概预算管理制度削弱时期（1958—1976 年）

1958 年“大跃进”期间，由于受极左思想的干扰，只讲政治，不讲经济，造成“设计无概算，施工无预算，竣工无决算”的投资失控局面。施工企业的计划利润被废除，建设单位和承包单位不分，工程决算后，多退少补，实报实销。1966—1976 年，概预算制度被完全否定，概预算在工程建设中根本不起作用，专业人员改行，大量资料流失。

（三）概预算管理制度恢复重建时期（1977—1991 年）

党的十一届三中全会以来，随着经济体制的改革，投资制度也进行了一系列改革，国家重新整顿，建立健全概预算制度，重申设计要有概算，施工要有预算，竣工要有决算的“三算”对比原则。1978 年国家建委、国家计委、财政部共同制定和颁发了《关于加强基本建设概、预、决算管理工作的几项规定》。1982 年国家计委颁发了《关于加强基本建设经济定额、标准、规范等基础工作的通知》，1983 年国家计委和中国人民建设银行总行联合颁发了《关于改进工程建设概预算工作的若干规定》等文件，到1983年，全国制定和修订工程建设概预算定额已达142种。1986—1988年水利电力部先后重新颁发了《水利水电工程预算定额》《水利水电工程设备安装工程预算定额》《水利水电工程设备安装工程概算定额》《水利水电工程概算定额》及配套文件。

（四）工程造价管理制度改革与发展时期（1992年以来）

20世纪90年代以来，工程造价制度正在进一步发展和完善，逐步实现从静态投资管理向动态投资管理的转变，从自营建设向招标方式转变，从微观控制向宏观控制转变。适合不同时期、不同地域的概（估）算办法、费用标准和工程定额相继颁发。随着水利水电工程建设管理与国际接轨，工程造价由单纯的定额法，向实物量法预测工程造价发展。工程造价由业主委托社会上的专门机构，如设计咨询公司、造价师事务所等进行预测，新兴的工程造价管理制度正在逐步形成。

2000年以来，为了适应当前水利水电工程建设飞速发展的要求，适应当前社会生产力水平，经过十几年来工程造价经验总结，2002年经国家发展计划委员会批准，水利部颁发了新的《水利工程设计概（估）算编制规定》《水利建筑工程预算定额》《水利建筑工程概算定额》《水利施工机械台时费定额》《水利水电设备安装工程预算定额》《水利水电设备安装工程概算定额》，分别以水总〔2002〕116号文、水建管〔1999〕523号文颁发。

为适应社会主义市场经济的发展和水利工程基本建设投资管理的需要，提高概（估）算编制质量，合理确定工程投资，根据《建筑安装工程费用项目组成》（住房和城乡建设部、财政部建标〔2013〕44号）等国家相关政策文件，结合近几年水利工程自身行业特点，在水利部水总〔2002〕116号文颁布的《水利工程设计概（估）算编制规定》的基础上，修订形成了《水利工程设计概（估）算编制规定》（水总〔2014〕42号）。

为适应社会主义市场经济体制改革需要，更好地与国际通用工程计价办法接轨，合理确定水力发电投资，控制水电工程造价，2000年12月国家电力公司组织制定了《水电工程"实物法"概算编制导则》（试行）〔2000〕800号，该导则作为我国水电工程项目一种新的工程计价办法，要求各建设、设计咨询和施工单位积极推广应用。由水利部、国家电力公司和国家工商行政管理局联合颁发的《水利水电施工合同和招投标文件示范文本》（GF—2000—0208），于2000年2月颁发实行，被水利水电施工企业称之为"中国水利水电施工的FIDIC"。这些文件及定额的颁发，将使我国水利水电建设的投资管理更加规范化、制度化。使水利水电建设的投资市场管理健康有序的发展。

四、课程特点及学习方法

本课程是经济性、政策性、实践性较强的一门综合性应用学科。

1. 经济性

经济性是指在工程造价编制过程中要牢固树立经济效益的观念。工程概预算文件和工程招投标文件是工程建设项目的技术经济文件，因此，在编制过程中要精打细算、准确、合理。

2. 政策性

政策性是指工程造价和工程招投标要依据国家和地方主管部门颁发的定额、编制办法、费用标准、法令法规，有关内容反映在教材各章节中，工程造价人员应熟悉这些内容，并能在实际工作中贯彻执行。

3. 实践性

由于本课程实践性很强，课程内容应理论联系实际，所以教材列举了很多实例，使学生能了解和掌握工程造价和工程招投标的业务工作和科学方法。

本课程与水利水电工程施工、水工建筑物、建筑材料、建筑结构等课程密切相关，学好本课程要求有较全面的专业知识；牢固树立经济效益的观念；熟悉国家或地区有关部门颁发的法令、法规，密切联系工程实际，科学编制工程造价。

本课程的学习方法如下：

重点掌握本课程的基本理论、基本方法、基本知识。理解各种费用内涵，熟悉工程定额和编制工程造价应注意的问题。

本教材列举了许多例题和案例，应结合基本理论知识，加深理解。要注意各章节之间的联系，系统地掌握本课程的内容。

为了加深对课程内容的掌握，可通过概预算课程设计和模拟招投标实训，巩固所学知识。

本章复习题

1. 水利水电工程造价的意义有哪些？

2. 我国水利水电工程造价管理的发展经历了几个阶段？

第一章 概 述

第一节 基 本 建 设

一、基本建设的概念

基本建设是形成固定资产的生产活动。固定资产是指在其有效使用期内重复使用而不改变其实物形态的主要劳动资料，它是人们生产和生活的必要物质条件。固定资产根据它在生产和使用过程中所处的地位和作用的社会属性，可分为生产性固定资产和非生产性固定资产两大类。前者是指在生产过程中发挥作用的劳动资料，如工厂、矿山、油田、电站、铁路、水库、海港、码头、路桥工程等。后者是指在较长时间内直接为人民的物质文化生活服务的物质资料，如住宅、学校、医院、体育活动中心和其他生活福利设施等。

人类要生存和发展，就必须进行简单再生产和扩大再生产。前者是指在原来的规模上重复进行；后者是指扩大原来的规模，使生产能力有所提高。从理论上讲，这种生产活动包括固定资产的新建、扩建、改建、迁建、恢复建等多种形式。每一种形式又包含了固定资产形成过程中的建筑、安装、设备购置以及与此相联系的其他生产和管理活动等工作内容。

新建是指从无到有、平地而起的新开始建设项目。有的建设项目原有规模较小，扩大规模后，其新增加的固定资产的价值超过原有固定资产价值的 3 倍，也属于新建项目。

扩建是指原有企业和事业单位，为扩大原有产品生产能力和效益，增加新产品的生产能力而新建的一些主要车间和其他固定资产等。

改建是指原有企业或事业单位，为提高生产效率，改进产品质量，降能节耗，改变产品结构等而对固定资产的工艺流程进行整体性的技术改造。

迁建是指由于环境因素、使用因素等导致固定资产的地点变化的重新建设。

恢复建是指原有的固定资产由于遭受自然力或战争破坏而按原来规模、面貌重新建起来的项目。

固定资产的此类生产活动属于基本建设。虽然固定资产的简单再生产和扩大再生产有不同的含义和形式，但在现实经济生活中它们是相互交错、紧密联系的统一体。

由此可见，基本建设不仅包括固定资产的外延扩大再生产，也包含了固定资产的内涵扩大再生产。不仅新建、扩建、恢复建属于基本建设，恢复修理、更新改造也属于基本建设，这是理论上关于基本建设的科学概念。

二、基本建设项目分类

基本建设项目是指按照一个总体设计进行施工，经济上实行统一核算，行政上实行统一管理的基本建设单位。基本建设是由一个个基本建设项目组成的，基本建设项目根据不同的分类方式有诸多类型。

1. 按建设项目性质分类

建设项目按性质可分为新建、扩建、改建、恢复建和迁建。

2. 按投资额构成分类

按照投资额构成的不同内容，基本建设项目可分为建筑安装工程投资、设备工（器）具投资和其他基本建设投资。

3. 按建设用途分类

按基本建设工程的不同用途，基本建设项目可分为生产性建设项目和非生产性建设项目。生产性建设项目如工业建设、水利建设、运输建设等；非生产性建设项目如住宅建设、卫生建设、公用事业建设等。

4. 按建设规模分类

按建设总规模和总投资的大小，基本建设项目可分为大型、中型及小型建设项目。

5. 按建设阶段分类

根据建设项目所处的不同建设阶段，基本建设项目可分为预备项目（探讨项目）、筹建项目（前期工作项目）、施工项目、建成投产项目及收尾项目等。

三、基本建设的工作内容

基本建设包括的工作内容如下：

（1）建筑安装工程。建筑安装工程是基本建设工作的重要组成部分，建筑行业通过建筑安装活动生产出建筑产品，形成固定资产。建筑安装工程包括建筑工程和安装工程。建筑工程包括各种建筑物、房屋、设备基础等的建造工作。安装工程包括生产、动力、起重、运输、输配电等需要安装的各种机电设备和金属结构设备的安装、试车等工作。

（2）设备工（器）具购置。设备工（器）具购置是指建设单位因建设项目的需要进行采购或自制达到固定资产标准的机电设备、金属结构设备、工具、器具等的购置工作。

（3）其他基本建设工作。凡不属于以上两项的基本建设工作，如勘测、设计、科学试验、淹没及迁移赔偿、水库清理、施工队伍转移及生产准备等项工作。

四、基本建设程序

工程项目建设的各阶段、各环节、各项工作之间存在着一定的不可违反的先后顺序。基本建设程序是指基本建设项目从决策、设计、施工到竣工验收整个工作进行过程中各阶段及其工作所必须遵循的先后次序与步骤。它所反映的是在基本建设过程中各有关部门之间一环扣一环的紧密联系和工作中相互协调、相互配合的工作关系。基本建设是一项十分复杂的工作，它涉及面广，需要内外各有关部门协作配合的环节多。要完成一项工程，需要多方面的工作，有些是前后衔接的，有些是左右配合的，更有些是相互交叉的。因而这些工作必须按照一定的程序和先后次序依次进行，才能确保基本建设工作的顺利进行。否则，违反了基本建设程序将会造成无法挽回的经济损失。例如，不做可行性研究，就轻率决策定案；没有搞清水文、地质情况就仓促开工；边勘察、边设计、边施工等，不仅浪费了投资，也降低了质量，更严重的是，建设项目迟迟不能发挥效益，即“工期马拉松，投资无底洞，质量无保证”。因此，基本建设程序是遵循客观规律、经济规律以获得最大效益的科学方法，必须严格地按基本建设程序办事。

根据我国基本建设实践，水利水电工程的基本建设程序为：根据资源条件和国民经济长远发展规划，进行流域或河段规划，提出项目建议书；进行可行性研究和项目评估，编制可行性研究报告；可行性研究报告批准后，进行初步设计；初步设计经过审批，项目列入国家基本建设年度计划；进行施工准备和设备订货；开工报告批准后正式施工；建成后进行验收投产；生产运行一定时间后，对建设项目进行后评价。水利水电工程项目建设程序如图1-1所示。

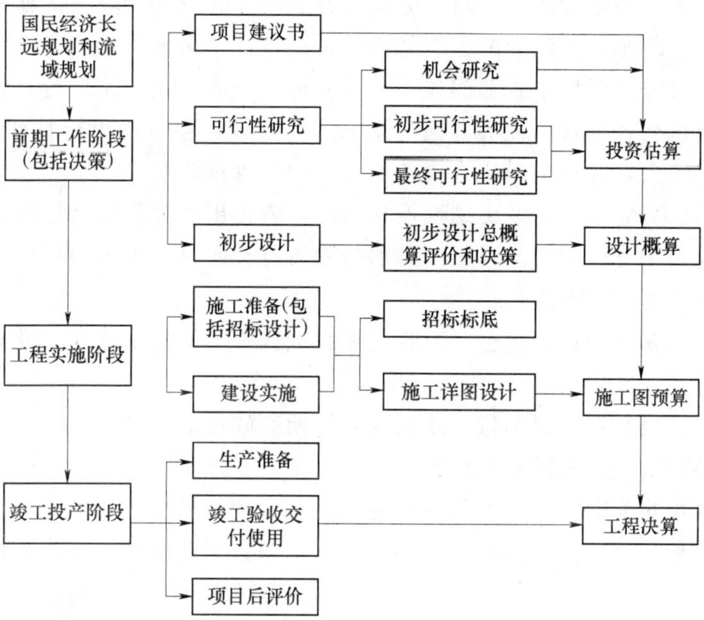

图1-1　水利水电工程项目建设程序简图

水利水电工程基本建设程序的具体工作内容如下。

1. 流域规划

流域规划就是根据该流域的水资源条件和国家长远计划，对该地区水利水电工程建设发展的要求，提出该流域水资源的梯级开发和综合利用的最优方案。对该流域的自然地理、经济状况等进行全面、系统的调查研究，初步确定流域内可能的建设位置，分析各个坝址的建设条件，拟定梯级布置方案、工程规模、工程效益等，进行多方案分析比较，选定合理梯级开发方案，并推荐近期开发的工程项目。

2. 项目建议书

项目建议书是在流域规划的基础上，由主管部门提出建设项目的轮廓设想，从宏观上衡量分析项目建设的必要性和可能性，分析建设条件是否具备，是否值得投入资金和人力，进行可行性研究工作。

项目建议书编制一般由政府委托有相应资质的设计单位承担，并按国家现行规定权限向主管部门申报审批。项目建议书被批准后，由政府向社会公布，若有投资建设意向，则组建项目法人筹备机构，进行可行性研究工作。

3. 可行性研究

可行性研究是项目能否成立的基础，这个阶段的成果是可行性研究报告。它是运用现代技术科学、经济科学和管理工程学等，对项目进行技术经济分析的综合性工作。其任务是研究兴建某个建设项目在技术上是否可行，经济效益是否显著，财务上是否能够赢利；建设中要动用多少人力、物力和资金；建设工期多长，如何筹集建设资金等重大问题。因此可行性研究是进行建设项目决策的主要依据。

水利水电工程项目的可行性研究是在流域（河段）规划的基础上，组织各方面的专家、学者对拟建项目的建设条件进行全方位多方面的综合论证比较。例如三峡工程就涉及许多部门和专业，甚至整个流域的生态环境、文物古迹、军事等学科。

可行性研究报告由项目主管部门委托工程咨询单位或组织专家进行评估，并综合行业归口部门、投资机构、项目法人等方面的意见进行审批。项目的可行性研究报告批准后，应正式成立项目法人，并按项目法人责任制实行项目管理。

美国在20世纪30年代开发田纳西西比河时，就提出要加强可行性研究的内容，为项目的正确决策起到了良好作用。通常国外所指的可行性研究，大致包括机会研究、初步可行性研究和可行性研究三个阶段。

机会研究主要是鉴别投资机会，对拟建项目的投资方向提出建议，并确定是否有必要作进一步研究，其深度较浅。

初步可行性研究是对项目的进一步研究，以便有较可靠的依据，以确定拟建项目是否有必要兴建，是否要进行专题补充研究。

可行性研究也称为最终可行性研究，通过进一步调查研究，对拟建项目的投资额、工程效益、环境评价、移民拆迁等提出分析和建议，为投资或项目兴建决策提供可靠的技术经济依据。

4. 初步设计

可行性研究报告批准后，项目法人应择优选择有相应资质的设计单位承担工程的勘测设计工作。

初步设计是在可行性研究的基础上进行，其主要任务是确定工程规模；确定工程总体布置、主要建筑物的结构型式及布置；确定电站或泵站的机组机型、装机容量和布置；选定对外交通方案、施工导流方式、施工总进度和施工总布置、主要建筑物施工方法及主要施工设备、资源需用量及其来源；确定水库淹没、工程占地的范围，提出水库淹没处理、移民安置规划和投资概算；提出环境保护措施设计；编制初步设计概算；复核经济评价等。初步设计由项目法人组织审查后，按国家现行规定权限向上级主管部门申报审批。

初步设计文件报批前，一般须由项目法人对初步设计中的重大问题组织论证。设计单位根据论证意见，对初步设计文件进行补充、修改、优化。初步设计由项目法人组织审查后，按国家现行规定权限向主管部门申报审批。

5. 施工准备阶段

项目可行性研究报告已经批准，年度水利投资计划下达后，项目法人即可开展施工准备工作，其主要内容包括：

(1) 施工现场的征地、拆迁。

(2) 完成施工用水、电、通信、路和场地平整等工程。

(3) 必须的生产、生活临时建筑工程。

(4) 实施经批准的应急工程、试验工程等专项工程。

(5) 组织招标设计、咨询、设备和物资采购等服务。

(6) 组织相关监理招标，组织主体工程招标准备工作。

6. 建设实施阶段

建设实施阶段是指主体工程的建设实施，项目法人按照批准的建设文件，组织工程建设，保证项目建设目标的实现。

项目法人或其代理机构，必须按审批权限，向主管部门提出主体工程开工申请报告，经批准后主体工程方可正式开工。主体工程开工须具备以下条件：

(1) 前期工程各阶段文件已按规定批准，施工详图设计可以满足初期主体工程施工需要。

(2) 建设项目已列入国家或地方水利水电工程建设投资年度计划，年度建设资金已落实。

(3) 主体工程招标已经决标，工程承包合同已经签订，并得到主管部门同意。

(4) 现场施工准备和征地移民等建设外部条件能够满足主体工程开工需要。

(5) 建设管理模式已经确定，投资主体与项目主体的管理关系已经理顺。

(6) 项目建设所需全部投资来源已经明确，且投资结构合理。

(7) 项目产品的销售，已有用户承诺，并确定了定价原则。

7. 生产准备阶段

生产准备是项目投产前所要进行的一项重要工作，是建设阶段转入生产经营的必要条件。项目法人应按照建管结合和项目法人责任制的要求，适时做好有关生产准备工作，其主要内容如下：

(1) 生产组织准备。建立生产经营的管理机构及其相应管理制度。

(2) 招收和培训人员。按照生产运营的要求，配备生产管理人员，并通过多种形式的培训，提高人员素质，使之能满足运营要求。

(3) 生产技术准备。主要包括技术资料的汇总、运行技术方案的制定、岗位操作规程制定和新技术准备。

(4) 生产物资准备。主要是落实投产运营所需要的原材料、协作产品、工（器）具、备品备件和其他协作配合条件的准备。

(5) 正常的生活福利设施准备。

(6) 及时具体落实产品销售合同协议的签订，提高生产经营效益，为偿还债务和资产的保值增值创造条件。

8. 竣工验收

竣工验收是工程完成建设目标的标志，是全面考核基本建设成果、检验设计和工程质量的重要步骤。竣工验收合格的项目即从基本建设转入生产或使用。

当建设项目的建设内容全部完成，并经过单位工程验收，符合设计要求并按水利基本建设项目档案管理的有关规定，完成了档案资料的整理工作；在完成竣工报告、竣工决算等必需文件的编制后，项目法人按照有关规定向验收主管部门提出申请，根据《水利水电工程验收规程》组织验收。

竣工决算编制完成后，须由审计机关组织竣工审计，其审计报告作为竣工验收的基本资料。

对工程规模较大、技术较复杂的建设项目可先进行初步验收。不合格的工程不予验收；有遗留问题必须有具体处理意见，且有限期处理的明确要求并落实责任人。

9. 后评价

建设项目竣工投产后，一般经过 1～2 年生产运营后要进行一次系统的项目后评价。主要内容如下：

（1）影响评价。项目投产后对各方面的影响所进行的评价。

（2）经济效益评价。对项目投资、国民经济效益、财务效益、技术进步和规模效益、可行性研究深度等方面进行的评价。

（3）过程评价。对项目立项、设计、施工、建设管理、竣工投产、生产运营等全过程进行的评价。

项目后评价工作一般按三个层次组织实施，即项目法人的自我评价、项目行业的评价、计划部门（或主要投资方）的评价。

建设项目后评价工作必须遵循客观、公正、科学的原则，做到分析合理、评价公正。

以上所述基本建设程序的九项内容，是我国对水利水电工程建设程序的基本要求，也基本反映了水利水电工程建设工作的全过程。

五、基本建设投资控制

在基本建设领域内，以货币形式表示的投入就是基本建设投资，其产出品就是构成固定资产的建筑产品。基本建设要投入大量的资金，因此要有计划地进行安排。对于一个具体基本建设项目有总投资额和分年度投资额。正确地估计建设项目投资和拟定投资计划不仅能确保项目本身顺利建成，而且对整个国家和部门的基本建设投资规模的有效控制都具有重要意义；正确估算项目的投资不仅为项目建设过程中的费用控制提供了依据，而且可避免因计划资金缺口而停工待料、拖延工期，并又可防止敞口花钱等浪费现象，从而保证项目建设获得良好的经济效益。

预测估算建设项目的投资是本书研究的中心问题，估算和控制项目投资随项目的规划深度不同分阶段进行。可行性研究要编制投资估算，为国家选定近期开发项目和进一步进行初步设计提供决策依据。初步设计和技术设计分别编制总概算和修正总概算，它是确定和控制投资、编制基本建设计划、编制工程招标标底和执行概算、实行项目投资包干、考核工程造价和工程经济合理性的依据。

第二节 工程造价文件

一、工程造价的概念

工程造价是基本建设项目建设造价的简称，包括两层含义，即建设项目的建设成本和工程承发包价格。建设成本是对业主而言的，工程承发包价格是对应于发包方、承包方双方而言的，工程造价就是给基本建设项目这种特殊的产品定价，水利水电工程建设过程中的各阶段由于工作深度及要求不同，所以各阶段工程造价文件的类型也不同。

二、工程造价文件的类型

基本建设是一项十分复杂的工作，整个工程的建设过程是一个庞大的系统工程，它涉及多专业、多学科、多部门和不同的单项工程，在各个不同的设计阶段所体现的工作内容也不尽相同，因此工程造价文件的类型也不尽一样。水利水电工程造价文件的类型主要有以下几种：

（1）在区域规划和工程规划阶段，工程造价文件的表现形式是投资匡算。

（2）在可行性研究阶段，工程造价文件的表现形式是投资估算。

（3）在初步设计阶段，工程造价文件的表现形式是投资概算（或称设计概算）；个别复杂的工程需要进行技术设计，在该阶段工程造价文件的表现形式是修正概算。

（4）在招标设计阶段，工程造价文件的表现形式是执行概算，并应据此编制招标标底（国外称为工程师预算）。施工企业（厂家）要根据项目法人提供的招标文件编制投标报价。

（5）在施工图设计阶段，工程造价文件的表现形式是施工图预算（或称设计预算）。

（6）在竣工验收过程中，工程造价文件的表现形式为竣工决算。

三、水利工程造价文件

水利水电工程建设过程各阶段由于工作深度不同、要求不同，其工程造价文件类型也不同。现行的工程造价文件类型主要有投资估算、设计概算、项目管理预算、标底与报价、竣工结算和竣工决算等。

1. 投资估算

投资估算是项目建议书及可行性研究阶段对建设工程造价的预测，应充分考虑各种可能的需要、风险、价格上涨等因素，要打足投资，不留缺口，适当留余地。投资估算是项目建议书及可行性研究报告的重要组成部分，是项目法人为选定近期开发项目作出科学决策和进行初步设计的重要依据。投资估算是工程造价全过程管理的“龙头”，抓好这个“龙头”有十分重要的意义。

2. 设计概算

设计概算是初步设计阶段对建设工程造价的预测，是初步设计文件的重要组成部分。初步设计概算静态总投资原则上不得突破已批准的可行性研究投资估算静态总投资。由于工程项目基本条件变化，引起工程规模、标准、设计方案、工程量改变，其静态总投资超过可行性研究相应估算静态总投资在15%以下时，要对工程变化内容和增加投资提出专题报告，超过15%以上（含15%）时，必须重新编制可行性研究报告并按原程序报批。

由于初步设计阶段对建筑物的布置、结构型式、主要尺寸以及机电设备的型号、规格等均已确定，所以概算对建设工程造价不是一般的测算，而是带有定位性质的测算。经批准的设计概算是国家确定和控制工程建设投资规模，政府有关部门对工程项目造价进行审计和监督，项目法人筹措工程建设资金和管理工程项目造价的依据，也是编制建设计划，编制项目管理预算和标底，考核工程造价和竣工结算、竣工决算以及项目法人向银行贷款的依据。概算经批准后，相隔 2 年及 2 年以上工程未开工的，工程项目法人应委托设计单位对概算进行重编，并报原审查单位审批。

建设项目实施过程中，由于某些原因造成工程投资突破批准概算投资的，项目法人可以要求编制调整概算。

利用外资建设的水利水电工程项目，设计单位还应编制包括内资和外资全部工程投资的总概算（简称外资概算）。外资概算也是初步设计的组成部分。

外资概算的编制一般应按两个步骤进行：第一步，按国内概算的编制办法和规定，完成全内资概算的编制；第二步，再按已确定的外资来源、投向和投资，可参照《水利水电工程利用外资概算编制办法（采购型）》（能源水规〔1992〕362 号）编制外资概算。

3. 项目管理预算

由项目法人（或建设单位）委托具备相应资质的水利工程造价咨询单位，在批准的初步设计概算静态投资限额之内，依据水利部《水利工程建设实施阶段造价管理办法》中的附件 1《水利工程项目管理预算编制办法》，编制项目管理预算。在编制项目管理预算时，执行“总量控制、合理调整”的原则，根据工程建设情况、分标项目，对初步设计概算各单项、单位、分部工程的量、价进行合理调整，以利于在工程建设中对工程造价进行管理和控制。

4. 修改概算

由于水利水电工程受自然、地质条件变化的影响很大，加之建设工期长，受物价变动等因素的影响也较大，因此对设计概算的修改是正常的，其目的是对在编制设计概算时所确定或所依据的某些发生变化了的条件和内容进行修改，以代替原来编制的设计概算。但由于变化的内容多种多样，因而修改的形式也是多种多样的。

（1）概算调整书形式，主要适用于对设计概算的局部修改，如设备、材料价格变动的调整。

（2）补充概算形式（也称追加概算），主要适用于设计需修改或增加一个或几个项目。

（3）修改概算书形式，主要适用于修改范围广、内容较多的工程。

（4）概算重编本形式，主要适用于原设计概算的编制原则、采用的标准发生变化，须重新编制设计概算以代替原设计概算。

5. 修正概算

修正概算是对个别复杂的项目进行技术设计，而在这个设计阶段编制的设计概算为修正概算，它仍须由原设计概算审批机关批准，它的作用与设计概算是相同的。

6. 标底与报价

标底是招标人对发包工程项目投资的预期价格，标底要反映社会平均先进水平，符合工程市场经济环境，它可用来测算和科学评价投标报价的合理性，作为评标的重要参考。

标底一般是由项目法人委托具有相应资质的水利工程造价咨询单位，根据招标文件、图纸，按有关规定，结合该工程的具体情况，计算出的合理工程价格。标底的主要作用是招标单位对招标工程所需投资的自我测算，明确自己在发包工程上应承担的财务义务。标底也是衡量投标单位标价的准绳和评标的重要参考尺度。

报价，即投标报价，是施工企业（或厂家）对建安工程施工产品（或机电、金属结构设备）的自主定价。相对国家定价、标准价而言，它反映的是企业平均先进水平，体现了企业的经营管理和技术、装备水平，不得低于企业成本价。

7. 施工图预算

施工图预算是由设计单位在施工图设计阶段编制的，通常也称为设计预算。其作用主要是建设单位落实安排设备、材料采购、订货，安排施工进度，组织施工力量，进行现场施工技术管理等项工作的依据。

8. 施工预算

施工预算是承担项目施工的单位根据施工工序而自行编制的人工、材料、机械台时耗用量及其费用总额，即单位工程成本。它主要用于施工企业内部人、材、机的计划管理，是控制成本和班组经济核算的依据。

9. 竣工结算和竣工决算

竣工结算是施工单位与建设单位对承建工程项目的最终结算（施工过程中的结算属中间结算），竣工结算与竣工决算的主要区别有两点：一是范围，竣工结算的范围只是承包工程项目，是基本建设项目的局部，而竣工决算的范围是基本建设项目的整体；二是成本内容，竣工结算只是承包合同范围内的预算成本，而竣工决算是完整的预算成本，它还要计入工程建设的其他费用开支、水库淹没处理、水土保持及环境保护工程费用和建设期还贷利息等工程成本和费用。由此可见，竣工结算是竣工决算的基础，只有先做好竣工结算，才有条件编制竣工决算。

竣工决算是建设单位向国家（或项目法人）汇报建设成果和财务状况的总结性文件，是竣工验收报告的重要组成部分，它反映了工程的实际造价。竣工决算由建设单位负责编制。

竣工决算是建设单位向管理单位移交财产，考核工程项目投资，分析投资效果的依据。编好竣工决算对促进竣工投产，积累技术经济资料有重要意义。

以上是国内工程造价文件的类型，与国外的工程造价文件的类型不大相同。如英国、美国从项目规划选址到项目招标阶段，工程造价文件分 5 种类型，依次为概念性估算、初步估算、控制性估算、工程师估算（或称工程师概算）、标底估算等。工作深度由粗到精，允许的误差由大到小，分别约为±20％、±15％、±10％、±5％、±5％。

第三节　预测建筑安装工程造价的基本方法

基本建设项目主要由建筑和安装工程构成，准确、合理地进行建筑和安装工程造价的编制，对预测整个建设项目的工程造价具有重要意义。目前，国内外预测建筑和安装工程造价的基本方法有综合指标法、单价法和实物量法 3 种。

一、综合指标法

在项目建议书编制阶段，由于设计深度不足，只能提出概括性的项目，确定不出具体项目的工程量。在这种条件下，编制投资估算时常常采用综合指标法。综合指标法的特点是概括性强，不需作具体分析。如大坝混凝土综合指标，包括坝体、溢流面、闸墩、胸墙、导流墙、工作桥、消力池、护坦、海漫等；综合指标中包括人工费、材料费、机械使用费及其他费用，并考虑了一定的扩大系数。在编制设计概算时水利水电工程的其他永久性专业工程，如铁路、公路、桥梁、供电线路、房屋建筑工程等，也可采用综合指标法编制设计概算。

二、单价法

单价法是新中国成立至今我国一直沿用的一种编制建安工程造价的方法，由于此方法多采用套定额计算工程单价，故又称定额法。本书主要介绍的工程造价的编制方法为单价法。日本、德国也采用单价法，但无统一的定额和规定的取费标准。

单价法是将建安工程按工程性质、部位，划分为若干个分部分项工程，其划分的粗细程度应与所采用的定额相适应，根据定额给定的分部分项工程所需的人工、材料、机械台时数量乘以相应人、材、机的价格，求得人工费、材料费和机械使用费，再按有关规定的其他直接费、现场经费、间接费、企业利润和税金的取费标准，计算出工程单价。各分部分项工程的工程量分别乘以相应的工程单价，然后合计求得工程造价。

单价法计算简单、方便。但由于定额标准反映的是一定时期和一定地区范围的“共性”，与各个具体工程项目的自然条件、施工条件及各种影响因素的“个性”之间存在有差异，有时甚至差异还很大。

三、实物量法

实物量法预测工程造价是根据确定的工程项目、施工方案及劳动组合，计算各种资源（人、材、机）的消耗量，用当地资源的预算价格分别乘以相应的消耗量，求得完成工程项目的基本直接费用。其他费用的计算过程和单价法类似。实物量法编制工程造价的关键是施工规划，该方法编制工程造价的一般程序如下所述。

1. 直接费分析

（1）把工程中的各个建筑物划分为若干个工程项目，如土方工程、石方工程、混凝土工程等。

（2）把每个工程项目再划分为若干个施工工序，如石方工程的钻孔、爆破、出渣等工序。

（3）根据施工条件选择施工方法和施工设备，确定施工设备的生产率。

（4）根据所要求的施工进度确定各个工序的施工强度，由此确定施工设备、劳动力的组合，根据进度计算出人员、材料、机械的总数量。

（5）将人员、材料、机械的总数量分别乘以相应的基础单价，计算出工程直接费用。

（6）工程直接费用除以该工程项目的工程量即得直接费单价。

2. 间接费分析

根据施工管理单位的人员配备、车辆和间接费包括的范围，计算施工管理费和其他间接费。

3. 承包商加价分析

根据工程施工特点和承包商的经营状况、市场竞争状况等因素，具体分析承包商的总部管理费、中间商的佣金、承包人不可预见费以及利润和税金等费用。

4. 工程风险分析

根据工程规模、结构特点、地形地质条件、设计深度以及劳动力、设备材料等市场供求状况，进行工程风险分析，确定工程不可预见准备金。

5. 工程总成本计算

工程总成本为直接成本、间接成本、承包商加价之和，再加上施工准备工程费，设备采购工程、技术采购工程及有关公共费用，保险，不可预见准备金，建设期融资利息等。

大多数欧洲国家采用实物量法，该方法计算比较麻烦、复杂，要求造价人员具有较高的业务水平和丰富的工程经验，且要掌握大量的基本资料。但这种方法是针对每个工程项目的具体情况预测工程造价，对设计深度满足要求和施工方法符合实际的工程，采用此方法比较合理、准确，这也是国外普遍采用此方法的缘故。

采用实物量法预测工程造价在我国尚处于积极探索阶段。2000 年 12 月国家电力公司组织制定了《水电工程“实物法”概算编制导则（试行）》（〔2000〕800 号）（简称《导则》）。《导则》包括总则、词语含义、市场调查、施工规划、基础单价、建筑安装工程、施工准备工程、设备采购工程、技术采购工程、费用、工程不可预见费、价格不可预见费、建设期偿还融资利息和工程总投资及附录“实物法”概算报告格式等内容。《导则》的颁发是水电工程造价改革的一次跨越，将对加快我国水电工程造价改革起到积极的推动作用。

本章复习题

1. 什么叫基本建设？基本建设的类型及工作内容有哪些？
2. 简述我国水利水电工程基本建设程序。
3. 什么叫工程造价？工程造价文件有哪些？各有什么作用？
4. 目前工程造价的基本方法有哪些？各有什么优缺点？

第二章　工程造价的项目划分与费用构成

第一节　水利工程项目划分

一、基本建设项目划分

一个基本建设项目往往规模大，建设周期长，影响因素复杂，大中型水利水电工程尤其是这样。因此，为了便于编制基本建设计划和工程造价，组织招投标与施工，进行投资、质量和工期控制，拨付工程款项，实行经济核算和考核工程成本，须对一个基本建设项目进行系统的逐级划分。基本建设项目按其本身的内容组成，划分为基本建设项目、单项工程、单位工程、分部工程和分项工程。

（1）基本建设项目。基本建设项目是指按照一个总体设计进行施工，有一个或若干个单项工程组成，经济上实行统一核算，行政上实行统一管理的基本建设工程实体。如一座独立的工业厂房、一所学校或一座水利枢纽工程等。

一个基本建设项目中，可以有一个单项工程，也可以有几个单项工程，不得把不属于一个设计文件内的、经济上分别核算、行政上分开管理的几个项目捆在一起作为一个基本建设项目，也不能把总体设计内的工程，按地区或施工单位划分为几个基本建设项目。在一个设计任务数范围内，规定分期进行建设时，仍为一个基本建设项目。

（2）单项工程。单项工程是一个建设项目中，具有独立的设计文件，竣工后能够独立发挥生产能力和使用效益的工程。如工厂内能够独立生产的车间、办公楼等，一所学校的教学楼、学生宿舍等，一个水利枢纽工程的发电站、拦河大坝等。

单项工程是具有独立存在意义的一个完整工程，也是一个极为复杂的综合体，它是由许多单位工程所组成的，如一个新建车间，不仅有厂房，还有设备安装等工程。

（3）单位工程。单位工程是单项工程的组成部分，是指具有独立的设计文件、可以独立组织施工，但完工后不能独立发挥经济效益的工程。如工厂车间是一个单项工程，它又可以划分为建筑工程和设备安装两大类单位工程。

每一个单位工程仍然是一个较大的组合体，它本身仍然是由许多的结构或更小的部分组成的，所以对单位工程还需要进一步计划。

（4）分部工程。分部工程是单位工程的组成部分，是按工程部位、设备种类和型号、使用的材料和工种的不同对单位工程还需要进一步划分。如建筑工程中的一般土建工程，按照不同的工种和不同的材料结构可划分为土石方工程、基础工程、砌筑工程、钢筋混凝土工程等分部工程。

分部工程是编制工程造价、组织施工、质量评定、竣工结算与成本核算的基本单位，但在分部工程中影响工料消耗的因素仍然很多。例如，同样都是土方工程，由于土壤类别

（普通土、坚硬土、砾质土）不同，挖土的深度不同，施工方法不同，则每一单位土方工程所消耗的人工、材料差别很大。因此，还必须把分部工程按照不同的施工方法、不同的材料、不同的规格等作进一步的划分。

（5）分项工程。分项工程是分部工程的组成部分，通过较为简单的施工过程就能生产出来，并且可以用适当计量单位计算其工程量大小的建筑或设备安装工程产品。例如，每立方米浆砌石护坡工程、一扇平板焊接钢闸门的安装等。一般来说，它的独立存在是没有意义的，它只是建筑或设备安装工程中最基本的构成要素。

二、水利工程项目划分

由于水利水电建设项目常常是由多种性质的水工建筑物构成的复杂的建筑综合体，同其他工程相比，包含的建筑种类多，涉及面广。例如，大中型水利水电工程除拦河大坝、主副厂房外，还有变电站、开关站、输变电线路、引水系统、泄洪设施、公路、桥涵、给排水系统、供风系统、通信系统、辅助企业、文化福利建筑等，难以严格按单项工程、单位工程等确切划分。在编制水利水电工程概（估）算时，根据水利部2014年颁发的《水利工程设计概（估）算编制规定》（水总〔2014〕429号）（以下简称《编规》）的有关规定，结合水利水电工程的性质特点和组成内容进行项目划分。

（一）三大类型

水利水电建设项目划分为三大类型：

（1）枢纽工程。

（2）引水工程。

（3）河道工程。

按水利工程特点分工程部分、移民和环境两大部分。

（二）五个部分

水利水电枢纽工程、引水工程和河道工程又划分为建筑工程、机电设备及安装工程、金属结构设备及安装工程、施工临时工程和独立费用五个部分。

1. 第一部分　建筑工程

（1）枢纽工程。指水利枢纽建筑物（水库、水电站）、大型泵站、大型拦河水闸和其他大型独立建筑物（含引水工程的水源工程）。包括挡水工程、泄洪工程、引水工程、发电厂（泵站）工程、升压变电站工程、航运工程、鱼道工程、交通工程、房屋建筑工程和其他建筑工程。其中，挡水工程等前七项为主体建筑工程。

（2）引水工程。指供水工程、调水工程和灌溉工程（1）。包括渠（管）道工程、建筑物工程、交通工程、房屋建筑工程、供电设施工程和其他建筑工程。

（3）河道工程。指堤防修建与加固工程、河湖整治工程以及灌溉工程（2）。包括河湖整治与堤防工程、灌溉及田间渠（管）道工程、建筑物工程、交通工程、房屋建筑工程、供电设施工程和其他建筑工程。

2. 第二部分　机电设备及安装工程

（1）枢纽工程。指构成枢纽工程固定资产的全部机电设备及安装工程。本部分由发电设备及安装工程、升压变电设备及安装工程和公用设备及安装工程三项组成。

（2）引水工程及河道工程。指构成该工程固定资产的全部机电设备及安装工程。一般由泵站设备及安装工程、闸（涵）设备及安装工程、电站设备及安装工程、供变电工程和公用设备及安装工程四项组成。

3. 第三部分 金属结构设备及安装工程

该部分指构成枢纽工程、引水工程和河道工程固定资产的全部金属结构设备及安装工程。包括闸门、启闭机、拦污设备、升船机等设备及安装工程，水电站（泵站等）压力钢管制作及安装工程和其他金属结构设备及安装工程。金属结构设备及安装工程的一级项目应与建筑工程的一级项目相对应。

4. 第四部分 施工临时工程

该部分指为辅助主体工程施工所必须修建的生产和生活用临时性工程。包括导流工程、施工交通工程、施工场外供电工程、施工房屋建筑工程、其他施工临时工程。

5. 第五部分 独立费用

该部分由建设管理费、工程建设监理费、联合试运转费、生产准备费、科研勘测设计费和其他等六项组成。

第一、第二、第三部分均为永久性工程，均构成生产运行单位的固定资产。第四部分施工临时工程的全部投资扣除回收价值后，第五部分独立费用扣除流动资产和递延资产后，均以适当的比例摊入各永久工程中，构成固定资产的一部分。

（三）三级项目

根据水利工程性质，其工程项目分别按枢纽工程、引水工程和河道工程划分，工程各部分下设一、二、三级项目。其中一级项目相当于单项工程，二级项目相当于单位工程，三级项目相当于分部分项工程。大型水利基本建设工程概（估）算，按《编规》的项目划分编制。其中，二、三级项目中，仅列示了代表性子目，编制概算时，二、三级项目可根据水利工程初步设计编制规程的工作深度要求和工程情况增减或再划分，下列项目宜作必要的再划分：

（1）土方开挖工程，应将土方开挖与砂砾石开挖分列。

（2）石方开挖工程，应将明挖与暗挖，平洞与斜井、竖井分列。

（3）土石方回填工程，应将土方回填与石方回填分列。

（4）混凝土工程，应将不同工程部位、不同强度等级、不同级配的混凝土分列。

（5）模板工程，应将不同规格形状和材质的模板分列。

（6）砌石工程，应将干砌石、浆砌石、抛石、铅丝（钢筋）笼块石等分列。

（7）钻孔工程，应按使用不同钻孔机械及钻孔的不同用途分列。

（8）灌浆工程，应按不同灌浆种类分列。

（9）机电、金属结构设备及安装工程，应根据设计提供的设备清单，按分项要求逐一列出。

（10）钢管制作及安装工程，应将不同管径的钢管、叉管分列。

对于招标工程，应根据已批准的初步设计概算，按水利水电工程业主预算项目划分进行业主预算（执行概算）的编制。

三、项目划分注意事项

（1）现行的项目划分适用于估算、概算、施工图预算。对于招标文件和业主预算，要根据工程分标及合同管理的需要来调整项目划分。

（2）建筑安装工程三级项目的划分除深度应满足《编规》的规定外，还必须与所采用定额相适应。

（3）对有关部门提供的工程量和造价资料，应按项目划分和费用构成正确处理。如施工临时工程，按其规模、性质，有的应在第四部分施工临时工程一至四项中单独列项，有的包括在“其他施工临时工程”中，不单独列项，还有的包括在各个建筑安装工程其他直接费中的临时设施费内。

（4）注意设计单位的习惯与概算项目划分的差异。如施工导流用的闸门及启闭设备大多由金属结构设计人员提供，但应列在第四部分施工临时工程内，而不是第三部分金属结构设备及安装工程内。

第二节　水利工程费用构成

建设项目费用是指工程项目从筹建到竣工验收、交付使用所需要的费用总和。水利水电建设项目一般投资多、规模大、涉及范围广，为合理确定与预测水利工程造价，根据《编规》和水利部办公厅印发的《水利工程营业税改征增值税计价依据调整办法》的相关规定，水利水电工程建设项目费用由工程费（建筑及安装工程费、设备费）、独立费用、预备费和建设期融资利息组成。

一、建筑及安装工程费

建筑及安装工程费由直接费、间接费、利润、材料补差和税金组成，营业税改征增值税后，按“价税分离”的计价规则计算建筑及安装工程费，即直接费（含人工费、材料费、施工机械使用费和其他直接费）、间接费、利润、材料补差均不包含增值税进项税额，并以此为基础计算增值税税金。

（一）直接费

直接费指建筑安装工程施工过程中直接消耗在工程项目上的活劳动和物化劳动。由基本直接费、其他直接费组成。

1. 基本直接费

基本直接费包括人工费、材料费和施工机械使用费。

（1）人工费。指直接从事建筑安装工程施工的生产工人开支的各项费用，包括基本工资和辅助工资。

（2）材料费。材料费指用于建筑安装工程项目上的消耗性材料、装置性材料和周转性材料摊销费。包括定额工作内容规定应计入的未计价材料和计价材料。

材料预算价格一般包括材料原价、运杂费、运输保险费和采购及保管费四项。

(3) 施工机械使用费。施工机械使用费指消耗在建筑安装工程项目上的机械磨损、维修和动力燃料费用等。包括折旧费、修理及替换设备费、安装拆卸费、机上人工费和动力燃料费等。

2. 其他直接费

其他直接费包括冬雨季施工增加费、夜间施工增加费、特殊地区施工增加费、临时设施费、安全生产措施费和其他。

(1) 冬雨季施工增加费。冬雨季施工增加费指在冬雨季施工期间为保证工程质量所需增加的费用。包括增加施工工序，增设防雨、保温、排水等设施增耗的动力、燃料、材料以及因人工、机械效率降低而增加的费用。

《编规》规定冬雨季施工增加费应根据不同地区，按基本直接费的百分率计算。

西南区、中南区、华东区：0.5%～1.0%；

华北区：1.0%～2.0%；

西北区、东北区：2.0%～4.0%；

西藏自治区：2.0%～4.0%。

西南区、中南区、华东区中，按规定不计冬季施工增加费的地区取小值，计算冬季施工增加费的地区取大值；华北区中，内蒙古等较严寒地区可取大值，其他地区取中值或小值；西北区、东北区中，陕西、甘肃等省取小值，其他地区可取中值或大值。各地区包括的省（自治区、直辖市）如下：

1) 华北地区：北京、天津、河北、山西、内蒙古等5个省（自治区、直辖市）。

2) 东北地区：辽宁、吉林、黑龙江等3个省。

3) 华东地区：上海、江苏、浙江、安徽、福建、江西、山东等7个省（直辖市）。

4) 中南地区：河南、湖北、湖南、广东、广西、海南等6个省（自治区）。

5) 西南地区：重庆、四川、贵州、云南等4个省（直辖市）。

6) 西北地区：陕西、甘肃、青海、宁夏、新疆等5个省（自治区）。

(2) 夜间施工增加费。夜间施工增加费指施工场地和公用施工道路的照明费用。照明线路工程费用包括在“临时设施费”中；施工附属企业系统、加工厂、车间的照明费用，列入相应的产品中，均不包括在本项费用之内。

《编规》规定夜间施工增加费应根据不同工程类别，按基本直接费的百分率计算。

1) 枢纽工程：建筑工程0.5%，安装工程0.7%。

2) 引水工程：建筑工程0.3%，安装工程0.6%。

3) 河道工程：建筑工程0.3%，安装工程0.5%。

(3) 特殊地区施工增加费。特殊地区施工增加费指在高海拔、原始森林、沙漠等特殊地区施工而增加的费用。其中高海拔地区施工增加费已计入定额，其他特殊增加费应按工程所在地区规定标准计算，地方没有规定的不得计算此项费用。

(4) 临时设施费。临时设施费指施工企业为进行建筑安装工程施工所必需的但又未被划入施工临时工程的临时建筑物、构筑物和各种临时设施的建设、维修、拆除、摊销等。如：供风、供水（支线）、供电（场内）、照明、供热系统及通信支线，土石料场，简易砂石料加工系统，小型混凝土拌和浇筑系统，木工、钢筋、机修等辅助加工厂，混凝土预制构件厂，场内施工排水，场地平整、道路养护及其他小型临时设施等。

《编规》规定临时设施费应根据不同工程类别，按基本直接费的百分率计算。

1）枢纽工程：建筑及安装工程3.0%。

2）引水工程：建筑及安装工程1.8%～2.8%。若工程自采加工人工砂石料，费率取上限；若工程自采加工天然砂石料，费率取中值；若工程采用外购砂石料，费率取下限。

3）河道工程：建筑及安装工程1.5%～1.7%。灌溉田间工程取下限，其他工程取中上限。

（5）安全生产措施费。安全生产措施费指为保证施工现场安全作业环境及安全施工，文明施工所需要，在工程设计已考虑的安全支护措施之外发生的安全生产、文明施工相关费用。

《编规》规定安全生产措施费应根据不同工程类别，按基本直接费的百分率计算。

1）枢纽工程：建筑及安装工程2.0%。

2）引水工程：建筑及安装工程1.4%～1.8%。一般取下限标准，隧洞、渡槽等大型建筑物较多的引水工程、施工条件复杂的引水工程取上限标准。

3）河道工程：建筑及安装工程1.2%。

（6）其他。包括施工工具用具使用费，检验试验费，工程定位复测及施工控制网测设，工程点交、竣工场地清理，工程项目及设备仪表移交生产前的维护费，工程验收检测费等。

1）施工工具用具使用费。指施工生产所需，但不属于固定资产的生产工具，检验、试验用具等的购置、摊销和维护费。

2）检验试验费。指对建筑材料、构件和建筑安装物进行一般鉴定、检查所发生的费用，包括自设实验室所耗用的材料和化学药品费用，以及技术革新和研究试验费，不包括新结构、新材料的试验费和建设单位要求对具有出厂合格证明的材料进行试验、对构件进行破坏性试验，以及其他特殊要求检验试验的费用。

3）工程项目及设备仪表移交生产前的维护费。指竣工验收前对已完工程及设备进行保护所需费用。

4）工程验收检测费。指工程各级验收阶段为检测工程质量发生的检测费用。

《编规》规定其他费应根据不同工程类别，按基本直接费的百分率计算：①枢纽工程：建筑工程1.0%，安装工程1.5%；②引水工程：建筑工程0.6%，安装工程1.1%；③河道工程：建筑工程0.5%，安装工程1.0%。

特别说明：

1）砂石备料工程其他直接费费率取0.5%。

2）掘进机施工隧洞工程其他直接费取费费率执行以下规定：土石方类工程、钻孔灌浆及锚固类工程，其他直接费费率为2%～3%；掘进机由建设单位采购、设备费单独列项时，台时费不计折旧费，土石方类工程、钻孔灌浆及锚固类工程其他直接费费率为4%～5%。敞开式掘进机费率取低值，其他掘进机取高值。

（二）间接费

间接费指施工企业为建筑安装工程施工而进行组织与经营管理所发生的各项费用。间接费构成产品成本，由规费和企业管理费组成。

1. 规费

规费指政府和有关部门规定必须缴纳的费用。包括社会保险费和住房公积金。

(1) 社会保险费。

1) 养老保险费。指企业按照规定标准为职工缴纳的基本养老保险费。

2) 失业保险费。指企业按照规定标准为职工缴纳的失业保险费。

3) 医疗保险费。指企业按照规定标准为职工缴纳的基本医疗保险费。

4) 工伤保险费。指企业按照规定标准为职工缴纳的工伤保险费。

5) 生育保险费。指企业按照规定标准为职工缴纳的生育保险费。

(2) 住房公积金。指企业按照规定标准为职工缴纳的住房公积金。

2. 企业管理费

企业管理费指施工企业为组织施工生产和经营管理活动所发生的费用。包括以下内容：

(1) 管理人员工资。指管理人员的基本工资、辅助工资。

(2) 差旅交通费。指施工个企业管理人员因公出差、工作调动的差旅费，误餐补助费，职工探亲路费，劳动力招募费，职工离退休、退职一次性路费，工伤人员就医路费，工地转移费，交通工具运行费及牌照费等。

(3) 办公费。指企业办公用文具、印刷、邮电、书报、会议、水电、燃煤（气）等费用。

(4) 固定资产使用费。指企业属于固定资产的房屋、设备、仪器等的折旧、大修理、维修费或租赁费等。

(5) 工具用具使用费。指企业管理使用不属于固定资产的工具、用具、家具、交通工具和检验、试验、测绘、消防用具等的购置、维修和摊销费。

(6) 职工福利费。指企业按照国家规定支出的职工福利费，以及由企业支付离退休职工的易地安家补助费、职工退职金、6个月以上的病假人员工资、按规定支付给离休干部的各项经费。职工发生工伤时企业依法在工伤保险基金之外支付的费用，其他在社会保险基金之外依法由企业支付给职工的费用。

(7) 劳动保护费。指企业按照国家有关部门规定标准发放的一般劳动防护用品的购置及修理费、保健费、防暑降温费、高空作业及进洞津贴、技术安全措施以及洗澡用水、饮用水的燃料费等。

(8) 工会经费。指企业按职工工资总额计提的工会经费。

(9) 职工教育经费。指企业为职工学习先进技术和提高文化水平按职工工资总额计提的费用。

(10) 保险费。指企业财产保险、管理用车辆等保险费用，高空、井下、洞内、水下、水上作业等特殊工种安全保险费、危险作业意外伤害保险费等。

(11) 财务费用。指施工企业为筹集资金而发生的各项费用。包括企业经营期间发生的短期融资利息净支出、汇兑净损失、金融机构手续费，企业筹集资金发生的其他财务费用，以及投标和承包工程发生的保函手续费等。

(12) 税金。指企业按规定交纳的房产税、管理用车辆使用税、印花税等。

(13) 城市维护建设税。指国家为了加强城市的维护建设，扩大和稳定城市维护建设资金的来源，而对有经营收入的单位和个人征收的一个税种。城市维护建设税，以企业或个人实际缴纳的产品税、增值税、营业税税额为计税依据，分别与产品税、增值税、营业税同时缴纳。城市维护建设税的征收、管理、纳税环节、奖罚等事项，比照产品税、增值税、营业税的有关规定办理。

(14) 教育费附加。是对缴纳增值税、消费税、营业税的单位和个人征收的一种附加费。

(15) 地方教育附加。指根据国家有关规定，为实施“科教兴省”战略，增加地方教育的资金投入，促进各省、自治区、直辖市教育事业发展而开征的一项地方政府性基金，以纳税人实际缴纳的增值税、消费税、营业税的税额为计费依据。

(16) 其他。包括技术转让费、企业定额测定费、施工企业进退场费、施工企业承担的施工辅助工程设计费、投标报价费、工程图纸资料费及工程摄影费、技术开发费、业务招待费、绿化费、公证费、法律顾问费、审计费、咨询费等。

3. 间接费标准

《编规》规定，根据工程性质不同，间接费标准划分为枢纽工程、引水工程、河道工程三部分标准，详见表 2-1。

表 2-1　　间接费费率表

序号	工程类别	计算基础	间接费费率/%		
			枢纽工程	引水工程	河道工程
一	建筑工程				
1	土方工程	直接费	8.5	5~6	4~5
2	石方工程	直接费	12.5	10.5~11.5	8.5~9.5
3	砂石备料工程（自采）	直接费	5	5	5
4	模板工程	直接费	9.5	7~8.5	6~7
5	混凝土浇筑工程	直接费	9.5	8.5~9.5	7~8.5
6	钢筋制安工程	直接费	5.5	5	5
7	钻孔灌浆工程	直接费	10.5	9.5~10.5	9.25
8	锚固工程	直接费	10.5	9.5~10.5	9.25
9	疏浚工程	直接费	7.25	7.25	6.25~7.25
10	掘进机施工隧洞工程（1）	直接费	4	4	4
11	掘进机施工隧洞工程（2）	直接费	6.25	6.25	6.25
12	其他工程	直接费	10.5	8.5~9.5	7.25
二	机电、金属结构设备安装工程	人工费	75	70	70

引水工程：一般取下限标准，隧洞、渡槽等大型建筑物较多的引水工程、施工条件复杂的引水工程取上限标准。

河道工程：灌溉田间工程取下限，其他工程取上限。

4. 工程类别范围说明

(1) 土方工程。包括土方开挖与填筑等。

(2) 石方工程。包括石方开挖与填筑、砌石、抛石工程等。

(3) 砂石备料工程。包括天然砂砾料和人工砂石料的开采加工。

(4) 模板工程。包括现浇各种混凝土时制作及安装的各类模板工程。

(5) 混凝土浇筑工程。包括现浇和预制各种混凝土、伸缩缝、止水、防水层、温控措施等。

(6) 钢筋制安工程。包括钢筋制作与安装工程等。

(7) 钻孔灌浆工程。包括各种类型的钻孔灌浆、防渗墙、灌注桩工程等。

(8) 锚固工程。包括喷混凝土(浆)、锚杆、预应力锚索(筋)工程等。

(9) 疏浚工程。指用挖泥船、水力冲挖机组等机械疏浚江河、湖泊的工程。

(10) 掘进机施工隧洞工程(1)。包括掘进机施工土石方类工程、钻孔灌浆及锚固类工程等。

(11) 掘进机施工隧洞工程(2)。指掘进机设备单独列项采购并且在台时费中不计折旧费的土石方类工程、钻孔灌浆及锚固类工程等。

(12) 其他工程。指表中所列11类工程以外的其他工程。

(三) 利润

利润指按规定应计入建筑安装工程费用中的利润。利润不分建筑工程和安装工程,均按直接费与间接费之和的7%计算。

(四) 材料补差

材料补差指根据主要材料消耗量、主要材料预算价格与材料基价之间的差值,计算的主要材料补差金额。材料基价是指计入基本材料费的主要材料的限制价格。

(五) 税金

营业税改征增值税后,税金指应计入建筑及安装工程费用的增值税销项税额,税率为9%。

为了计算简便,在编制造价文件时,可按下列公式和费率计算:

$$税金=(直接费+间接费+利润+材料补差)\times计算税率 \tag{2-1}$$

二、设备费

设备费包括设备原价、运杂费、运输保险费和采购及保管费。

1. 设备原价

(1) 国产设备。其原价指出厂价。

(2) 进口设备。以到岸价和进口征收的税金、手续费、商检费及港口费等各项费用之和为原价。

(3) 大型机组及其他大型设备分别运至工地后的拼装费用,应包括在设备原价内。

2. 运杂费

运杂费指设备由厂家运至工地现场所发生的一切运杂费用。包括运输费、装卸费、包装绑扎费、大型变压器充氮费及可能发生的其他杂费。

3. 运输保险费

运输保险费指设备在运输过程中的保险费用。

4. 采购及保管费

采购及保管费指建设单位和施工企业在负责设备的采购、保管过程中发生的各项费用,主要如下:

（1）采购保管部门工作人员的基本工资、辅助工资、职工福利费、劳动保护费、养老保险费、失业保险费、医疗保险费、工伤保险费、生育保险费、住房公积金、教育经费、办公费、差旅交通费、工具用具使用费等。

（2）仓库、转运站等设施的运行费、维修费、固定资产折旧费、技术安全措施费和设备的检验、试验费等。

三、独立费用

独立费用由建设管理费、工程建设监理费、联合试运转费、生产准备费、科研勘测设计费和其他等6项组成。

1. 建设管理费

建设管理费指建设单位在工程项目筹建和建设期间进行管理工作所需的费用。包括建设单位开办费、建设单位人员费、项目管理费三项。

（1）建设单位开办费。建设单位开办费指新组建的工程建设单位，为开展工作所必须购置的办公设施、交通工具等以及其他用于开办工作的费用。

（2）建设单位人员费。建设单位人员费指建设单位从批准组建之日起至完成该工程建设管理任务之日止，需开支的建设单位人员费用。主要包括工作人员的基本工资、辅助工资、职工福利费、劳动保护费、养老保险费、失业保险费、医疗保险费、工伤保险费、生、生育保险费、住房公积金等。

（3）项目管理费。项目管理费指建设单位从筹建到竣工期间所发生的各种管理费用，具体如下：

1）工程建设过程中用于资金筹措、召开董事（股东）会议、视察工程建设所发生的会议和差旅等费用。

2）工程宣传费。

3）土地使用税、房产税、印花税、合同公证费。

4）审计费。

5）施工期间所需的水情、水文、泥沙、气象监测费和报汛费。

6）工程验收费。

7）建设单位人员的教育经费、办公费、差旅交通费、会议费、交通车辆使用费、技术图书资料费、固定资产折旧费、零星固定资产购置费低值易耗品摊销费、工具用具使用费、修理费、水电费、采暖费等。

8）招标业务费。

9）经济技术咨询费。包括勘测设计成果咨询、评审费，工程安全鉴定、验收技术鉴定、安全评价相关费用，建设期造价咨询，防洪影响评价、水资源论证、工程场地地震安全性评价、地质灾害危险性评价及其他专项咨询等发生的费用。

10）公安、消防部门派驻工地补贴费及其他工程管理费用。

2. 工程建设监理费

工程建设监理费指建设单位在工程建设过程中委托监理单位，对工程建设的质量、进度、安全和投资进行监理所发生的全部费用。

3. 联合试运转费

联合试运转费指水利工程的发电机组、水泵等安装完毕，在竣工验收前，进行整套设备带负荷联合试运转期间所需的各项费用。主要包括联合试运转期间所消耗的燃料、动力、材料及机械使用费，工具用具购置费，施工单位参加联合试运转人员的工资等。

4. 生产准备费

生产准备费指水利建设项目的生产、管理单位为准备正常的生产运行或管理发生的费用。包括生产及管理单位提前进厂费、生产职工培训费、管理用具购置费、备品备件购置费和工器具及生产家具购置费。

（1）生产及管理单位提前进厂费。生产及管理单位提前进厂费指在工程完工之前，生产、管理单位一部分工人、技术人员和管理人员提前进厂进行生产筹备工作所需的各项费用。内容包括提前进厂人员的基本工资、辅助工资、职工福利费、劳动保护费、失业保险费、医疗保险费、工伤保险费、生育保险费、住房公积金、教育经费、办公费、差旅交通费、会议费、技术图书资料费、零星固定资产购置费，低值易耗品摊销费、工具用具使用费、修理费、水电费、采暖费等，以及其他属于生产筹建期间应开支的费用。

（2）生产职工培训费。生产职工培训费指生产及管理单位为保证生产、管理工作顺利进行，对工人、技术人员和管理人员进行培训所发生的费用。

（3）管理用具购置费。管理用具购置费指为保证新建项目的正常生产和管理所必须购置的办公和生活用具等费用。包括办公室、会议室、资料档案室、阅览室、文娱室、医务室等公用设施需要配置的家具器具。

（4）备品备件购置费。备品备件购置费指工程在投产运行初期，由于易损件损耗和可能发生的事故，而必须准备的备品、备件和专用材料的购置费。不包括设备价格中配备的备品、备件。

（5）工器具及生产家具购置费。工器具及生产家具购置费指按设计规定，为保证初期生产正常运行所必须购置的不属于固定资产标准的生产工具、器具、仪表、生产家具等的购置费。不包括设备价格中已包括的专用工具。

5. 科研勘测设计费

科研勘测设计费指工程建设所需的科研、勘测和设计等费用。包括工程科学研究试验费和工程勘测设计费。

（1）工程科学研究试验费。工程科学研究试验费指为保障工程质量，解决工程建设技术问题，而进行必要的科学研究试验所需的费用。

（2）工程勘测设计费。工程勘测设计费指工程从项目建议书阶段开始至以后各设计阶段发生的勘测费、设计费和为勘测设计服务的常规科研试验费。不包括工程建设征地移民设计、环境保护设计、水土保持设计各设计阶段发生的勘测设计费。

6. 其他

（1）工程保险费。工程保险费指工程建设期间，为使工程能在遭受水灾、火灾等自然灾害和意外事故造成损失后得到经济补偿，而对工程进行投保所发生的保险费用。

（2）其他税费。其他税费指按国家规定应缴纳的与工程建设有关的税费。

四、预备费

预备费是指在初级阶段难以预料而在施工过程中又可能发生的规定范围内的工程和费用，以及工程建设内发生的价差。预备费包括基本预备费和价差预备费两项。

（1）基本预备费。基本预备费主要为解决在工程建设过程中，设计变更和有关技术标准调整增加的投资以及工程遭受一般自然灾害所造成的损失和为预防自然灾害所采取的措施费用。

（2）价差预备费。价差预备费主要为解决在工程建设过程中，因人工工资、材料和设备价格上涨以及费用标准调整而增加的投资。

五、建设期融资利息

根据国家财政金融政策规定，工程在建设期内需偿还并应计入工程总投资的融资利息。

水利水电工程项目费用组成如图 2－1 所示。

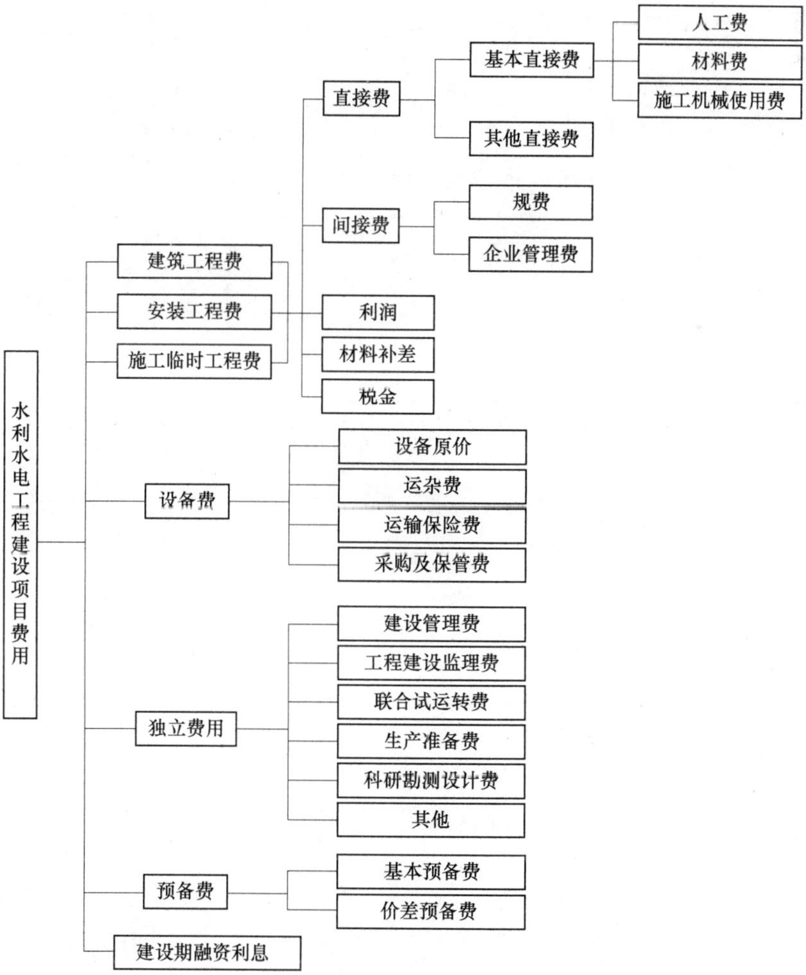

图 2－1　水利水电工程项目费用组成

本章复习题

1. 名词解释：基本建设项目；单项工程；单位工程；分部工程；分项工程；直接费；基本直接费；其他直接费；间接费；利润；材料补差；税金；设备费；基本预备费；价差预备费。

2. 编制概预算时为什么要对基本建设项目进行项目划分？水利水电工程基本建设项目和一般基本建设项目划分有何不同？

3. 何谓水利水电工程基本建设项目划分的三大类型、五个部分和三级项目？

4. 水利水电工程项目划分的注意事项是什么？

第三章 工 程 定 额

第一节 概 述

一、定额的概念与特性

定额是指在一定的技术和组织条件下，生产质量合格的单位产品所消耗的人力、物力、财力和时间等的数量标准。定额由国家、地方、部门或企业颁发。

定额具有经济法规的性质，在指定的执行范围内，任何单位都必须遵照执行，不得任意调整修改。当然，定额是与一定时期的生产力水平及其他条件相适应的，如果这些条件发生改变，定额也应作相应的修改、补充、调整（必须经过授权机构的批准）。但在一定时期内，它又必须是相对稳定的，以利于遵循和使用。因此，定额具有一定的阶段性。

定额反映一定时期内的社会生产力水平，行业定额应具有社会平均水平。它促进生产者在一定客观条件下，通过主观努力达到或超过定额水平标准。

定额还具有经济性、技术性、政策性和群众性的特点，其经济性表现在为项目评估决策、控制项目投资、确定工程造价、全面经济核算提供合理的尺度；其技术性表现在它直接与施工工艺和施工方法有关，并具有独自的表现方式和计算方法；其政策性表现在它必须正确处理国家、企业和劳动者个人三者之间的利益关系；其群众性则表现在它必须为广大企业和工人所接受，并在实践中证明是切实可行的。

二、定额的表示形式

定额一般有实物量式、价目表式、百分率式和综合式 4 种表示形式。

1. 实物量式

实物量式是以完成单位工程（工作）量所消耗的人工、材料及施工机械台时的数量表示的定额。如水利部颁布的现行《水利建筑工程概算定额》（以下简称《概算定额》）、《水利建筑工程预算定额》（以下简称《预算定额》）、《水利水电设备安装工程预算定额》（以下简称《安装工程预算定额》）等。这种定额使用时要用工程所在地编制年的价格水平计。实物量式定额表示形式见表 3-1。

2. 价目表式

价目表式是以编制年（部颁的以北京，省颁的以省会所在地）的价格水平给出完成单位产品的价格。该定额使用比较简便，但必须进行调整，很难适应工程建设动态发展的需要，已逐步被实物量式定额所取代。

3. 百分率式

百分率式是以某取费基础的百分率表示的定额，如《编规》中间接费费率定额。百分率式定额表示形式见表2-1。

表3-1　　3m³挖掘机挖土自卸汽车运输

适用范围：露天作业。

工作内容：挖装、运输、卸除、空回。

Ⅰ～Ⅱ类土

单位：100m³

项　　目		单位	运　距/km					增运1km
			1	2	3	4	5	
工长		工时						
高级工		工时						
中级工		工时						
初级工		工时	2.9	2.9	2.9	2.9	2.9	
合　计		工时	2.9	2.9	2.9	2.9	2.9	
零星材料费		%	4	4	4	4	4	
挖掘机液压，3m³		台时	0.44	0.44	0.44	0.44	0.44	
推土机，88kW		台时	0.22	0.22	0.22	0.22	0.22	
自卸汽车	12t	台时	4.66	5.99	7.22	8.38	9.49	1.02
	15t	台时	3.73	4.80	5.77	6.70	7.59	0.81
	18t	台时	3.45	4.34	5.15	5.93	6.66	0.68
	20t	台时	3.18	3.99	4.75	5.46	6.14	0.62
	25t	台时	2.67	3.33	3.95	4.53	5.08	0.51
	27t	台时	2.51	3.14	3.72	4.26	4.78	0.48
	32t	台时	2.17	2.67	3.14	3.58	4.00	0.39
编　　号			10652	10653	10654	10655	10656	10657

注　摘自《水利建筑工程概算定额》(2002)。

4. 综合式

如现行《水利工程施工机械台时费定额》(以下简称《台时费定额》)是一种综合式定额，其一类费用是价目表式，二类费用是实物量式。综合式定额表示形式见表3-2。

表3-2　　土石方机械

项　　目		单位	单斗挖掘机				
			油　动		电　动		
			斗容/m³				
			0.5	1.0	2.0	3.0	4.0
(一)	折旧费	元	21.97	28.77	41.56	68.28	175.15
	修理及替换设备费	元	20.47	29.63	43.57	55.67	84.67
	安装拆卸费	元	1.48	2.42	3.08		
	小　计	元	43.92	60.82	88.21	123.95	259.82

续表

项　目		单位	单斗挖掘机				
			油　动		电　动		
			斗容/m^3				
			0.5	1.0	2.0	3.0	4.0
(二)	人工	工时	2.7	2.7	2.7	2.7	2.7
	汽油	kg					
	柴油	kg	10.7	14.2			
	电	kW·h			100.6	128.1	166.8
	风	m^3					
	水	m^3					
	煤	kg					
编　号			1001	1002	1003	1004	1005

注　摘自《台时费定额》。

三、定额的分类

定额的种类很多，工程定额一般作以下分类。

1. 按生产因素分

(1) 劳动定额。劳动定额又称人工定额，是指在正常施工技术组织条件下，完成单位合格产品所必需的劳动消耗数量。

(2) 材料消耗定额。材料消耗定额是指在合理的施工条件和合理使用材料的情况下，生产单位质量合格产品所需一定品种规格材料、半成品和配件等的数量标准。

(3) 机械使用定额。机械使用定额是指在合理的施工组织和合理使用机械的条件下，完成单位质量合格产品所必须消耗的机械台时数量标准。

2. 按定额编制程序和用途分

(1) 投资估算指标。投资估算指标是在可行性研究阶段作为技术经济比较或建设投资估算的依据，是由概算定额综合扩大和统计资料分析编制而成的。

(2) 概算定额。概算定额是编制初步设计概算和修正概算的依据。

(3) 预算定额。预算定额是编制施工图预算和招标标底及投标报价的依据，也是工程中计算劳动力、材料、机械数量的一种定额。

(4) 施工定额。施工定额是施工企业内部作为编制施工作业计划、进行工料分析、签发工程任务单和考核预算成本完成情况的依据。

3. 按编制单位和执行范围分

(1) 全国统一定额。全国统一定额又称国家定额，是指在全国范围内统一执行的定额，一般由国家发展计划委员会或授权某主管部门组织编制颁发。

(2) 主管部门定额。主管部门定额是由一个主管部门或几个主管部门组织编制颁发，在主管部门所属单位执行的定额。

(3) 地方定额。地方定额是指省、自治区、直辖市根据地方工程特点，编制颁发的在不宜执行国家或主管部门定额情况下，在本地区执行的定额。

（4）企业定额。企业定额是指企业在其生产经营过程中，在国家定额、主管部门定额、地方定额的基础上，根据工程特点和自身积累的资料，自行编制并在企业内部执行的定额。

4．按费用性质分

（1）基本直接费定额。基本直接费定额是指直接用于施工生产的人工、材料、机械消耗的定额。如现行水利水电建安工程预算定额和概算定额等。

（2）间接费定额。间接费定额是指施工企业进行施工组织和管理所发生的费用定额。

（3）施工机械台时费定额。施工机械台时费定额是指施工机械每运转一个台时所需的机上人员、动力、燃料消耗费用和折旧、大修理、经常修理、安装拆卸等摊销费用。

（4）其他基本建设费用定额。其他基本建设费用定额是指不属于建筑安装工程的独立的费用定额，如科研勘测设计费定额、工程项目管理费定额等。

此外，还可按专业来划分。如建筑工程定额、给排水工程定额、公路工程定额、铁路工程定额、水利水电工程定额。

四、水利水电工程定额颁发简况

自1954年以来，陆续制定和颁发的定额见表3-3。

表3-3　水利水电工程历年定额表

颁发年份	定额名称	颁发单位
1954	水利水电工程预算定额（草案）	水利部、燃料工业部水电总局
	水力发电建筑安装工程施工定额（草案）	
	水力发电建筑安装工程预算定额（草案）	
1956	水力发电建筑安装工程预算定额	电力部
1957	水利工程施工定额（草案）	水利部
1958	水利水电建筑工程预算定额	水利电力部
	水力发电设备安装价目表	
1964	水利水电安装工程工、料、机械施工指标	
	水利水电建筑安装工程预算指标（征求意见稿）	
	水力发电设备安装价目表（征求意见稿）	
1965	水利水电工程预算指标（即“65”定额）	
1973	水利水电建筑安装工程等额（讨论稿）	
1975	水利水电建筑工程概算指标	水利电力部
	水利水电设备安装工程概算指标	
1980	水利水电工程设计预算定额（实行）	
1983	水利水电建筑安装工程统一劳动定额	水利水电规划设计总院

续表

颁发年份	定额名称	颁发单位
1985	水利水电工程其他工程和费用定额	水利电力部
	水利水电建筑安装工程机械台班费定额	
1986	水利水电设备安装工程预算定额	
	水利水电设备安装工程概算定额	
	水利水电建筑工程预算定额	
1988	水利水电建筑工程概算定额	
1989	水利水电工程设计概（估）算费用构成及计算标准	
1990	水利水电工程投资估算指标（试行）	能源部、水利部
1991	水利水电工程勘测设计收费标准（试行）	
	水利水电工程勘测设计生产定额	水利水电规划设计总院
	水利水电工程施工机械台班费定额	能源部、水利部
1994	水利水电建筑工程补充预算定额	水利部
	水利水电工程设计概（估）算费用构成及计算标准	
1997	水力发电建筑工程概算定额（上、下册）	电力工业部
	水力发电设备安装工程概算定额	
	水力发电工程施工机械台时费定额	
1998	水利水电工程设计概（估）算费用构成及计算标准	水利部
1999	水利水电设备安装工程预算定额	
	水利水电设备安装工程概算定额	
2002	水利建筑工程预算定额（上、下册）	
	水利水电建筑工程概算（上、下册）	
	水利工程施工机械台时费定额	
	水利工程设计概（估）算编制规定	
2005	水利工程概预算补充定额	水利部
2007	水利工程概预算补充定额（掘进机施工隧洞工程）	
	水利工程工程量清单计价规范	
2014	水利工程设计概（估）算编制规定	
2016	水利工程营业税改征增值税计价依据调整办法	水利部

第二节　工程定额的作用及其编制

一、施工定额

（一）施工定额的概念及作用

施工定额是直接应用于工程施工管理的定额，是编制施工预算、实行施工企业内部经济核算的依据，它是以施工过程为研究对象，根据本施工企业生产力水平和管理水平制定的内部定额。

施工定额是规定建筑安装工人或班组在正常施工条件下，完成单位合格产品的人工、机械和材料消耗的数量标准。它是由国家、地区、行业部门或施工企业以技术要求为根据制定的，是基本建设中最重要的定额之一。它既体现国家对建筑安装施工企业管理水平和经营成果的要求，也体现国家和施工企业对操作工人的具体目标要求。

施工定额的作用如下：

(1) 供施工企业编制施工预算。

(2) 安排施工作业进度计划、编制施工组织设计的依据。

(3) 施工企业内部经济核算的依据。

(4) 实行定额包干，签发施工任务单的依据。

(5) 计件工资和超额奖励计算的依据。

(6) 限额领料和节约材料奖励的依据。

(7) 编制预算定额的依据。

(二) 施工定额的编制原则

施工定额能否得到广泛的使用，主要取决于定额的质量和水平及项目的划分是否简明适用。因此，在编制工程定额的过程中应该贯彻以下原则。

1. 平均先进的原则

施工定额的水平应是平均先进水平，因为只有平均先进水平的定额才能促进企业生产力水平的提高。所谓平均先进水平，是指在正常施工条件下，多数班组或生产者经过努力才能达到的水平。一般地说，该水平应低于先进水平而略高于平均水平。它使先进生产者感到有一定的压力，能鼓励他们进一步提高技术水平；使大多数处于中间水平的生产者感到可望且可及，能增强达到定额的信心；使少数落后者通过努力学习技术和端正劳动态度，尽快缩短差距，达到定额水平。所以，平均先进水平是一种鼓励先进、激励中间、鞭策落后的定额水平。

定额水平有一定的时限性，随着生产力水平的发展，定额水平必须作相应的修订，使其保持平均先进的性质。但是，定额水平作为生产力发展水平的标准，又必须具有相对稳定性。定额水平如果频繁调整，会挫伤生产者的劳动积极性，因此不能朝令夕改。

在编制施工定额时贯彻平均先进的原则，可以从以下几个方面来考虑：

(1) 要正确对待先进技术和先进经验。新的生产技术和经验不断地涌现，其中尚不成熟的，需要再试验和研究；有些虽已成熟，只有少数企业和生产者采用，对于这些情况必须区别对待，如果先进技术尚在试验过程中，是不能作为考虑定额水平依据的；已成熟的先进技术和经验，由于某些客观原因尚未得到推广应用，可以在保留原有定额项目和水平的基础上，编制新的定额项目。已成熟并得到普遍推广使用的先进技术和经验，则应作为确定定额水平的依据。

(2) 合理确定劳动组织。劳动组织是否合理，对生产率能否达到定额水平关系很大。人员过多，会造成工作面上窝工，影响完成定额水平；人员过少又会延误工期，影响工程进度。人员技术等级过低，低技术等级工人从事高技术要求的工作，难以保证产品质量；人员技术等级过高，浪费人力资源，增加产品的人工成本。因此，在确定定额水平时，要按照工作对象的技术复杂程度和工艺要求，合理地进行劳动组织，使劳动组织的技术等级同工作对象的技术要求相适应。

（3）明确劳动手段和劳动对象。不同的劳动手段（机具、设备）和不同的劳动对象（材料、构件），对劳动者的效率有不同的影响。在确定定额时，必须明确规定达到定额时使用的机具、设备和操作方法。明确规定原材料和构件的规格、型号、等级、品种和质量要求等。

（4）要注意全面比较和协调一致。确定定额水平时，既要考虑到挖掘企业的潜力，又要考虑到现有技术条件下实际能够达到的可能性，使地区之间、企业之间和施工队之间水平相对平衡一致，特别是工种之间的定额水平。一定要注意协调一致，避免出现苦乐不均现象，造成定额执行中的困难。

2. 基本准确原则

定额是相对的"准"，绝对的"不准"。定额不可能完全与实际相符，而只能要求基本准确。定额是对千差万别的各个实践的概括，抽象出一般的数量标准。

3. 简明适用原则

定额的简明适用是就施工定额的内容和形式而言的。它要求施工定额内容丰富、充实，具有多方面的适用性，同时又要简单明了，容易为工人所掌握，便于查阅，便于计算，便于携带，便于执行。

（1）定额项目要划分齐全、设置适当。定额要能满足施工组织与管理和计算劳动报酬等多方面的要求；同时，定额项目要根据施工过程来划分，各种不同性质的施工过程均应规定出定额指标，特别是那些主要的、常见的施工过程，都必须直接反映在各个定额项目中，这就要求施工定额的项目粗细适当。

（2）定额项目划分的步距大小要适当。定额项目划分的粗细和定额步距的大小关系甚大。定额步距是指同类一组定额相互之间的间隔。步距小则定额细，步距大则定额粗。定额细，精确度较高，但编制定额的工作量大；而定额粗，综合程度大，精确度就会降低。为了使定额项目既简明实用，又比较准确，一般来说，对于常用的、主要的、对工料消耗影响大的定额项目，要划分细一些，步距要小一些；不常用的、次要的、对工料消耗影响小的定额项目，可以划分粗一些，步距也可以大一些。对于以手工操作为主的定额，步距可适当小些；对于机械操作的定额，步距可大些。

（3）定额的文字应通俗易懂，内容要标准化、规范化，计算方法应简便，容易掌握运用。

4. 贯彻专群结合和以专为主的原则

编制施工定额是一项专业性、技术经济性、政策性很强的工作。因此，在编制定额的过程中必须深入调查研究，广泛征求群众的意见，在取得他们的配合和支持下，通过专门技术机构的专业人员进行技术测定、分析整理，才能使编制出来的施工定额具有科学性、代表性、权威性和群众性。

（三）施工定额的编制依据

（1）国家的经济政策和劳动制度。如工资标准、工资奖励制度、工作制度、劳动保护制度等。

（2）有关规范、规程、标准。如现行国家建筑安装工程施工验收规范、技术安全操作规程和有关标准。

（3）技术测定和统计资料。主要指现场技术测定数据和工时消耗的单项或综合统计资料。

（四）施工定额的内容

1. *劳动定额*

劳动定额按其表现形式不同分为时间定额和产量定额。

（1）时间定额。是指某专业技术等级的工人班组或个人，在合理的劳动组织与一定的生产技术条件下，为生产单位合格产品所必须消耗的工作时间。定额时间包括准备时间与结束时间、基本生产时间、辅助生产时间、不可避免的中断时间及工人必需的休息时间。时间定额以工时为单位，其计算方法如下：

$$\text{单位产品时间定额(工时)}=\frac{1}{\text{每工时产量}} \tag{3-1}$$

（2）产量定额。是指在一定的劳动组织与生产技术条件下某种专业技术等级的工人班组或个人，在单位工时中所应完成的合格产品数量。其计算方法如下：

$$\text{每工时产量}=\frac{1}{\text{单位产品时间定额(工时)}} \tag{3-2}$$

产量定额的计量单位视具体产品的性质分别选用 m、m^2、m^3、t、根、块等表示。时间定额与产量定额互为倒数。

2. *材料消耗定额*

材料消耗定额包括生产合格产品的消耗量与损耗量两部分。其中，消耗量是产品本身所必须占有的材料数量，材料损耗量包括操作损耗和场内运输损耗。建筑工程材料可分为直接性消耗材料和周转性消耗材料两类。直接性消耗材料是指直接构成工程实体的材料，如砂石料、钢筋、水泥等材料的消耗量，包括了材料的净用量及施工过程中不可避免的合理损耗量。周转性消耗材料是指在工程施工过程中，能多次使用、反复周转并不断补充的工具性材料、配件和用具等，如脚手架、模板等。

$$\text{材料消耗量}=\text{净耗量}+\text{损耗量} \tag{3-3}$$

式中，损耗量是指合理损耗量，亦即在合理使用材料情况下的不可避免损耗量，其多少常用损耗率来表示。

$$\text{损耗率}=\frac{\text{损耗量}}{\text{消耗量}}\times 100\% \tag{3-4}$$

因此，材料消耗量可用式（3－5）计算：

$$\text{材料消耗量}=\frac{\text{净耗量}}{1-\text{损耗率}} \tag{3-5}$$

材料消耗定额是加强企业管理和经济核算的重要工具，是确定材料需要量和储备量的依据，是施工企业对施工班组实施限额领料的依据，是减少材料积压、浪费，促进合理使用材料的重要手段。

3. 机械台时定额

机械台时定额是施工机械生产率的反映，单位一般用“台时”表示。可分为时间定额和产量定额，两者互为倒数。

（1）机械时间定额。在正常的施工条件和劳动组织条件下，使用某种规格型号的机械，完成单位合格产品所必须消耗的台时数量。

$$机械时间定额=\frac{1}{机械台时产量定额} \tag{3-6}$$

（2）机械台时产量定额。在正常的施工条件和劳动组织条件下，某种机械在一个台时内生产合格产品的数量。

$$机械台时产量定额=\frac{1}{机械时间定额} \tag{3-7}$$

二、预算定额

1. 预算定额的概念

预算定额是完成单位分部分项工程所需的人工、材料和机械台时消耗的数量标准。它是将完成单位分部分项工程项目所需的各个工序综合在一起的综合定额。预算定额由国家或地方有关部门组织编制、审批并颁发执行。

2. 预算定额的作用

（1）预算定额是编制建筑安装工程施工图预算和确定工程造价的依据。

（2）预算定额是对设计的结构方案进行技术经济比较，对新结构、新材料进行技术经济分析的依据。

（3）预算定额是编制施工组织设计时，确定劳动力、材料和施工机械需要量的依据。

（4）预算定额是工程竣工结算的依据。

（5）预算定额是施工企业贯彻经济核算、进行经济活动分析的依据。

（6）预算定额或综合预算定额是编制概算定额的基础。

（7）预算定额是编制标底和报价的参考。

3. 预算定额与施工定额的关系

预算定额的编制必须以施工定额的水平为基础。预算定额不是简单套用施工定额的水平，还考虑了更多的可变因素，如：工序搭接的停歇时间，常用工具如施工机械的维修、保养、加油、加水等所发生的不可避免的停工损失，工程检查所需的时间，在施工中不可避免的细小的工序和零星用工所需的时间，机械在与手工操作的工作配合中不可避免的停歇时间，在工作班内机械变换位置所引起的难以避免的停歇时间和配套机械相互影响的损失时间，不可避免的中断、必要的休息、交接班以及班内工作干扰等。所以，确定预算定额水平时，要相对降低一些。根据我国的实践经验，一般预算定额应低于施工定额水平的5%～7%。

预算定额是施工定额的人工、机械消耗量综合扩大后的数量标准。以混凝土工程为例，施工定额混凝土工程按配运骨料、水泥运输、施工缝处理、清仓、混凝土拌和、混凝土运输、混凝土浇筑、混凝土养护等工序分别设列子目。而预算定额是将完成100m^3混凝土浇筑所需的各工序综合在一起，按其部位、结构类型分别设列子目。

三、概算定额

1. 概算定额的概念

建筑工程概算定额也叫扩大结构定额，它规定了完成一定计量单位的扩大结构构件或扩大分项工程所需的人工、材料和机械台时的数量标准。

概算定额是以预算定额为基础，根据通用图和标准图等资料，经过适当综合扩大编制而成的。概算定额与预算定额之间允许有5%以内的幅度差。在水利工程中，从预算定额过渡到概算定额，一般采用1.03～1.05的扩大系数。

2. 概算定额的作用

（1）是编制初步设计概算和修正概算的依据。

（2）是编制机械和材料需用计划的依据。

（3）是设计方案进行经济比较的依据。

（4）是编制估算指标的基础。

四、估算指标

估算指标是在概算定额的基础上，考虑投资估算工作深度和精度，乘以扩大系数。扩大系数见表7-1。

五、定额编制的方法

1. 调查研究法

一般是根据老工人、施工技术人员和工程造价人员的实践经验，并参照有关的技术资料，通过座谈、讨论分析和综合计算确定。这种制定方法工作过程较少，工作量较小，简单易行。但往往受主观因素的影响，缺乏详细的分析和计算，准确性较差。因此，此法只适用于企业内部，作为某种局部项目的补充定额编制。

2. 统计分析法

统计分析法是将以往施工中所累积的同类型工程项目的工时耗用量加以科学的分析，并考虑施工技术和组织变化的因素，经分析研究后制定劳动定额的一种方法。采用统计分析法必须建立在准确的原始记录和统计工作的基础上，并且要选择正常和一般水平的企业与班组，同时还要选择部分先进和落后的企业与班组进行分析和比较。

3. 比较类推法

比较类推法是根据同类型项目或相似项目的定额进行对比分析类推而制定定额的方法。此法简便易行，工作量小，只要所选择的典型定额具有一定代表性，一般情况下是比较合理的。但使用比较的典型定额与相关定额之间呈比例关系时才适用，一般采用主要项目或常用项目作典型定额进行比较类推。

4. 技术测定法

技术测定法是根据先进合理的技术条件和组织条件，对工程各工序工作时间的各个组成部分，进行工作日写实、观察测时，分别测定每一工序的工时消耗，获得制定定额所需要的技术资料，然后对资料进行分析计算并参考以往数据确定。此法有比较充分的依据，准确程度较高，是一种比较科学的方法。

通过技术测定法制定定额时，要密切结合本企业的实际情况（生产特点、设备情况和技术水平），在做好思想工作的前提下，应广泛听取群众意见，防止通过单纯的计算和测定来制定定额。

5. 计算分析法

计算分析法多用于材料消耗定额和一般开挖运输机械作业定额的编制。其方法是拟定施工条件、选择典型施工图、计算工程量，用理论计算方法确定定额数量。

上述5种方法是制定劳动定额的基本方法。在编制定额时，可以结合具体情况灵活运用，相互结合，相互借鉴。其中，技术测定法是基础，对于新技术、新工艺劳动定额的编制，主要采用该种方法。

第三节　定额的使用

一、定额的组成内容

现行水利水电工程定额一般由总说明、分册分章说明、目录、定额表和有关附录组成，其中定额表是定额的主要组成部分。

《水利水电建筑安装工程统一劳动定额》按建筑工程和设备安装工程分册，各册的定额表内列有各定额项目的不同子目的劳动定额或机械台时定额，均以时间定额与产量定额双重表示，一般横线上方为时间定额（工日/m^3），横线下方为产量定额（m^3/工日），例如表3-4的人工挖装土方定额。

表3-4　人工挖装土方1m^3自然方的劳动定额

项　目	土质级别			
	1	2	3	4
挖装筐　双轮车	$\frac{0.0925}{10.80}$	$\frac{0.144}{6.94}$	$\frac{0.241}{4.15}$	$\frac{0.370}{2.70}$
挖装斗车　机动翻斗车	$\frac{0.102}{9.80}$	$\frac{0.158}{6.33}$	$\frac{0.265}{3.77}$	$\frac{0.407}{2.46}$
挖装汽车	$\frac{0.122}{8.20}$	$\frac{0.190}{5.26}$	$\frac{0.318}{3.14}$	$\frac{0.490}{2.04}$

水利部颁发的现行《概算定额》和《预算定额》，是以完成不同子目单位工程量所消耗的人工、材料和机械台时数量表示。各定额表的上方注明了该定额项目的适用范围和工作内容。

水利部颁发的现行《安装工程概算定额》是以实物量和费率两种形式表示的。水利部颁发的现行《安装工程预算定额》是以实物量形式表示的。

二、定额的使用

定额在水利水电工程建设经济管理工作中起着重要作用，工程造价管理人员必须熟练准确地使用定额。为此，必须做到以下几点。

1. 专业专用

水利水电工程项目建设除水工建筑物及水利水电设备外，还有房屋建筑工程、公路、铁路、输变电线路、通信工程等。水利工程应采用水利部门颁发的定额，其他工程应分别采用所属主管部门颁发的定额。如公路工程采用交通部门颁发的公路工程定额，房屋建筑工程采用工业与民用建筑工程定额。

2. 工程定额要与费用定额配套使用

在计算水利水电工程投资的过程中，除采用工程定额外，还应结合现行的费用定额。如其他直接费定额、现场经费标准、间接费定额等。

3. 选用的定额应与设计阶段和定额的作用相适应

可行性研究编制投资估算采用投资估算指标，初设阶段编制设计概算应采用概算定额，施工图预算应采用预算定额。如因本阶段定额缺项，需用下阶段定额时，应按规定乘以过渡系数。

4. 熟悉定额中的有关内容

（1）要认真阅读定额的总说明和分章说明。对说明中指出的定额适用范围、包含的工作内容和费用、有关调整系数以及定额的使用方法等，均应通晓和熟悉。

（2）要了解定额项目的工作内容。能根据工程部位、施工方法、施工机械和其他施工条件正确地选用定额项目，做到不错项、不漏项、不重项。

（3）要学会使用定额的附录。例如，土壤和岩石分级、砂浆与混凝土配合比、模板立模系数、安装工程装置性材料用量等。

（4）要注意定额修正的各种换算关系。当施工条件与定额项目规定条件不符时，应按定额说明和定额表下的“注”中有关规定换算修正。各种系数换算，除特殊注明者外，一般均按连乘计算。使用时还要区分修正系数是全面修正还是只乘在人工工时、材料消耗和机械台时的某一项或几项上。

（5）要注意定额单位和定额中数字表示的适用范围。概预算项目的计量单位要和定额项目的计量单位一致。要注意区分土石方工程的自然方和压实方，砂石备料中的成品方、自然方与堆方，砌石工程中的砌体方与码方，混凝土的拌和方与实体方等。定额中凡数字后用“以上”“以外”表示的都不包括数字本身，凡数字后用“以下”“以内”表示的都包括数字本身。凡用数字上下限表示的，如1000～2000，相当于1000以上至2000以下。

三、定额使用举例

【例3-1】 某导流明渠上口宽17m，沿渠线为Ⅲ类土，施工拟采用人工挖装、胶轮车运土，弃土用于机械填筑均质土围堰。平均运距275m，围堰土方压实干重度17.28kN/m^3，天然干重度15.72kN/m^3，试求填筑围堰100m^3（实方）所需挖运的人工、胶轮车的预算量。

解：(1) 计算挖运 100m^3（自然方）土料所需的人工和胶轮车量。

由于上口宽度大于 16m，属一般土方开挖。查《预算定额》人工挖土、胶轮车运土定额编号 10015，开挖 100m^3（自然方）需人工合计 191.10 工时，胶轮车 65.20 台时。查定额编号 10017，每增运 50m 需增加人工 18.2 工时、胶轮车 10.40 台时。则 100m^3（自然方）土料挖运需：

人工　　191.10＋4.5×18.2＝273.00(工时)

胶轮车　　65.20＋4.5×10.40＝112.00(台时)

(2) 计算填筑 100m^3（实方）围堰需挖运的自然土方数量：

$$\frac{(100+A)\times 设计干重度}{天然干重度}=(100+4.93)\times 17.28\div 15.72=115.34$$

式中　A——综合系数，见第五章表 5-2。

(3) 计算填筑 100m^3（实方）围堰所需人工和胶轮车的预算用量。

人工　　273.00×115.34÷100＝314.88（工时）

胶轮车　　112.00×115.34÷100＝129.18（台时）

【例 3-2】 某枢纽工程，采用浆砌块石挡土墙，设计砂浆强度等级为 M10，砌石等材料就近堆放，求每立方米浆砌石挡土墙所需人工、材料预算用量。

解：(1) 选用定额：

查《预算定额》浆砌石挡土墙，定额编号 30021，每 100m^3 砌体需消耗人工合计 810.3 工时，块石 108m^3（码方），砂浆 34.4m^3。由于砌石工程定额已综合包含了拌浆、勾缝和 20m 以内运料用工，故不需另计其他用工。

(2) 确定砂浆材料预算用量：

根据设计砂浆强度等级，查《预算定额》附录 7 表 7-15 水泥砂浆材料配合比表，每立方米砂浆主要材料预算量：水泥 305kg，砂 1.10m^3，水 0.183m^3。

(3) 计算每立方米浆砌石所需人工和材料用量：

人工　　810.3÷100＝8.10（工时）

块石　　108÷100＝1.08（m^3）（码方）

水泥　　305×34.4÷100＝104.92（kg）

砂　　1.10×34.4÷100＝0.378（m^3）

水　　0.183×34.4÷100＝0.062（m^3）

【例 3-3】 某河道堤防工程施工采用 2m^3 挖掘机挖运（Ⅲ类土），15t 自卸汽车运输，平均运距 3.6km，74kW 拖拉机碾压，土料压实干重度 17.28kN/m^3，天然干重度 15.72kN/m^3，堤防工程量为 70 万 m^3，每天三班工作，试求：

(1) 用 7 台拖拉机碾压，需用多少天完工？

(2) 按以上施工天数，分别需用多少台挖掘机和自卸汽车？

解：(1) 计算施工工期：

查《预算定额》拖拉机压实一节，定额编号 10474，压实 100m^3 土方需要拖拉机 2.43 台时，则拖拉机生产率为

$$\frac{100}{2.43}=41.15\ (m^3/台时)\ (实方)$$

即 $41.15\times8\times3=987.6\ [m^3/(台\cdot天)]$（实方）

7 台拖拉机每天的生产强度： $987.6\times7=6913.2\ (m^3/d)$（实方）

需要施工时间： $\frac{70\times10^4}{6913.2}\approx102\ (d)$

（2）计算挖掘机和自卸汽车的数量：

查《预算定额》定额编号 10373、10374 子目，$2m^3$ 挖掘机装土 15t 自卸汽车运输定额，装运 $100m^3$ 土（自然方）需挖掘机和自卸汽车的台时数量分别为 0.64 台时和 6.92 台时。

$2m^3$ 挖掘机生产率： $\frac{100}{0.64}=156.2\ (m^3/台时)$（自然方）

15t 自卸汽车生产率： $\frac{100}{6.92}=14.45\ (m^3/台时)$（自然方）

挖运施工强度：

$$\frac{70\times10^4}{102\times3\times8}\times\frac{17.28}{15.72}\times(1+4.93\%)=329.82(m^3/台时)(自然方)$$

其中，4.93%为土料挖运的综合系数，见第五章表 5－2。

则挖掘机数量： $\frac{329.82}{156.25}\approx3(台)$

自卸汽车数量： $\frac{329.82}{14.45}\approx23(台)$

第四章 基础单价

基础单价是编制工程单价的基本依据之一，也是编制工程概预算的最基本资料，它包括人工预算单价，材料预算价格，电、风、水价格，施工机械台时费，砂石料单价等。根据《水利工程设计概（估）算编制规定（工程部分）》（水总〔2014〕429号）及水利部办公厅关于印发《水利工程营业税改征增值税计价依据调整办法》（办水总〔2016〕132号）（简称《营改增调整办法》）的通知，配套水利行业现行系列定额是编制基础单价的依据。基础单价编制的准确与否，将直接影响工程单价的正确程度，从而影响工程概预算编制的质量。

第一节 人工预算单价

人工预算单价是计算建筑与安装工程人工费的重要基础。人工预算单价是指生产工人在单位时间（工时）的费用。人工费指直接从事建筑安装工程施工的生产工人开支的各项费用之和，内容包括基本工资和辅助工资。水利工程按工程性质划分为枢纽工程、引水工程和河道工程，根据《水利工程设计概（估）算编制规定（工程部分）》（水总〔2014〕429号），不同工程性质的人工预算单价计算标准见表4-1。

一、人工预算单价的组成

1. 基本工资

基本工资由岗位工资和生产工人年应工作天数以内非作业天数的工资组成。

（1）岗位工资。指按照职工所在岗位各项劳动要素测评结果确定的工资。

（2）生产工人年应工作天数以内非作业天数的工资，包括生产工人开会学习、培训期间的工资，调动工作、探亲、休假期间的工资，因气候影响的停工工资，女工哺乳期间的工资，病假在6个月以内的工资及产、婚、丧假期的工资。

2. 辅助工资

辅助工资指在基本工资之外，以其他形式支付给职工的工资性收入，包括根据国家有关规定属于工资性质的各种津贴，主要包括艰苦边远地区津贴、施工津贴、夜餐津贴、节日加班津贴等。

二、人工预算单价的计算标准

人工预算单价计算标准，不同类别地区其标准不同。水利工程中将建设项目地区划分为以下几类，包括一般地区、一类区、二类区、三类区、四类区、五类区（西藏二类区）、六类区（西藏三类区）、西藏四类区。人工预算单价通常以元/工时为单位，一般地区人工预算单价计算标准见表4-1。

表4-1　　人工预算单价计算标准　　单位：元/工时

类别与等级	一般地区	一类区	二类区	三类区	四类区	五类区（西藏二类区）	六类区（西藏三类区）	西藏四类区
枢纽工程								
工长	11.55	11.80	11.98	12.26	12.76	13.61	14.63	15.40
高级工	10.67	10.92	11.09	11.38	11.88	12.73	13.74	14.51
中级工	8.90	9.15	9.33	9.62	10.12	10.96	11.98	12.75
初级工	6.13	6.38	6.55	6.84	7.34	8.19	9.21	9.98
引水工程								
工长	9.27	9.47	9.61	9.84	10.24	10.92	11.73	12.11
高级工	8.57	8.77	8.91	9.14	9.54	10.21	11.03	11.40
中级工	6.62	6.82	6.96	7.19	7.59	8.26	9.08	9.45
初级工	4.64	4.84	4.98	5.21	5.61	6.29	7.10	7.47
河道工程								
工长	8.02	8.19	8.31	8.52	8.86	9.46	10.17	10.49
高级工	7.40	7.57	7.70	7.90	8.25	8.84	9.55	9.88
中级工	6.16	6.33	6.46	6.66	7.01	7.60	8.31	8.63
初级工	4.26	4.43	4.55	4.76	5.10	5.70	6.41	6.73

注 1. 艰苦边远地区划分执行人事部、财政部《关于印发〈完善艰苦边远地区津贴制度实施方案〉的通知》（国人部发〔2006〕61号）及各省（自治区、直辖市）关于艰苦边远地区津贴制度实施意见。一至六类地区的类别划分参见《水利工程设计概（估）算编制规定》附录7，执行时应根据最新文件进行调整。一般地区指附录7之外的地区。
2. 西藏地区的类别执行西藏特殊津贴制度相关文件规定，其二至四类划分的具体内容见《水利工程设计概（估）算编制规定》附录8。
3. 跨地区建设项目的人工预算单价可按主要建筑物所在地确定，也可按工程规模或投资比例进行综合确定。

三、人工预算单价计算示例

【例4-1】 河南省平顶山市某地区修建一引水工程，求初级工的人工预算单价。

解：（1）查2014年《水利工程设计概（估）算编制规定》附录7，确定河南省平顶山市应属于一般地区。

（2）查《编规》表5-1（或本节表4-1），可知该引水工程的初级工人工预算单价为4.64元/工时。

【例4-2】 金沙江干流上的乌东德水电站枢纽工程，位于云南省禄劝县和四川省会东县交界处，求中级工的人工预算单价。

解：（1）查2014年《水利工程设计概（估）算编制规定》附录7，确定云南省禄劝县应属于二类区，四川省会东县属于一类区，此工程主要建筑物位于云南省，确定此工程属于二类区。

（2）查《编规》表5-1，可知该枢纽工程的中级工的人工预算单价为9.33元/工时。

第二节　材料预算价格

材料费指用于建筑安装工程项目上的消耗性材料、装置性材料和周转性材料摊销费。包括定额工作内容规定应计入的未计价材料和计价材料。

材料预算价格是指材料由购买地点运到工地分仓库或相当于工地分仓库（材料堆放场）的出库价格。材料从工地分仓库至施工现场用料点的场内运杂费已计入定额内。

材料预算价格的组成如图 4-1 所示。

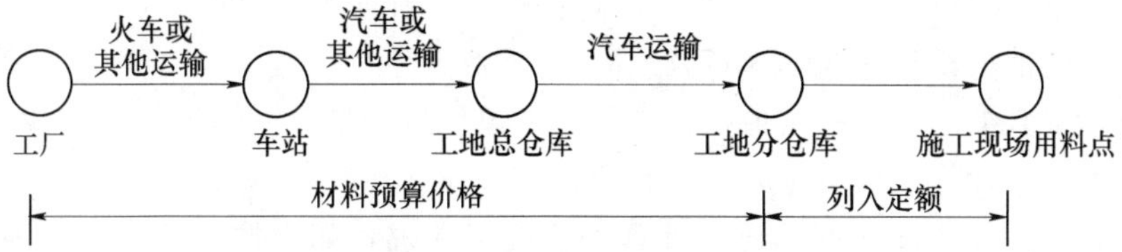

图 4-1　材料预算价格组成

一、水利水电工程材料的分类

水利水电工程建设中所用材料品种繁多，规格各异，按其对工程投资影响的程度，可分为主要材料和其他材料。

（1）主要材料。指工程施工中用量大或用量虽小但价格昂贵，对工程造价影响大的材料。这类材料的价格应按品种逐一详细计算。

水利水电工程常用的主要材料有钢材、木材、水泥、粉煤灰、油料、火工产品、电缆及母线等。在大量用沥青混凝土防渗的工程中，沥青应视为主要材料；水闸施工中若用紫铜片止水，量虽小但价高，应视为主要材料。

（2）其他材料。指除主要材料之外的所有材料，其对工程造价影响较小，但品种繁多。该部分价格不需要详细计算，可参考工程所在地区的工业与民用建筑安装工程材料预算价格或信息价格。

二、主要材料预算价格的组成与计算

材料预算价格一般包括材料原价、运杂费、运输保险费、采购及保管费 4 项，个别材料若规定另计包装费的另行计算。根据《水利工程营业税改征增值税计价依据调整办法》（办水总〔2016〕132 号），材料原价、运杂费、运输保险费和采购及保管费等分别按不含增值税进项税额的价格计算。（注：无特别说明，本书所有例题材料价格均指不含增值税进项税额的价格。）

主要材料预算价格计算公式为

材料预算价格＝(材料原价＋运杂费)×(1＋采购及保管费率)＋运输保险费

【例 4-3】 某企业购进原材料，每吨材料不含税价为 1000 元，税率 17%，则该企业购进每吨材料的价格应为多少？该企业每吨材料的增值税进项税额是多少？企业利用该材料参与工程单价计算时应该用的材料原价是多少？如果该吨材料经过深加工后卖出，不含税价 2000 元，17%税率，则该企业的增值税销项税是多少？该企业每吨材料实际应向国家缴纳的税款是多少？

解：根据题目条件：

（1）企业购进材料价格=1000+1000×17%=1170（元/t）。

（2）增值税进项税额=1000×17%=170（元/t）。

（3）根据《水利工程营业税改征增值税计价依据调整办法》（办水总〔2016〕132 号），材料原价、运杂费、运输保险费和采购及保管费等分别按不含增值税进项税额的价格计算。材料原价=1170－170=1000(元/t)。材料原价即为不含税价。

（4）增值税销项税额=2000×17%=340（元/t）。

（5）向国家缴纳的税款=增值税销项税－增值税进项税额=340－170=170（元/t）。

说明：该企业计算工程单价时，材料原价应该按 1000 元/t，而不是 1170 元/t。这是因为该材料进入工程单价计算后还要计算增值税销项税，如果按 1170 元/t，则相当于该材料重复计税，这是与“价税分离”的计价规则相违背的。该吨材料加工后卖出，合计含税价 2340 元。由于该企业在购进材料时已经交了增值税进项税为 170 元，再经过加工卖出时还要交增值税销项税为 340 元，这存在该材料重复交税的问题，与“价税分离”的计价规则相违背。所以，该企业可以凭借进货增值税发票的抵扣联去当地国税机关认证，认证后的增值税发票可以冲抵销项税额。例中的进项税 170 元可以冲抵销项税 340 元的一部分，则实际交纳的税款为 170 元。

1. 材料原价

除电及火工产品外，材料原价按工程所在地区就近的大物资供应公司、材料交易中心的市场成交价或设计选定的生产厂家的出厂价计算。有时也可以在工程所在地建设工程造价管理部门公布的信息价格计算。电及火工产品执行国家定价。包装费是指材料运输和保管过程中的包装费和包装材料的折旧摊销费。包装费一般包含在材料原价中。若材料原价中未包括包装费用，而在运输和保管过程中必须包装的材料，则应另计包装费，按照包装材料的品种、规格、包装费用和正常的折旧摊销费，包装费按工程所在地实际资料和有关规定计算。材料原价的确定，应按不同产地的价格和供应数量，采取加权平均的方法计算。

根据《水利工程营业税改征增值税计价依据调整办法》（办水总〔2016〕132 号），材料价格应采用发布的不含税信息价格或市场调研的不含税价格。投标报价文件采用含税价格编制时，材料价格可以采用将含税价格除以调整系数的方式调整为不含税价格，调整方法如下：主要材料除以 1.17 调整系数，主要材料指水泥、钢筋、柴油、汽油、炸药、木材、引水管道、安装工程的电缆、轨道、钢板等未计价材料、其他占工程投资比例高的材料；次要材料除以 1.03 调整系数；购买的砂、石料、土料暂按除以 1.02 调整系数；商品混凝土除以 1.03 调整系数。按原金额标准计算的运杂费除以 1.03 调整系数，按费率计算运杂费时费率乘以 1.10 调整系数。

（1）水泥：由生产企业根据生产成本和市场供求情况自主定价，一般采用厂家出厂价。袋装水泥的包装费按规定计入原价，不计回收，不计押金。

（2）木材：工程所需木材由林区贮木场直接供应的，原则上均应执行设计所选定的木场的大宗批发价；由工程所在地区木材公司供应的，采用该地区木材公司规定的木材大宗批发价。

木材原价的代表规格，按二类（杉木）、三类（松木）树种各占50%，Ⅰ、Ⅱ等材各50%考虑；长度2～3.8m，径级20～28cm。

（3）汽油、柴油：其原价按工程所在地区石油部门供应考虑。汽油、柴油按车辆要求及工程所在地区气温条件确定规格型号。

（4）炸药：按国家及地方有关规定计算其价格。代表规格为2号岩石铵梯炸药，4号岩石铵梯炸药，1～9kg/包。

（5）钢材：包括钢筋、钢板及型钢，按市场价计算。钢筋代表规格采用碳素结构钢ϕ16～18mm，低合金钢采用20MnSiϕ20～25mm，二者比例由设计确定。钢板、型钢的代表规格、型号和比例，按设计要求确定。

2. 运杂费

运杂费是指材料由产地或交货地点运到工地分仓库（或相当于工地分仓库的材料堆放场）所发生的各种运输工具的运费、调车费、装卸费和其他杂费等费用。一般分为铁路、公路、水路几种运输方式计算其运杂费。铁路运输按铁道部现行《铁路货物运价规则》及有关规定计算其运杂费。公路及水路运输，按工程所在省、自治区、直辖市交通部门现行规定或市场价计算。

在编制运杂费时，应详细收集工程所在地区及有关部门的运杂费价格资料，按施工组织设计中选定的运输方式、运输工具和里程进行计算。运杂费计算中应注意以下几个问题：

（1）编制材料预算价格时，应先绘制运输流程示意图，避免在计算过程中发生遗漏和重复。

（2）确定运量比例。一个工程若有两种以上的对外交通方式，要确定各运输方式在工程材料运输中所占比例。采用铁路专用线，在施工初期往往不能通车，要采用公路等其他运输方式。因此，在确定运量比例时，应充分重视施工初期的运输方式。

（3）整车与零担比。整车与零担比是指火车运输中整车和零担货物的比例，又叫“整零比”。整车运价较零担便宜，材料运输时，尽可能采用整车方式运输。具体整零比视工程规模情况来定，规模大，直供量多，整车比例就高。根据已建大、中型水利水电工程实际情况，水泥、木材、炸药、汽油、柴油等按整车计算，钢材可考虑一部分零担，其比例大型工程按10%～20%，中型工程按20%～30%选取。计算时，按整车和零担所占的百分率加权平均计算运价，具体公式为

$$\text{运价}=\text{整车运价}\times\text{整车量}(\%)+\text{零担运价}\times\text{零担量}(\%)$$

（4）装载系数。材料实际运输时，因批量运输可能装不满一整车而不能满载；或虽已装满，但由于材料容重小，而其运输量达不到车皮的标记吨位；或为保证行车安全，对炸药类危险品不允许满载。这就存在实际运输重量与车辆标记重量不同的问题，而交通运输部门在整车运输时按标重收费，超过标重按实际重量计算费用，因此应考虑装载系数K，K计算如下：

$$\text{装载系数}K=\frac{\text{实际运输重量}}{\text{运输车辆标记重量}}$$

只有火车整车运输钢材、木材等时，才考虑装载系数，表4-2所列装载系数供计算时参考。

考虑装载系数后的实际运价计算为

$$\text{实际运价}=\frac{\text{规定运价}}{\text{装载系数}}$$

表4-2　　装载系数表

序号	材料名称		单位	装载系数
1	水泥、油料		t/车皮 t	1.0
2	木材		m^3/车皮 t	0.90
3	钢材	大型工程	t/车皮 t	0.90
		中型工程	t/车皮 t	0.80～0.85
4	炸药		t/车皮 t	0.65～0.70

（5）毛重。运输部门往往是以物资毛重计费，因此运费中要考虑材料的毛重系数。

$$\text{毛重系数}=\frac{\text{毛重}}{\text{净重}}=\frac{\text{物资实际重量}+\text{包装品重量}}{\text{物资实际重量}}$$

$$\text{单位毛重}=\text{材料单位重量}\times\text{毛重系数}$$

水泥、钢材、油料的单位毛重与材料单位重量基本一致；木材的单位重量与材质有关，一般为0.6～0.8t/m^3，毛重系数1.0；炸药毛重系数为1.17；油料自备油桶运输时其毛重系数：汽油为1.15，柴油为1.14。

（6）铁路运输按铁道部现行的《铁路货物运价规则》，根据货物运价号、运输里程运价率及有关规定计算运杂费；公路和水路运输按工程所在省、自治区、直辖市交通部门的现行规定计算。

3. 采购及保管费

指材料在采购、供应和保管过程中所发生的各项费用，以材料运到工地仓库价格不包括运输保险费为计算基数。主要包括材料的采购、供应和保管部门工作人员的基本工资、辅助工资、职工福利费、劳动保险费、养老保险费、失业保险费、医疗保险费、工伤保险费、生育保险费、住房公积金、教育经费、办公费、差旅交通费及工具用具使用费；仓库、转运站等设施的检修费、固定资产折旧费、技术安全措施费；材料在运输、保管过程中发生的损耗等。

采购及保管费计算公式为

$$\text{材料采购及保管费}=(\text{材料原价}+\text{运杂费})\times\text{采购及保管费率}$$

根据《水利工程营业税改征增值税计价依据调整办法》（办水总〔2016〕132号），采购及保管费费率见表4-3。

4. 运输保险费

材料运输保险费是指材料在运输途中的保险费。一般按工程所在省、自治区、直辖市或中国人民保险公司的有关规定计算。材料运输保险费计算公式为

运输保险费＝材料原价×材料运输保险费率

表 4－3　采购及保管费费率表

序号	材料名称	费率/%	序号	材料名称	费率/%
1	水泥、碎（砾）石、砂	3.3	3	油料	2.2
2	钢材	2.2	4	其他材料	2.75

三、其他材料预算价格的确定

其他材料品种繁多，其费用占投资比例很小，一般不做详细计算，可参考工程所在地区工业与民用建筑安装工程材料预算价格或信息价格。

四、材料补差

为了避免材料市场价格起伏变化，造成间接费、利润的相应变化，有些主管部门对主要材料规定了统一的价格，按此价格进入工程单价计取有关费用，故称为取费价格。这种价格由主管部门发布，在一定时期内固定不变，故又称为基价。只规定上限的基价，称为规定价或限价。相对于基价、限价而言，按实际市场价计算出的材料预算价与基价之差称作材料调差价。在计算工程单价时，凡遇到主要材料预算价格超过规定基价时，应按基价计入工程单价参与取费，预算价格与基价的差值以材料补差的形式计算，材料补差列入单价表中并计取税金。

不含增值税进项税额的主要材料预算价格超过表 4－4 规定的材料基价时，应按表中基价计入工程单价参加取费，预算价与基价的差值以材料补差形式计算，列入单价表中并计取税金。

主要材料预算价格低于基价时，按预算价计入工程单价。

计算施工电、风、水价格时，按预算价进行计算。

表 4－4　主要材料基价表

序号	材料名称	单位	基价/元	备注
1	柴油	t	2990	
2	汽油	t	3075	
3	钢筋	t	2560	
4	水泥	t	255	
5	炸药	t	5150	
6	砂石料	m^3	70	外购
7	混凝土	m^3	200	商品混凝土

五、材料预算价格计算示例

【例 4-4】 某水利工地使用 42.5 级普通水泥，由本省境内甲厂和乙厂供应。已知：水泥交货价（不含增值税进项税额）均为 385 元/t，供货比例为甲厂：乙厂=70：30，厂家运至工地水泥罐的运杂费（含上罐费）分别为：甲厂 130 元/t，乙厂 150 元/t，水泥运输保险费的计算是按当地有关规定取材料原价的 2‰。计算该种水泥的预算价格。

解： 甲厂水泥预算价格：(385+130)×(1+3.3%)+385×2‰=532.77(元/t)。

乙厂水泥预算价格：(385+150)×(1+3.3%)+385×2‰=553.43(元/t)。

水泥综合预算价格：532.77×70%+553.43×30%=538.96(元/t)。

此例为按材料预算价格计算方法计算出的水泥预算价格（不含增值税进项税额），超过了水泥基价 255 元/t，故在参与工程单价计算时，水泥应按基价 255 元/t 计入工程单价参加取费，预算价与基价的差值以材料补差形式列入单价表中并计取税金。假如此例计算出的水泥预算价格低于水泥基价时，按水泥预算价计入工程单价参加取费。

【例 4-5】 某大型工程由甲、乙两厂供应钢筋（不含增值税进项税额），甲厂供应 60%，乙厂供应 40%；从甲厂用火车将钢筋运至工地铁路转运站，运输距离 150km；从乙厂用火车将钢筋运至工地铁路转运站，运距 500km；从铁路转运站用汽车运至工地分仓库，运距 20km。求钢筋的综合预算价格。

已知：根据铁路部门颁发的货物运价费率，甲厂供应的火车整车运价为 9.5 元/t，零担运价为 0.02 元/kg；乙厂供应的火车整车运价为 19.2 元/t，零担运价为 0.054 元/kg；火车运输整车与零担比为 8：2。整车装载系数为 0.90；碳素结构钢筋的出厂价为 3300 元/t，20MnSi 钢筋出厂价为 3500 元/t，根据设计要求两种规格的钢筋所占比重分别为 40% 和 60%；汽车运输价为 0.30 元/(t·km)；火车、汽车装卸费，每装一次 20 元/t，每卸一次 15 元/t；铁路出库综合费率 4.60 元/t，运输保险费率 2‰。

解：（1）运输流程的运杂费计算。运杂费计算见表 4-5。

表 4-5　主要材料运杂费计算表

<table>
<tr><td>编号</td><td>1</td><td colspan="2">2</td><td>3</td><td>材料名称</td><td colspan="3">钢　筋</td><td>材料编号</td><td></td></tr>
<tr><td>交货条件</td><td>甲厂</td><td colspan="2">乙厂</td><td></td><td>运输方式</td><td>火车</td><td>汽车</td><td>船运</td><td colspan="2">火　车</td></tr>
<tr><td>交货地点</td><td>××市</td><td colspan="2">××市</td><td></td><td>货物等级</td><td></td><td>特等</td><td></td><td>零担</td><td>整车</td></tr>
<tr><td>交货比例</td><td>60%</td><td colspan="2">40%</td><td></td><td>装载系数</td><td>0.90</td><td></td><td></td><td>20%</td><td>80%</td></tr>
<tr><td>编号</td><td colspan="2">运输费用项目</td><td colspan="2">运输起讫点</td><td>运输距离/km</td><td colspan="4">计 算 公 式</td><td>合计/元</td></tr>
<tr><td rowspan="5">1</td><td colspan="2">铁路运杂费</td><td colspan="2">甲厂—转运站</td><td>150</td><td colspan="4">9.5÷0.90×0.8+0.02×1000×0.2+20+15+4.60</td><td>52.04</td></tr>
<tr><td colspan="2">公路运杂费</td><td colspan="2">转运站—工地分仓库</td><td>20</td><td colspan="4">0.3×20+20+15</td><td>41.00</td></tr>
<tr><td colspan="2">水路运杂费</td><td colspan="2"></td><td></td><td colspan="4"></td><td></td></tr>
<tr><td colspan="2">场内运杂费</td><td colspan="2"></td><td></td><td colspan="4"></td><td></td></tr>
<tr><td colspan="2">综合运杂费</td><td colspan="2"></td><td></td><td colspan="4"></td><td>93.04</td></tr>
</table>

续表

编号	运输费用项目	运输起讫点	运输距离/km	计 算 公 式	合计/元
2	铁路运杂费	乙厂—转运站	500	19.2÷0.90×0.8+0.054×1000×0.2+20+15+4.60	67.47
	公路运杂费	转运站—工地分仓库	20	0.3×20+20+15	41.00
	水路运杂费				
	场内运杂费				
	综合运杂费				108.47
每吨钢筋的综合运杂费				93.04×0.6+108.47×0.4	99.21

(2) 钢筋的预算价格计算。钢筋的综合预算价格计算见表 4-6。

表 4-6　主要材料预算价格计算表

编号	名称规格	单位	价格/(元/t)				
			原价	运杂费	采购及保管费	保险费	预算价格
1	碳素结构钢筋	t	3300	99.21	74.78	6.6	3480.59
2	20MnSi 钢筋	t	3500	99.21	79.18	7.0	3685.39
每吨钢筋的综合价格			3480.59×0.4+3685.39×0.6				3603.47

此例为按材料预算价格计算方法计算出的钢筋预算价格（不含增值税进项税额），超过了钢筋基价 2560 元/t，故在参与工程单价计算时，钢筋应按基价 2560 元/t 计入工程单价参加取费，预算价与基价的差值 1043.47 元/t 以材料补差形式列入单价表中并计取税金。假如此例计算出的钢筋预算价格低于钢筋基价时，按钢筋预算价计入工程单价参加取费。

第三节 施工机械台时费

施工机械台时费是指一台机械在一个小时内，为使机械正常运转所支出和分摊的各项费用之和。施工机械台时费是计算机械使用费的基础单价。随着水利水电工程施工机械化程度的提高，机械使用费所占投资比例已达 20%～30%。因此，正确计算施工机械台时费就变得十分重要。

根据《水利工程营业税改征增值税计价依据调整办法》（办水总〔2016〕132 号），和《水利部办公厅关于调整水利工程计价依据增值税计算标准的通知》（办财务函〔2019〕448 号）施工机械使用费按调整后的施工机械台时费定额和不含增值税进项税额的基础价格计算。施工机械台时费定额的折旧费除以调整系数 1.13，修理及替换设备费除以调整系数 1.09，安装拆卸费不变。掘进机及其他由建设单位采购、设备费单独列项的施工机械，台时费中不计折旧费，设备费除以调整系数 1.17。

一、施工机械台时费的组成

水利工程施工机械台时费由一类和二类费用组成。

1. 一类费用

一类费用包括折旧费、修理及替换设备费（含大修理费、经常性修理费）和安装拆卸费，现行部颁定额是按定额编制年的价格水平以金额形式表示，编制台时费时，应按编制年价格水平进行调整，具体按国家有关规定执行。

2. 二类费用

二类费用是指施工机械正常运转时机上人工、动力、燃料消耗费，以工时数量和实物消耗量表示，编制台时费时按国家规定的人工预算工资和工程所在地的物价水平分别计算。

二、施工机械台时费的计算

（一）定额机械台时费的计算

一类费用＝定额金额×编制年调整系数

二类费用＝定额机上人工工时×人工预算单价＋Σ(动力燃料额定消耗量×预算价格)

现行台时费定额规定机上人工预算单价分别按枢纽工程、引水工程和河道工程的中级工计算。

【例 4－6】 试计算一般地区枢纽工程施工中，$4m^3$ 液压挖掘机机械台时费。

已知：该工程的中级工人工工时预算单价 8.90 元/工时，0 号柴油不含税价格 5.80 元/kg，台时一类费用调整系数为 1.02。

解： 根据《水利工程营业税改征增值税计价依据调整办法》（办水总〔2016〕132 号），和《水利部办公厅关于调整水利工程计价依据增值税计算标准的通知》（办财务函〔2019〕448 号）施工机械使用费按调整后的施工机械台时费定额和不含增值税进项税额的基础价格计算。施工机械台时费定额的折旧费除以调整系数 1.13，修理及替换设备费除以调整系数 1.09，安装拆卸费不变。查《施工机械台时费定额》编号 1014：

一类费用＝(216.72÷1.13＋103.49÷1.09)×1.02＝292.47(元/台时)

二类费用＝2.7×8.90＋44.7×2.99＝157.68(元/台时)

则该工程 $4m^3$ 液压挖掘机机械台时费基价为 292.47＋157.68＝450.15(元/台时)。

材料补差（柴油）为 44.7×(5.80－2.99)＝125.61(元/台时)。

该工程 $4m^3$ 液压挖掘机机械台时费为 450.15＋125.61＝575.75(元/台时)。

以上为按照施工机械台时费定义求出的施工机械台时费，如果只求某种机械的台时费而不参与工程单价的计算则采用上述做法。如果机械台时费要参与工程单价的计算，为了防止材料价格的波动相应引起间接费、企业利润和税金的较大变化，则采用台时费基价，二类费用中涉及的材料超出基价的部分要进行材料调差。做法如下：将二类费用的人工工时、燃料、动力消耗数量乘以本工程相应的人工预算单价、材料基价，在此按柴油 2.99

元/kg 计算，柴油超出基价的部分列入工程单价中进行统一补差，补差价格（柴油）为5.80－2.99＝2.81（元/kg），则每台时的材料补差为2.81×44.7＝125.61(元/台时)。

（二）补充机械台时费的编制

当施工组织设计选用的机械在《施工机械台时费定额》中缺项或规格、型号与定额不符时，必须编制补充机械台时费。

1. 一类费用

（1）折旧费：指机械在规定使用年限内回收原值的台时折旧摊销费用。

$$折旧费=\frac{机械预算价格\times(1-残值率)}{机械经济寿命台时}$$

机械预算价格分为：①国产机械预算价格。指设备出厂价与运杂费之和，其中运杂费一般按设备出厂价的5%计算；②进口机械预算价格。指到岸价、关税、增值税、银行和进出口公司手续费、商检费以及国内运杂费等项费用之和，按国家现行有关规定和资料计算；③公路运输机械时的预算价格需增加车辆购置附加费，按规定，国内生产和组装的车辆取出厂价的10%；进口车取到岸价、关税与增值税之和的15%。

机械残值率是指机械达到使用寿命要报废时的残值，扣除清理费后占机械预算价格的百分率，一般取4%～5%。机械经济寿命台时是指机械开始运转至经济寿命终止的运转总台时，其值为机械经济寿命台时＝经济使用年限×年工作台时。经济使用年限指国家规定的该种机械从使用到经济寿命终止的平均年限。年工作台时是指该种机械在经济使用期内平均每年运行的台时数。

（2）修理及替换设备费：指施工机械使用过程中，为了使机械保持正常功能而进行修理所需费用、日常保养所需的润滑油料费、擦拭用品费、机械保管费以及替换设备、随机使用的工具附具等所需的台时摊销费用。

（3）安装拆卸费：指机械进出施工现场进行安装、拆卸、试运转和场内转移及辅助设施的摊销费用。不需要安装拆卸的施工机械，台时费中不计列此项费用。部分大型施工机械的安装、拆卸费不在其施工机械使用费中计列，包含在其他施工临时工程中。

安装拆卸费计算公式为

$$安装拆卸费=\frac{一次安装拆卸费\times每年平均安装拆卸次数}{年工作台时}$$

2. 二类费用

（1）机上人工费：指施工机械使用时，机上操作人员人工费用。

$$台时机上人工费=机上人工工时数\times人工工时预算单价$$

机上人工工时数可参照同类机械确定。

（2）动力、燃料消耗费：指施工机械正常运转时所耗用的风、水、电、油和煤等费用。计算补充机械台时费时，动力、燃料台时耗用量可按下列公式计算：

1）电动机械台时电力耗用量：

$$Q=NK$$

式中　Q——台时电力耗用量，kW·h；

N——电动机额定功率，kW；

K——电动机台时燃料消耗综合系数。

2）内燃机械与蒸汽机械：

$$Q=NGK$$

式中 Q——内燃机械台时油料耗用量或蒸汽机械台时燃料消耗量，kg；

N——发动机额定功率，kW；

G——额定耗油量或额定耗煤量，kg/(kW·h)；

K——发动机台时燃料消耗综合系数。

3）风动机械：

$$Q=60VK$$

式中 Q——台时压缩空气消耗量，m^3；

V——额定压缩空气消耗量，m^3/min；

K——综合系数。

以上各式中的综合系数 K 值可参考有关资料选用。

当所求机械的容量、吨位、动力等机械特征指标在现行《台时费定额》范围之内时，可采用直线内插法编制补充机械台时费。当所求的机械特征指标在现行《台时费定额》范围之外时，除采用以上编制方法以外，常采用占折旧费比例法，即利用现行定额中某类似机械的修理及替换设备费、安装拆卸费与其折旧费的比，乘以系数 0.8～0.9（与定额接近取大值，反之取小值），推算同类型所求机械的台时费一类费用。

3. 组合台时费的计算

组合台时是指多台机械设备相互衔接或配备形成的机械联合作业系统。组时费是指系统中各机械台时费之和。即

$$B=\sum_{i=1}^{m}T_iN$$

式中 B——机械组合台时费；

m——该系统的机械设备种类数目；

T_i——某种机械设备的台时费；

N——某种机械配备的台数。

第四节 电、风、水预算价格

电、风、水在水利水电工程施工中耗用量大，其价格将直接影响到施工机械台时费的高低，因此，编制电、风、水的预算价格时，应根据施工组织设计确定的电、风、水的供应方式、布置形式、设备配置情况等资料分别计算。

一、施工用电价格

水利水电工程施工用电，一般有外购电（由国家或地方电网及其他电厂供电）和自发电（由项目法人或承包人自建发电厂发电）两种形式。其中国家电网供电电源可靠，电价

低廉，是水利工程施工的主要电源。电网供电价格中的基本电价应不含增值税进项税额；柴油发电机供电价格中的柴油发电机组（台）时总费用应按调整后的施工机械台时费定额和不含增值税进项税额的基础价格计算。

施工用电按用途可分为生产用电和生活用电两部分。生产用电系指直接计入工程成本中的用电量，包括施工机械用电、施工照明用电和其他生产用电；生活用电系指生活、文化、福利设施的室内外照明和其他生活用电。水利水电工程概预算中的电价计算仅指生产用电，生活用电不直接用于生产，应计列在间接费内或由职工负担。

1. 电价的组成

施工用电价格由基本电价、电能损耗摊销费和供电设施维修摊销费组成。

（1）基本电价：对外购电是指所需支付的供电价格，包括电网电价、电力建设基金及各种按有关规定的加价；对自发电是指发电厂发电的单位成本（包括柴油发电厂、燃煤发电厂及水力发电厂等）。

（2）电能损耗摊销费：外购电指从施工企业与供电部门的产权分界处（供电部门计量收费点）起到施工现场最后一级降压变压器低压侧止，所有变配电设备及输电线路上所发生的电能损耗摊销费用。自发电是指从发电厂的出线侧到现场各施工点最后一级降压变压器低压侧止，所有变配电设备和输电线路上的电能损耗摊销费用。从最后一级降压变压器低压侧至施工用电点的施工设备和低压配电线路损耗已包括在各用电施工设备的台时耗电定额内，计算电价时不再考虑。

（3）供电设施维修摊销费：指摊入电价的变配电设备的基本折旧费、修理费、安装和拆卸费、变配电设备和线路的维修费及运行维护费。

2. 电价的计算

施工用电价格根据施工组织设计确定的供电方式以及不同电源的电量所占比例，按国家或工程所在省、自治区、直辖市规定的电网电价和规定的加价进行计算。

（1）电网供电价格 J_w（外购电价格）：

$$J_w=\frac{J}{(1-k_1)(1-k_2)}+C_g$$

式中　J_w——外购电电价，元/(kW·h)；

J——基本电价，元/(kW·h)，包括电力建设基金、电网电价等各种有关规定的加价，按国家有关部门批准的各省、直辖市、自治区非工业、普通工业用电电价执行；

k_1——高压输电线路损耗率，取 3%～5%；

k_2——变配电设备及配电线路损耗率，取 4%～7%；

C_g——供电设施维修摊销费（变配电设备除外），理论上，供电设施维修摊销费应按待摊销的总费用除以总用电量（包括生活用电）计算，但由于具体计算烦琐，初步设计阶段施工组织设计深度往往难以满足要求，因此，编制概（估）算时可采用经验指标直接摊入电价计算，取 0.04～0.05 元/(kW·h)。

为施工用电架设的施工场外供电线路，如电压等级在枢纽工程 35kV、引水及河道工程 10kV 及以上时，场外供电线路、变电站等设备及土建费用，按现行规定列入施工临时工程中的施工场外供电工程项目内。

(2) 柴油发电机供电价格 J_z(自发电电价):

$$J_z=\frac{C_T}{\sum pK(1-k_1)(1-k_2)}+C_g+C_L$$

式中 J_z——自发电电价,元/(kW·h);

C_T——柴油发电机组(台)时总费用,元;

$\sum p$——柴油发电机额定容量之和,kW;

K——发电机出力系数,一般取 0.8~0.85;

k_1——厂用电率,取 3%~5%;

k_2——变配电设备及配电线路损耗率,取 4%~7%;

C_g——供电设施维修摊销费,同外购电,取 0.04~0.05 元/(kW·h);

C_L——单位冷却水费,采用循环水冷却时,C_L=0.05~0.07 元/(kW·h);若采用水泵供给非循环水冷却,则水泵组(台)时费应计入 C_T 之内。

如果工程为自发电与外购电共用,则按外购电与自发电电量比例加权平均计算综合电价。

为施工用电架设的施工场外供电线路,如电压等级在枢纽工程 35kV、引水及河道工程 10kV 及以上时,场外供电线路、变电站等设备及土建费用,按现行规定列入施工临时工程中的施工场外供电工程项目内。

3. 电价的计算示例

【例 4-7】 某工程施工用电,由国家电网供电 95%,自发电 5%。已知:电网非工业用电价为 0.496 元/(kW·h),国家批准的附加费 0.05 元/(kW·h),三峡建设基金 0.007 元/(kW·h)。柴油发电机总容量为 1000kW,其中 200kW 一台、400kW 两台,并配备 3.7kW 水泵三台供给冷却水,以上三种机械台时费分别为 190.56 元/台时,389.58 元/台时和 22.68 元/台时。试计算其综合电价。

解:(1) 计算外购电电价 J_w。

取 $K_1=0.05$,$K_2=0.07$,$C_g=0.04$ 元/(kW·h)

$$J_w=\frac{J}{(1-K_1)(1-K_2)}+C_g=\frac{0.496+0.05+0.007}{(1-0.05)(1-0.07)}+0.04=0.666[\text{元}/(\text{kW}\cdot\text{h})]$$

(2) 计算自发电电价 J_z。

取 $K=0.8$,$k_1=0.05$,$k_2=0.05$,$C_g=0.04$ 元/(kW·h)

$$J_z=\frac{C_T}{\sum pK(1-k_1)(1-k_2)}+C_g$$

$$=\frac{190.56\times1+389.58\times2+22.68\times3}{1000\times0.8\times(1-0.05)(1-0.05)}+0.04=1.477[\text{元}/(\text{kW}\cdot\text{h})]$$

(3) 计算综合电价 $J_{综}$。

$$J_{综}=0.666\times95\%+1.477\times5\%=0.707\ [\text{元}/(\text{kW}\cdot\text{h})]$$

二、施工用风价格

水利水电工程施工用风指用于石方爆破钻孔、混凝土工程、金属结构、机电设备安装工程等风动机械所需的压缩空气。

施工用风一般采用移动式空压机或固定式空压机供给。采用移动式空压机供风时，不再单独计算风价，而是以空压机台时费乘以台时使用量直接计入工程单价，相应风动机械第二类费用中不再考虑。施工用风价格中的机械组（台）时总费用应按调整后的施工机械台时费定额和不含增值税进项税额的基础价格计算。

1. 施工用风价格的组成

施工用风价格由基本风价、供风损耗和供风设施维修摊销费组成。

（1）基本风价：根据施工组织设计确定的施工高峰用风所配置的供风机械组（台）时总费用除以组（台）时总有效供风量计算。

（2）供风损耗摊销费：指由空压站至用风现场的固定供风管道送风，在送风过程中发生风量损耗（含漏气损耗和流动阻力损耗）的摊销费用，其大小与管路敷设好坏、管道长短有关。

（3）供风设施维修摊销费：指摊入风价的供风管路维护修理费用。该费用所占比重很小，在编制设计概（估）算时可不具体计算，按经验指标摊入风价。

2. 施工用风价格计算

施工用风价格根据施工组织设计所配置的空气压缩机系统设备组（台）时总费用和组（台）时总有效供风量计算。施工用风价可按下式计算：

$$J_{风}=\frac{C_T}{\sum QtK(1-k_1)}+C_g+C_L$$

式中　J——风价，元/m³；

C_T——空气压缩机组（台）时总费用，元；

$\sum Q$——空压机额定容量总和，m³/min；

t——台时时间，60min；

K——能量利用系数，取0.70～0.85；

k_1——供风损耗率，取6%～10%；

C_g——供风设施维修摊销费，取0.004～0.005元/m³；

C_L——单位冷却水费，采用循环冷却水时，C_L=0.007元/m³；采用水泵供给非循环水冷却，则水泵组（台）时费应计入C_T之内。

3. 施工用风价格计算时应注意的问题

（1）为保证风压和减少管路损耗，考虑施工初期及零星工程用风的需要，一般工程多采用分区布置供风系统，风价的计算应按各系统供风量的比例加权平均考虑。

（2）风动机械本身的用风及移动的供风管道损耗已包括在该机械的台时费定额内，不在风价中计算。

4. 施工用风价格计算示例

【例4-8】 某工地施工用风由总容量120m³/min的压缩空气系统供给，共配置固定式空压机3台，单机容量40m³/min，采用循环水冷却。本工程供风管道较长（损耗率与维修摊销费应取大值），已知空压机台时费为185.70元/台时，试计算风价。

解： 取K=0.8，k_1=10%，C_g=0.005元/m³，C_L=0.007元/m³

$$J_{风}=\frac{C_T}{\sum Q\times 60\times K(1-k_1)}+C_g+C_L$$
$$=\frac{185.70\times 3}{120\times 60\times 0.8\times(1-10\%)}+0.005+0.007$$
$$=0.1195(元/m^3)$$

三、施工用水价格

水利水电工程施工用水分为生产和生活用水。生产用水包括施工机械用水、砂石料筛洗用水、混凝土拌制和养护用水等；生活用水不在水价计算范围内。施工用水价格中的机械组（台）时总费用应按调整后的施工机械台时费定额和不含增值税进项税额的基础价格计算。

1. 施工用水价格的组成

施工用水价格由基本水价、供水损耗摊销费和供水设施维修摊销费组成。

（1）基本水价：根据施工组织设计确定的施工高峰用水所配置的供水机械组（台）时总费用除以组（台）时总有效供水量计算，其高低与生产用水工艺要求及施工布置有关。

（2）供水损耗摊销费：指施工用水在储存、输送、处理过程中，造成水量损失的摊销费用。损耗常以损失水量占水泵总流量的损耗率计算，其损耗率大小与储水池、供水管理的质量以及运行中维修管理的好坏有关。

（3）供水设施维修摊销费：指摊入水价的贮水池、供水管路等的维护修理费用。由于该费用难以准确计算，编制设计概（估）算时，常以经验指标摊入水价。

2. 施工用水价格计算

施工用水价格可按下式计算：

$$J_{水}=\frac{C_T}{\sum QK\ (1-k_1)}+C_g$$

式中 J——水价，元/m^3；

C_T——水泵组（台）时总费用，元；

$\sum Q$——水泵额定容量之和，m^3/h；

K——能量利用系数，取 0.75～0.85；

k_1——供水损耗率，取 6%～10%，供水范围大，扬程高，采用两级以上泵站供水系统取大值，反之取小值。

C_g——供水设施维修摊销费，取 0.04～0.05 元/m^3。

3. 施工用水价格计算时应注意的问题

（1）供水系统为一级供水，台时总出水量按全部工作水泵的总出水量计算。

（2）供水系统为多级供水时，若全部水量通过最后一级水泵出水时，组（台）时总出水量按最后一级水泵的出水量计算，但组（台）时总费用应包括所有各工作水泵的台时费；若有部分水量不通过最后一级，而由其他各级分别供水，其台时总出水量为各级出水量之和。

（3）生产用水若为多个供水系统，则可按各系统供水量的比例加权平均计算综合水价。

（4）生产、生活采用同一多级水泵供水系统时，若最后一级全部供生活用水，则最后一级水泵的台时费不应计算在台时总费用内，但台时总出水量应包括最后一级出水量。凡为生活用水而增加的费用（如净化费用等），均不应摊入生产用水价格内。

（5）在计算水泵台时总费用和总容量时，均不包括备用水泵的台时费用和容量。

4. 施工用水价格计算示例

【例 4-9】 某水利工程施工用水分左右岸两个供水系统，左岸为三级供水，右岸为一级供水，各级泵站出水口均设有调节水池，供水系统主要技术指标见表 4-7，所选水泵扬程及组时净供水量均可满足设计要求。试计算施工用水综合单价。

表 4-7　　供水系统主要技术指标表

位置		水泵型号	电机功率/kW	台数	单价/(元/台时)	设计扬程/m	水泵额定流量/(m^3/h)	设计用水量/(m^3/组时)	备注
左岸	一级泵站	14sh-13	220	4	185.48	43	972	350	各级泵站均配有备用水泵
	二级泵站	12sh-9A	155	4	138.65	35	892	1900	
	三级泵站	D155-30×5	115	1	113.84	140	155	100	
	小计							2350	
右岸	一级泵站	150S78	55	2	53.68	70	160	150	
	小计							150	
合计								2500	

解：（1）确定有关计算参数。水泵能量利用系数 K 取 0.80，供水损耗率 k_1 取 10%，供水设施维修摊销费 C_g 取 0.04 元/m^3。

（2）计算水泵净供水量及各级泵站设计用水量比例：

$$\text{水泵额定流量之和}=\text{水泵额定流量}\times\text{台数}$$

$$\text{实际净供水量}=\text{水泵能量利用系数}\times(1-\text{供水损耗率})\times\text{水泵额定流量之和}$$

$$\text{设计用水量比例}=\frac{\text{设计用水量}}{\text{设计总用水量}}$$

$$\text{组时费合计}=\text{台时单价}\times\text{台数}$$

计算结果见表 4-8。

（3）计算施工用水价格：

$$\text{水价}=\frac{\text{组时费合计}}{\text{组时净供水量}}+\text{供水设施维修摊销费}$$

施工用水价格计算列式及结果见表 4-8，本工程施工用水综合单价为 0.568 元/m^3。

表 4-8　　施工用水价格计算表

位置		水泵额定流量之和/(m^3/h)	实际净供水量/(m^3/组时)	设计用水比例/%	组时费合计/(元/组时)	水价计算式	水价/(元/m^3)
左岸	一级泵站	3888	2799	14	741.92	741.92÷2799+0.04	0.305
	二级泵站	3568	2569	76	554.60	0.305+(554.60÷2569+0.04)	0.561
	三级泵站	155	112	4	113.84	0.561+(113.84÷112+0.04)	1.617

续表

位置		水泵额定流量之和/(m^3/h)	实际净供水量/(m^3/组时)	设计用水比例/%	组时费合计/(元/组时)	水价计算式	水价/(元/m^3)
右岸	一级泵站	320	230	6	107.36	107.36÷230+0.04	0.567
合计				100			
综合水价		0.305×14%+0.561×76%+1.617×4%+0.567×6%					0.568

第五节 砂石料单价

砂石料是水利水电工程中的主要建筑材料，常指砂、卵（砾）石、碎石、块石、条石等材料。由于其用量多，单价高低将直接影响工程投资，因此必须单独编制其单价。根据《水利工程营业税改征增值税计价依据调整办法》（办水总〔2016〕132 号），自采砂石料单价根据料源情况、开采条件和工艺流程按相应定额和不含增值税进项税额的基础价格进行计算，并计取间接费、利润及税金。自采砂石料按不含税金的单价参与工程费用计算。外购砂石料价格不包含增值税进项税额，基价 70 元/m^3 不变。

一、骨料单价计算的基本方法

砂石骨料单价是指从清除覆盖层、毛料开采运输、预筛破碎、筛洗贮存直到将成品运至混凝土拌制系统骨料仓（场）为止的全部生产流程所发生的费用。骨料单价计算方法常用的有两种：系统单价法和工序单价法。

1. 系统单价法

系统单法是从原料开采运输到骨料运至搅拌楼（场）骨料料仓（堆）上的生产全过程的整个砂石料生产系统为计算单元，用系统单位时间的生产总费用除以系统单位时间的骨料产量计算骨料单价。

系统单价法避免了影响计算成果准确的损耗和体积变化这两个复杂因素，计算原理相对科学。但对施工组织设计深度要求较高，在选定系统设备、型号、数量及确定单位时间产量时有一定程度的任意性。

2. 工序单价法

工序单价法按骨料生产流程，分解成若干个工序，以工序为计算单元，按现行概预算定额相应子目计算各工序单价，然后累计计算成品骨料单价。该方法概念明确，计算结构科学，易于结合工程实际。目前，水利水电工程造价广泛采用。本节重点介绍工序单价法。

二、骨料单价计算

骨料生产由覆盖层清除，毛料开采运输，筛洗加工，成品骨料运输，弃料处理等工序组成，根据设计提供的料场规划、生产流程、施工方法及有关资料套用概预算定额相关子目，分别计算各工序单价。现行定额已将毛料、半成品、成品骨料在运输过程中的运输损耗，骨料在破碎、筛洗、碾磨过程中的加工损耗，以及骨料在各工序堆存过程中的堆存损耗（如料仓垫底损耗）计入定额。

1. 天然骨料单价计算

（1）覆盖层清除。天然砂砾料的料场一般在河滩，表层都有杂草、树木、腐殖土等覆盖层，在毛料开采前应剥离清除。覆盖层清除可采用土方工程定额计算工序单价，该工序单价可摊入骨料成品单价。

$$覆盖层清除摊销率=\frac{覆盖层清除量（自然方）}{成品骨料总用量（成品堆方）}\times 100\%$$

（2）毛料开采运输。毛料（未经加工的砂砾料）从料场开采运至毛料堆存处的过程，可分为陆上开采运输和水下开采运输。毛料开采运输通常有两种情况。一是毛料开采后一部分直接运到筛分场堆存，而另一部分需暂存某堆料场，将来再倒运到筛分场，这种情况应分别计算单价，然后按比例加权平均计算综合工序单价。另一种是由多个料场供料，当开挖、运输方式相同时，可按料场供料比例，加权平均计算运距。如果开挖、运输方式不同，则应分别计算各料场单价，按供料比例加权平均计算工序单价。

（3）预筛分。预筛分是将毛料隔离超径石的过程，包括设条筛及重型振动筛两次隔离过程。超径石系指大于设计级配最大粒径的卵石，为满足设计级配要求，充分利用料源，预筛分隔离的超径石可进行一次或两次破碎，加工为需要粒径的碎石半成品。超径石破碎工序单价为

$$超径石破碎工序单价=\frac{超径石破碎量(t)}{设计骨料总用量(t)}\times 超径石破碎定额单价$$

（4）筛分冲洗。为满足混凝土骨料质量和级配要求，将通过预筛分工序的半成品料，筛分为粒径等级符合设计级配、干净合格的成品料并分级堆存，其单价可直接套用筛洗定额计算。为满足设计级配要求，充分利用料源，在筛洗工序中可增加中间破碎工序，其工序单价为

$$中间破碎工序单价=\frac{中间破碎量(t)}{设计骨料总用量(t)}\times 超径石破碎定额单价$$

筛洗工序一般需设置两台筛分机、4 层筛网和一台螺旋分级机，筛分为 0.15～5mm（砂）和 5～20mm、20～40mm、40～80mm、80～150mm 五种径级的产品，在筛分过程中，供以压力水喷洒冲洗。

（5）成品骨料运输。成品骨料运输是指经过筛洗加工后的分级骨料，由筛分楼（场）成品料仓（场）运至拌和楼（场）骨料仓（场）的过程，运距较近采用皮带机，运距较远采用自卸汽车或机车运输。可采用相关运输定额计算工序单价。

（6）弃料处理。弃料处理是指因天然砂砾料中的自然级配组合与设计采用级配组合不同而产生的弃料和处理的过程，包括超径石弃料和剩余骨料弃料。由于有弃料发生，为满足设计骨料用量，需多开采砂砾料，并按设计要求对弃料进行处理，由此而增加的费用应摊入成品骨料单价内。

$$弃料摊销率=\frac{弃料处理量（堆方）}{成品骨料总用量（成品堆方）}\times 100\%$$

$$\begin{aligned}超径石弃料摊销费=&（砂砾料开采运输单价+预筛分单价+弃料运输单价）\\&\times 超径石弃料摊销率\end{aligned}$$

剩余骨料弃料摊销费＝成品骨料单价×剩余骨料摊销率

剩余骨料弃料摊销费式中成品骨料单价中不含覆盖层清除摊销费及成品骨料运输费。

(7) 人工制砂。为补充天然砂不足，可利用砾石制砂。增加制砂工序，套用制砂定额时可根据岩石原料类别调整棒磨机钢棒消耗量计算其单价。

2. 人工骨料单价计算

(1) 覆盖层清除。岩石料场表层一般均有耕植土或残积土覆盖及风化岩层，在碎石原料开采前，均应剥离清除。覆盖层清除为土石方开挖工程，将该工序单价摊入成品骨料单价，其工序单价计算方法同天然骨料。

(2) 碎石原料开采运输。碎石原料开采运输是指碎石原料从料场开采（钻孔、爆破）并运到堆料场的过程。当碎石原料含泥量超过5%时，应增加碎石原料预洗工序。根据施工方法套用相应定额计算单价。

(3) 碎石粗碎。由于受破碎机械性能限制须将碎石原料进行粗碎，以适应下一工序对进料粒径的要求。现行定额未单独设置该工序定额子目，而归入制碎石、制砂及碎石和砂定额中。

(4) 碎石中碎筛分。碎石中碎筛分是指对粗碎后的碎石原料进行破碎、筛分、冲洗，并分级堆存的过程。现行定额按工厂生产规模、设备型号设置了制碎石、制碎石及砂等若干定额子目。套用定额计算单价时，根据岩石的抗压强度调整破碎机时间定额。

(5) 制砂。经细碎后的碎石（粒径5～20mm）原料，通过碾磨可加工为机制砂（人工砂）。现行定额按工厂生产规模设置了若干子目，其工作内容包括粗碎、中碎、细碎、筛洗、棒磨制砂、堆存脱水等。使用定额时可根据工程实际情况、岩石抗压强度及岩性对破碎机时间定额及钢棒消耗量进行调整。

(6) 成品骨料运输。同天然骨料计算方法。

(7) 弃料处理。人工骨料一般不存在弃料问题，若有弃料，则是成品骨料的剩余量。单价计算方法同天然骨料。

三、成品骨料单价的计算步骤

1. 收集基本资料

(1) 料场的位置、分布、地形、地质与水文地质条件，开采与运输条件。

(2) 料场的储量与可开采量，各料场需清除覆盖层的厚度、性质、数量及清除方法等。

(3) 毛料开采运输、预筛破碎、筛洗加工、废料处理和成品料堆存运输的施工方法。

(4) 料场的天然级配与设计级配，级配平衡计算成果。

(5) 骨料生产系统工艺流程及设备配置与生产能力。

2. 确定单价计算的基本参数

基本参数包括覆盖层清除摊销率、弃料处理摊销率等，按前述方法计算。

3. 计算成品骨料各工序单价

选用现行定额，根据天然骨料和人工骨料的施工方法、工艺流程等计算成品骨料各工序单价。

4. 计算成品骨料单价

砂石骨料综合单价＝覆盖层清除摊销单价＋开采加工单价＋弃料处理摊销单价

其中　覆盖层清除摊销费＝∑(覆盖层清除单价×覆盖层清除摊销率)

弃料处理摊销费＝∑(弃料处理单价×弃料处理摊销率)

开采加工单价＝∑各工序开采加工工序单价

计算成品骨料单价应注意以下事项：

(1) 骨料单价应计入其他直接费、现场经费、间接费、企业利润和税金。

(2) 现行砂石备料加工定额中，砂石料的计量单位以重量单位“吨”表示，而开采、运输等定额一般以“成品方”表示，在计算骨料单价时应根据各工序成品的密度进行折算，统一计量单位，无实测资料时可参考表 4-9 数据。

表 4-9　　砂石料密度值参考表

砂石料类别	天然砂石料			人工砂石料		
	松散砂砾混合料	分级砾石	砂	碎石原料	成品碎石	成品砂
密度/(t/m^3)	1.74	1.65	1.55	1.76	1.45	1.50

(3) 熟悉定额包含的工作内容和适应范围，根据设计提供的工厂处理能力、弃料、超径石破碎、中间破碎、含泥量等资料，进行工序单价组合。

(4) 定额中胶带机的计量单位为“米”时，在采用概算定额编制设计概（估）算时，其数量不予调整。

(5) 采用《概算定额》六—10 天然砂石筛洗、六—14 制碎石、六—15 制砂、六—16 制碎石和砂等节定额计算砂石备料单价时，其他材料费的计算基数均不包含“砂石料采运”“碎石原料”本身的价值。

四、块石、条石、料石单价计算

块（片）石、条（拱）石、料石单价是指将符合要求的石料运至施工现场堆料点的价格，一般包括料场覆盖（风化层，无用层）清除，石料开采，加工（修凿），石料运输、堆存，以及石料在开采、加工、运输、堆存过程的损耗等，计算公式为

$$J_{石}=fD_f+(D_1+D_2)(1+K)$$

式中　$J_{石}$——石料单价，元/m^3，块石按成品码方计，料石、条石按清料方计；

f——覆盖层清除率，清除量占成品石料方量的百分率；

D_f——覆盖层清除单价，根据施工方法按定额相应子目计算，元/m^3；

D_1——石料开采单价，根据岩石级别、石料种类和施工方法按相应定额子目计算，元/m^3；

D_2——石料运输、堆存单价，根据施工方法和运距按相应定额子目计算，元/m^3；

K——综合损耗率，块石可取 4%，条石、料石可取 2%。

块（片）石、条（拱）石、料石单价应根据地质报告有关资料和施工组织设计确定的工艺流程、施工方法，选用现行定额中的相应子目计算。

五、外购砂石料单价计算

对于地方中小型水利工程，一般砂石料用量较少，不宜自采加工。或由于当地砂石料缺乏，储量不能满足工程需要，可从附近砂石料市场采购。砂、碎石（砾石）、块石、料石等预算价格高于70元/m^3时，应按基价70元/m^3计入工程单价参加取费，预算价格与基价的差额以材料补差形式进行计算，列入单价表中并计取税金。外购砂石料单价按本章主要材料预算价格计算。

六、砂石骨料单价计算示例

【例4-10】 一般地区某水利枢纽工程，混凝土所需骨料拟采用天然砂砾料，料场覆盖层清除量为15万m^3（成品方），设计需用成品骨料150万m^3（成品方），超径石7.5万m^3（成品方）作弃料，并运至弃渣场。此例无材料补差，试计算骨料概算单价。

已知：(1) 施工方法：覆盖层清除采用3m^3液压挖掘机挖装20t自卸汽车运1km；砂砾料开采运输采用3m^3液压挖掘机挖装20t自卸汽车运2km；砂砾料筛洗系统能力2×220t/h；超径石弃料运输采用3m^3液压挖掘机挖装20t自卸汽车运1km。

(2) 工艺流程如下：

覆盖层清除→毛料开采运输→预筛分→筛分冲洗→成品料运输

↓

超径石弃料运输

(3) 人工、材料预算单价：初级工6.13元/h，中级工8.90元/h，水0.46元/m^3。

(4) 施工机械台时费见表4-10。

表4-10　　施工机械台时费

名称及型号	单位	台时费/元	名称及型号	单位	台时费/元
3m^3液压挖掘机	台时	370.05	1500×4800直线振动筛	台时	46.83
88kW推土机	台时	103.10	1100×2700给料机	台时	31.54
20t自卸汽车	台时	132.80	B=500胶带输送机	米时	0.33
1500×3600圆振动筛	台时	33.31	B=650胶带输送机	米时	0.48
180×4200圆振动筛	台时	38.31	B=800胶带输送机	米时	0.51
1500螺旋分级机	台时	40.54	B=1000胶带输送机	米时	0.59

(5) 各工序直接费单价如下（根据现行《概算定额》计算）。细骨料砂单价为1326元/100t；覆盖层清除单价为765元/100m^3（自然方）；砂砾料开采运输单价为590元/100m^3（成品方）；预筛分单价为81元/100t（成品）；砂砾料筛洗运输单价462元/100t（成品）；成品料运输单价624元/100m^3（成品方）；弃料运输单价为528元/100m^3（成品方）。

解：(1) 基本参数的确定：

$$覆盖层清除摊销率=\frac{15}{150}=10\%$$

$$超径石弃料摊销率=\frac{7.5}{150}=5\%$$

（2）由已知各工序直接费单价和表 4-9 中的砂石料密度值，折算各工序单价：

细骨料砂单价为 1326 元/100t。

覆盖层清除单价为 765 元/100m³(自然方)，折算为 765÷1.55=494(元/100t)(成品方)。

砂砾料开采运输单价为 590 元 100m³（成品方)，折算为 590÷1.74=339(元/100t)(成品)。

预筛分单价为 81 元/100t（成品)。

砂砾料筛洗运输单价为 462 元/100t（成品)。

成品料运输单价为 624 元/100m³（成品方)，折算为粗骨料 624÷1.65=378(元/100t)(成品)，砂子 624÷1.55=403(元/100t)(成品)。

弃料运输单价为 528 元/100m³（成品方)，折算为 528÷1.65=320(元/100t)(成品)。

（3）综合系数计算。根据现行规定，在无材料补差的情况下，砂石备料工程综合系数计算：

$$K=(1+0.5\%)\times(1+5\%)\times(1+7\%)\times(1+9\%)=1.231$$

（4）粗、细骨料综合单价计算见表 4-11 和表 4-12。

表 4-11　　粗骨料单价计算表

编号	项　目	定额编号	工序单价/(元/100t)	系数	摊销率/%	复　价/(元/100t)
1	覆盖层清除摊销	10664	494		10	49
2	砂砾料开采运输	60230	339	1.1		373
3	预筛分（弃料）	60075 调	81			
4	砂砾料筛洗	60075	462			462
5	成品料运输	60225	378			378
6	超径石运输	60224	320			
7	超径石弃料摊销	60230 60075 调 60224	373+81+320=774		5	39
	以上基本直接费合计					1301
	计入综合系数单价		1301×1.231			1601.53
	折算单价	1601.53×1.65=2642.52（元/100m³）（成品）				

表 4-12　　细骨料单价计算表

编号	项　目	定额编号	工序单价/(元/100t)	系数	摊销率/%	复　价/(元/100t)
1	覆盖层清除摊销	10664	494		10	49
2	砂砾料开采运输	60230	339	1.1		373
3	预筛分（弃料）	60075 调	81			
4	砂砾料筛洗	60075	462			462

续表

编号	项目	定额编号	工序单价/(元/100t)	系数	摊销率/%	复价/(元/100t)
5	成品料运输	60225	403			403
6	超径石运输	60224	320			
7	超径石弃料摊销	60230 60075 调 60224	373+81+320=774		5	39
	以上基本直接费合计					1326
	计入综合费率单价		1326×1.231			1632.31
	折算单价	1632.31×1.55=2530.08（元/100m³）（成品）				

第六节 混凝土与砂浆材料单价

一、计算方法

混凝土、砂浆材料是混凝土、砌筑工程的主要材料。混凝土、砂浆材料单价是指配制1m³ 混凝土、砂浆所需的水泥、砂石骨料、水、掺和料及外加剂等各种材料的费用之和，不包括混凝土和砂浆拌制、运输、浇筑等工序的人工、材料和机械费用，也不包括除搅拌损耗外的施工操作损耗及超填量等。在编制混凝土工程单价时，应根据设计选定的不同工程部位的混凝土及砂浆的强度等级、级配和龄期确定出各组成材料的用量，进而计算出混凝土、砂浆材料单价。本节中混凝土材料单价均按混凝土配合比中各项材料的数量和不含增值税进项税额的材料价格进行计算。商品混凝土单价采用不含增值税进项税额的价格，基价 200 元/m³ 不变。

根据每 1m³ 混凝土、砂浆中各种材料预算用量分别乘以其材料预算价格，其总和即为定额项目表中混凝土、砂浆的材料单价。当采用商品混凝土时，其材料单价应按基价200 元/m³ 计入工程单价参加取费，预算价格与基价的差额以材料补差形式进行计算，列入单价表中并计取税金。

二、换算系数及有关说明

拦河坝等大体积混凝土必需掺加适量的粉煤灰以节省水泥用量，其掺量比例应根据设计对混凝土的温度控制要求或试验资料选取。如无试验资料，可根据一般工作实际掺用比例情况，按现行《水利建筑工程概算定额》附录 7“掺粉煤灰混凝土材料配合表”选取。

现浇水泥混凝土强度等级的选取，应根据设计对不同水工建筑物的不同运用要求，尽可能利用混凝土的后期强度（60 天、90 天、180 天、360 天），以降低混凝土强度等级，节省水泥用量。

现行定额中，不同混凝土配合比所对应的混凝土强度等级均以 28 天龄期的抗压强度为准，如设计龄期超过 28 天，应进行换算，各龄期强度等级换算为 28 天龄期强度等级的换算系数见表 4 - 13。当换算结果介于两种强度等级之间时，应选用高一级的强度等级。如：某大坝混凝土采用 180 天龄期设计强度等级为 C20，则换算为 28 天龄期时对应的混凝土强度等级为：C20×0.71≈C14，其结果介于 C10 与 C15 之间，则混凝土的强度等级取 C15。

表 4 - 13　　混凝土龄期与强度等级换算系数

设计龄期/d	28	60	90	180	360
强度等级换算系数	1.00	0.83	0.77	0.71	0.65

三、混凝土材料单价的计算步骤与方法

混凝土各组成材料的用量是计算混凝土材料单价的基础，应根据工程试验提供的资料计算。若设计深度或试验资料不足，也可按下述计算步骤和方法计算混凝土半成品的材料用量及材料单价。

1. 选定水泥品种与强度等级

拦河坝等大体积水工混凝土，一般可选用强度等级为 32.5 与 42.5 的水泥。对水位变化区外部混凝土，宜选用普通硅酸盐大坝水泥和普通硅酸盐水泥；对大体积建筑物内部混凝土、位于水下的混凝土和基础混凝土，宜选用矿渣硅酸盐大坝水泥、矿渣硅酸盐水泥和粉煤灰硅酸盐水泥。

2. 确定混凝土强度等级和级配

混凝土强度等级和级配应根据水工建筑物各结构部位的运用条件、设计要求和施工条件确定。

3. 确定混凝土材料配合比

混凝土材料中各项组成材料的用量，应按设计强度等级，根据试验确定的混凝土配合比计算，初设阶段的纯混凝土、掺外加剂混凝土或可行性研究阶段的掺粉煤灰混凝土、碾压混凝土、纯混凝土、掺外加剂混凝土等，如无试验资料，可参照《概算定额》附录 7 中的混凝土材料配合比查用。

现行《水利建筑工程概算定额》附录 7 列出了不同强度混凝上、砂浆配合比在使用附录混凝上材料配合比表时，应注意以下几个方面：

（1）表中混凝土材料配合比是按卵石、粗砂拟定的，如改用碎石或中、细砂，应对配合比表中的各材料用量进行换算，换算系数见表 4 - 14。粉煤灰的换算系数同水泥的换算系数。

表 4 - 14　　碎石或中、细砂配合比换算系数

项　目	水泥	砂	石了	水
卵石换为碎石	1.10	1.10	1.06	1.10
粗砂换为中砂	1.07	0.98	0.98	1.07
粗砂换为细砂	1.10	0.96	0.97	1.10
粗砂换为特细砂	1.16	0.90	0.95	1.16

注　1. 水泥按重量计，砂、石子、水按体积计。
　　2. 若实际采用碎石及中细砂时，则总的换算系数应为各单项换算系数的乘积。

(2) 埋块石混凝土，应按配合比表的材料用量，扣除埋块石实体的数量计算。

埋块石混凝土材料量=配合表材料用量×[1-埋块石率(%)]

1块石实体方=1.67码方。因埋块石增加的人工见表4-15。

表4-15　埋块石混凝土人工工时增加量

埋块石率/%	5	10	15	20
每 $100m^3$ 埋块石混凝土增加人工工时	24.0	32.0	42.4	56.8

注　不包括块石运输及影响浇筑的工时。

(3) 当工程采用的水泥强度等级与配合比表中不同时，应对配合比表中的水泥用量进行调整，见表4-16。

表4-16　水泥强度等级换算系数参考表

原水泥强度等级	代换水泥强度等级		
	32.5	42.5	52.5
32.5	1.00	0.85	0.76
42.5	1.16	1.00	0.88
52.5	1.31	1.13	1.00

(4) 除碾压混凝土材料配合比表外，混凝土配合比表中各材料的预算量包括场内运输及操作损耗，不包括搅拌后（熟料）的运输和浇筑损耗，搅拌后的运输和浇筑损耗已根据不同浇筑部位计入定额内。

(5) 水泥用量按机械拌和拟定，若采用人工拌和，则水泥用量应增加5%。

4. 计算混凝土材料单价

在混凝土组成材料中，若水泥、外购骨料的预算价格超过基价时，应按水泥255元/t、砂石料70元/m^3的基价计算，超出部分以材料补差形式列入工程单价表中并计取税金。

当采用商品混凝土时，其材料单价应按基价200元/m^3计入工程单价参加取费，预算价格与基价的差额以材料补差形式进行计算，材料补差列入单价表中并计取税金。混凝土材料单价计算公式：

$$混凝土材料单价=\sum(某材料用量\times某材料预算价格)$$

5. 计算砂浆材料单价

砂浆材料单价的计算和混凝土材料单价的计算大致相同，应根据工程试验提供的资料确定砂浆的各组成材料及相应的用量，若无试验资料，可参照定额附录中的砂浆材料配合比表中各组成材料预算量，进而计算出砂浆材料的单价。但应注意砌筑砂浆、接缝砂浆两者的区分。砂浆材料单价计算公式：

$$砂浆材料单价=\sum(某材料用量\times某材料预算价格)$$

四、混凝土、砂浆材料单价计算示例

【例4-11】 某水利枢纽工程引水隧洞的工作桥采用C15混凝土垫层（二级配）、溢洪道侧墙采用M7.5浆砌块石。采用的水泥强度等级32.5的普通硅酸盐水泥及粗砂、碎石。试计算该工程中的混凝土及砂浆单价。

已知：32.5号水泥385.48元/t，粗砂182.00元/m^3，碎石103.08元/m^3、水0.58元/m^3，《编规》规定主要材料基价中的水泥255元/t，外购砂石料70元/m^3。

解：（1）确定混凝土、砂浆的名称及规格。根据工程概（预）算表中的项目名称及设计图纸，确定混凝土、砂浆的名称及规格（标号、级配、水泥强度等级）。

（2）确定混凝土、砂浆材料的配合比。参照《预算定额》附录7的混凝土、砂浆材料配合比，确定各混凝土、砂浆材料对应的各组成材料的预算量。

（3）代入各组成材料的单价。在混凝土组成材料中，若水泥、外购砂石骨料的预算价格超过基价时，应按水泥255元/t、砂石料70元/m^3的基价计算，超出部分以材料补差形式列入工程单价表中并计取税金。

（4）计算混凝土、砂浆材料单价。分别计算各组成材料的合价，并将其合价进行小计从而得出混凝土、砂浆材料的单价。

本工程所使用到的混凝土、砂浆材料的单价计算成果见表4-17。

表4-17　混凝土、砂浆材料单价计算表

编号	名称及规格	单位	预算量	调整系数	材料预算单价			混凝土材料价格		
					预算价/元	基价/元	价差/元	预算价/元	基价/元	价差/元
一	C15（2级配）	m^3						295.31	168.12	127.19
1	水泥	kg	242	1.10	0.38548	0.255	0.13048	102.61	67.88	34.73
2	粗砂	m^3	0.52	1.10	182.00	70	112.00	104.10	40.04	64.06
3	碎石	m^3	0.81	1.06	103.08	70	33.08	88.50	60.10	28.40
4	水	m^3	0.15	1.10	0.58	0.58	0	0.10	0.10	0
二	M7.5砂浆							302.72	144.355	158.37
1	水泥	kg	261	1.00	0.38548	0.255	0.13048	100.61	66.56	34.05
2	砂	m^3	1.11	1.00	182.00	70	112.00	202.02	77.70	124.32
3	水	m^3	0.157	1.00	0.58	0.58	0	0.09	0.09	0

注　混凝土材料的调整系数按卵石换为碎石进行调整，砂浆不做调整。

本章复习题

一、思考题

1. 试述人工预算单价的计算方法。

2. 材料预算价格和机械台时费分别由哪些费用组成？

3. 试述风、水、电单价的计算方法。

4. 什么叫覆盖层清除摊销率和弃料处理摊销率？如何计算覆盖层清除摊销费和弃料处理摊销费？

5. 试述天然砂石骨料单价的计算方法。

6. 试述《水利工程营业税改征增值税计价依据调整办法》（办水总〔2016〕132号）关于征税标准的变化有哪些？体现了什么样的计价规则？

二、计算题

1. 某水利工程电网供电占95%，自备柴油发电机组（400kW机组两台）供电占5%。该电网电价及附加费见表4-18。自备柴油发电机组能量利用系数0.80，厂用电率5%，变配电设备及配电线路损耗率6%，高压输电线路损耗率5%，循环冷却水摊销费0.05元/(kW·h)，供电设施维修摊销费0.04元/(kW·h)，柴油发电机组台时费240.60元/台时。试计算施工用电综合电价。

表4-18　　电网电价及附加费表

项目名称	单位	单价
大宗工业用电	元/(kW·h)	0.381
非工业用电	元/(kW·h)	0.432
三峡工程建设基金	元/(kW·h)	0.007
国家批准的附加费	元/(kW·h)	0.052

2. 某水利工程人工预算单价中级工8.90元/工时，0号柴油5.80元/kg，台时一类费用调整系数1.02。试按现行机械台时费定额计算$3m^3$液压挖掘机台时费。

第五章　建筑与安装工程单价

建筑与安装工程单价（简称工程单价）是编制水利水电工程建筑与安装费用的基础，它直接影响工程总投资的准确程度。工程单价编制工作量大，且细微复杂，必须高度重视。

工程单价是指完成单位工程量（如 $1m^3$、1t、1 台等）所耗用的全部费用，包括直接费、间接费、利润、材料补差和税金等。由于时间、地点、地形与地质、水文、气象、材料来源、施工方法等条件的不相同，不会有相同的建筑与安装产品价格，也无法对建筑与安装产品统一定价。然而，不同的建筑与安装产品可分解为比较简单而彼此相同的基本构成要素（如分部、分项工程），对相同的基本构成要素可统一规定消耗定额和计价标准。所以，确定建筑与安装工程的价格，必须首先确定基本构成要素的费用。

完成单位基本构成要素所需的人工、材料及机械使用“量”可以通过查定额等方法加以确定，其使用“量”与各自基础单“价”的乘积之和构成基本直接费，再按有关取“费”标准计算其他直接费、间接费、利润和税金等，基本直接费与各项取“费”之和即构成建筑或安装工程单价，这一计算过程称为工程单价编制或工程单价分析。因此，建安工程单价由“量”“价”“费”三要素组成。

工程单价的编制方法有定额法和实物量法，我国目前广泛采用定额法。在初步设计阶段使用概算定额编制的工程单价称为工程概算单价，其中，计费标准严格按《编规》要求编制；在工程投标阶段，参考预算定额及相关规定编制的工程单价称为投标单价；在施工图设计阶段，使用预算定额编制的工程单价称为工程预算单价。

第一节　建筑工程单价编制

一、建筑工程单价编制步骤

（1）了解工程概况，熟悉设计文件与设计图纸，收集编制依据（如定额、基础单价、费用标准等）。

（2）根据施工组织设计确定的施工方法，结合工程特征、施工条件、施工工艺和设备配备情况，正确选用定额子目。

（3）将本工程人工、材料、机械等的基础单价分别乘以定额的人工、材料、机械设备的消耗量，计算所得人工费、材料费、机械使用费相加可得基本直接费。

（4）根据基本直接费和各项费用标准计算其他直接费、间接费、利润和税金，并汇总求得工程单价。当存在材料补差时，应将材料补差考虑税金后作为材料补差费计入工程单价。

二、建筑工程单价编制方法

（1）工程单价编制一般采用列表法，该表称为建筑工程单价表。工程单价计算程序及列式可用表5-1表示。

表5-1 建筑工程单价计算程序表

编号	名称	计算方法
（一）	直接费	(1)+(2)
(1)	基本直接费	①+②+③
①	人工费	Σ定额人工工时数×人工预算单价
②	材料费	Σ定额材料用量×材料预算价格（或材料基价）
③	机械使用费	Σ定额机械台时用量×机械台时费（或台时费基价）
(2)	其他直接费	(1)×其他直接费费率
（二）	间接费	（一）×间接费费率
（三）	利润	[（一）+（二）]×利润率
（四）	材料补差	Σ定额材料用量×材料差价
（五）	税金	[（一）+（二）+（三）+（四）]×税率
	工程单价	（一）+（二）+（三）+（四）+（五）

注 材料费和机械使用费中，当材料和动力燃料预算价格大于《编规》中规定基价时用基价。

（2）为了简化计算，也可采用较为便捷的综合系数法（又称公式法），其方法是先根据费率标准计算综合系数，再用基本直接费乘以综合系数计算出工程单价：

$$J_{建}=J_{基}K+材料补差\times(1+税率)$$

其中

$$J_{基}=F_{人}+F_{材}+F_{机}$$

$$K=(1+a)(1+b)(1+c)(1+d)$$

式中 $J_{建}$——建筑工程单价；

$J_{基}$——建筑工程单价基本直接费；

K——综合系数；

$F_{人}$、$F_{材}$、$F_{机}$——分别为人工费、材料费、机械使用费；

a、b、c、d——分别为其他直接费费率、间接费费率、利润率、税率。

三、建筑工程单价编制应注意的问题

（1）了解工程的地质条件以及建筑物的结构型式和尺寸等。熟悉施工组织设计，了解主要施工条件、施工方法和施工机械等，以便正确选用定额。

（2）编制单价时，除定额中规定允许调整外，均不得对定额中的人工、材料、施工机械台时数量及施工机械的名称、规格、型号进行调整。定额是按一日三班作业施工、每班八小时工作制拟订。如采用一日一班或二班制时，定额不作调整。

（3）定额中的人工是指完成该定额子目工作内容所需的人工耗用量。包括基本工作和辅助工作，并按其所需技术等级，分别列示出工长、高级工、中级工、初级工的工时及其合计数。定额中的材料是指完成该定额子目工作内容所需的全部材料耗用量，包括主要材料（以实物量形式在定额中列出）及其他材料、零星材料。定额中的机械是指完成该定额子目工作内容所需的全部机械使用量，包括主要机械和其他机械。其中，主要机械以台（组）时数量在定额中列出。

（4）定额中凡一种材料（或机械）名称之后，同时并列几种不同型号规格的，表示这种材料（或机械）只能选用其中一种进行计价。凡一种材料（或机械）分几种型号规格与材料（或机械）名称同时并列的，则表示这些名称相同而规格不同的材料或机械应同时计价。

（5）定额中其他材料费、零星材料费、其他机械费均以费率（%）形式表示，其计量基数是：其他材料费以主要材料费之和为计算基数，零星材料费以人工费、机械费之和为计算基数，其他机械费以主要机械费之和为计算基数。

（6）定额只用一个数字表示的，仅适用于该数字本身。当所求值介于两个相邻子目之间时，可用插入法调整，调整方法如下：

$$A=B+\frac{(C-B)(a-b)}{c-b}$$

式中　A——所求定额数；

B——小于 A 而最接近 A 的定额数；

C——大于 A 而最接近 A 的定额数；

a——A 项定额参数；

b——B 项定额参数；

c——C 项定额参数。

（7）注意定额总说明、分章说明、各子目下的“注”和附录等有关调整系数。如海拔超过 2000m 的调整系数、土方类别调整系数等。

（8）《概算定额》已按现行施工规范计入了合理的超挖量、超填量、施工附加量及施工损耗量所需增加的人工、材料和机械使用量；《预算定额》一般只计施工损耗量所需增加的人工、材料和机械使用量。所以在编制工程概（估）算时，应按工程设计几何轮廓尺寸计算工程量；编制工程预算时，工程量中还应考虑合理的超挖、超填和施工附加量。

（9）凡定额中缺项或虽有类似定额，但其技术条件有较大差异时，应根据本工程施工组织设计编制补充定额，计算工程单价。补充定额应与现行定额水平及包含内容一致。

（10）非水利水电工程项目，按照专业专用的原则，应执行有关专业部颁发的相应定额。如《公路工程设计概算定额》《铁路工程设计概算定额》《建筑工程预算定额》等。

第二节 土方工程单价编制

一、土方工程单价

土方工程包括土方挖运、土方填筑两大类。影响土方工程单价的主要因素有：土的级别、取（运）土的距离、施工方法、施工条件、质量要求等。土方工程定额也是按上述影响因素划分节和子目，所以根据工程情况正确选用定额是编好土方工程单价的关键。

（一）土方开挖、运输

土方开挖工程分为沟、渠、柱坑、洞井和一般土方开挖。挖沟槽定额，适用于上口宽度小于或等于4m的矩形断面或边坡陡于1∶0.5的梯形断面，长度大于宽度的3倍的长条形，只修底不修边坡的土方工程；渠道开挖定额，适用于上口宽小于或等于16m的梯形断面、长条形、底和边均需要整修的土方工程；挖柱坑定额，适用于上口面积小于或等于$80m^2$，长度小于宽度3倍，深度小于上口短边长度或直径，四侧垂直或边坡陡于1∶0.5，不修边坡只修底的土方工程；一般土方开挖定额，适用于上口宽超过16m的渠道、上口面积大于$80m^2$的柱坑以及一般明挖土方工程。土方暗挖分为平洞、斜井和竖井。编制土方开挖单价时，应根据设计开挖方案，考虑影响开挖的因素，选择相应定额子目。

土方开挖中的弃土一般都有运输要求，土方开挖单价也多指挖运综合单价。土方工程定额中编入了大量的挖运综合子目，可直接套用编制挖运综合单价。若设计挖运方案与定额中的子目不同，需分别套用开挖与装运定额计算直接费，然后将其合并计算综合单价。

（二）土方填筑

水利水电工程中的土石坝、堤坊、道路、围堰等都有大量的土方填筑。土方填筑主要由取土、压实两大工序组成，此外一般还包括料场覆盖层清除、土料处理等辅助工序。在编制土方填筑工程概（预）算单价时，一般不单独编制料场覆盖层清除、坝料开采运输、压实等工序单价，而编制综合填筑单价。

（1）料场覆盖层清理：料场内表面覆盖的乱石、杂草和不合格的表土等必须加以清除，清理的费用应按相应比例摊入填筑单价内。

（2）土料处理：当土料的含水量过高或过低不符合设计要求时，应采取料场排水、分层取土等措施，如仍不符合要求，应加以翻晒、分区集中堆放或加水处理等措施，其费用按比例摊入土方填筑工程单价。

（3）土料开采运输：土方挖运定额的计量单位为自然方，而土方填筑综合单价为成品压实方（坝上方）。当采用《预算定额》计算土料挖运工序单价时应考虑土料的体积变化和施工损耗等影响，即根据定额计算的挖运工序单价应再乘以成品实方折算系数，折算系数可按下式计算。

$$成品实方折算系数=(1+A)\times\frac{设计干重度}{天然干重度}$$

式中，A 为综合系数，包括开挖、上坝运输、雨后清理、边坡削坡、接缝削坡、施工沉陷、取土坑、试验坑和不可避免的压坏等损耗因素。A 值可根据填筑部位和施工方法按表 5-2 选取。在《概算定额》中，土料压实定额已将压实所需土料运输方量（自然方）列出，不需再进行折算。

表 5-2　　土石坝填筑综合系数表

填筑方法与部位	预算定额 $A/\%$	填筑方法与部位	预算定额 $A/\%$
机械填筑混合坝坝体土料	5.86	人工填筑心（斜）墙土料	3.43
机械填筑均质坝坝体土料	4.93	坝体砂砾料、反滤料填筑	2.20
机械填筑心（斜）墙土料	5.70	坝体堆石料填筑	1.40
人工填筑坝体土料	3.43		

（4）压实：水利水电工程土方填筑标准一般要求较高。由于筑坝材料、压实标准、碾压机具等不相同，其工效也不同。所以，土方压实定额按压实机械的类型及压实干密度划分节和子目。

在《预算定额》中，无填筑综合定额，可先按分项定额计算出各工序单价，再按下式计算填筑综合单价：

$$J_{填}=f_1J_{覆}+f_2J_{处理}+(1+A)\frac{\gamma_{设}}{\gamma_{天}}J_{挖运}+J_{压}$$

式中　$J_{填}$——填筑综合单价，元/m^3（压实方）；

$J_{覆}$——覆盖层清除单价，元/m^3（自然方）；

f_1——覆盖层清除摊销费率，计算公式为 $f_1=\frac{覆盖层清除量（自然方）}{填筑总方量（压实方）}\times100\%$；

$J_{处理}$——土料处理单价，元/m^3（自然方）；

f_2——土料处理摊销率，计算公式为 $f_2=\frac{土料处理量（自然方）}{填筑总方量（压实方）}\times100\%$；

A——综合系数，按表 5-2 选用；

$\gamma_{设}$——填筑设计干重度，kN/m^3；

$\gamma_{天}$——土料料场天然干重度，kN/m^3；

$J_{挖运}$——土料挖运单价，元/m^3（自然方）；

$J_{压}$——压实单价，元/m^3（压实方）。

《概算定额》土方挖运工序单价包含在压实定额中。编制土料压实概算单价时，可将压实定额所列“土料运输”量乘以土方挖运基本直接费，再乘以坝面施工干扰系数 1.02 计算压实单价。将覆盖层清除及土料处理等单价按比例摊入压实单价，即可求得土方填筑综合概算单价。

（三）采用现行定额编制土方工程单价应注意的问题

（1）土方开挖和填筑工程定额，除规定的工作内容外，还包括挖小排水沟、修坡、清除场地草皮、杂物、交通指挥、安全设施及取土场和卸土场的小路修筑与维护等所需的人工和费用。但不包括伐树挖根和清除料场覆盖层所需的人工及费用。

（2）定额中挖土、推土、运土均以自然方计，土方压实和土石坝填筑综合定额均以压实方计，在编制单价时应注意统一计量单位。

（3）汽车运输定额，适用于水利工程施工路况 10km 以内的场内运输，运距超过 10km 时，超过部分按增运 1km 台时数乘 0.75 系数计算。使用时不另计高差折平和路面等级系数（包括人工挑抬、胶轮车、人力推车等运输）。

（4）挖掘机定额，均按液压挖掘机拟定。《预算定额》中挖掘机、轮斗挖掘机或装载机挖装土（含渠道土方）自卸汽车运输各节，适用于Ⅲ类土，Ⅰ、Ⅱ类土定额人工、机械乘以 0.91 系数，Ⅳ类土定额人工、机械乘以 1.09 系数。《概算定额》则是按土的级别划分子目，无需调整。

（5）挖掘机、装载机挖装土料，自卸汽车运输定额，系按挖装自然方拟定。如挖装松土时，其中人工及挖装机械乘 0.85 系数。推土机的推土距离和铲运机的铲运距离是指取土中心至卸土中心的平均距离，推土机推松土时，定额乘以 0.8 的系数。

（6）土的级别划分，除冻土外，均按土石十六级分类法的前四级划分土类级别。砂砾（卵）石开挖和运输，按Ⅳ类土定额计算。

二、土方工程单价编制案例

【例 5-1】 河南信阳某山区枢纽工程基坑采用 $1m^3$ 反铲挖掘机开挖，Ⅱ类土。已知柴油预算价格 5.50 元/kg，其他直接费中不计冬季施工增加费，求基坑开挖预算单价。

解：（1）$1m^3$ 挖掘机台时费计算：

查《水利工程施工机械台时费定额》（2002）、《编规》（2014）和《水利工程营业税改征增值税计价依据调整办法》（办水总〔2016〕132 号）和《水利部办公厅关于调整水利工程计价依据增值税计算标准的通知》（办财务函〔2019〕448 号）可知：$1m^3$ 挖掘机台时费定额编号为 1009、河南信阳为一般地区，一般地区的初级工人工预算单价为 6.13 元/台时，中级工人工预算单价为 8.9 元/工时。

一类费用小计：35.63/1.13＋25.46/1.09＋2.18＝57.07（元/台时）。

二类费用小计：2.7×8.90＋14.9×2.99＝68.58（元/台时）。

台时费基价：57.07＋68.58＝125.65（元/台时）。

台时费补差：14.9×（5.50－2.99）＝37.40（元/台时）。

将台时费中柴油补差计入工程单价材料补差时，每开挖 $100m^3$ 土方，柴油用量为 14.9×0.86＝12.81kg。

（2）确定各种费率：

该工程属枢纽工程，根据工程所在地区查《编规》（2014）、《水利工程营业税改征增值税计价依据调整办法》（办水总〔2016〕132 号）和《水利部办公厅关于调整水利工程计价依据增值税计算标准的通知》（办财务函〔2019〕448 号）可知：冬雨季施工增加费率取 0.5%，夜间施工增加费率取 0.5%，特殊地区施工增加费不计，临时设施费率 3%，安全生产措施费率 2%，其他费率取 1.0%，合计得其他直接费费率为 7%，间接费费率取8.5%，利润率7%，税率9%。

(3) 基坑开挖预算单价：

查《预算定额》第一章挖掘机挖土方一节，计算见表5－3。

表5－3　　建筑工程单价表

单价编号	01	项目名称		基坑土方开挖	
定额编号	10360			定额单位	$100m^3$ 自然方
施工方法	$1m^3$ 挖掘机挖Ⅱ类土，堆放				
编号	名称及规格	单位	数量	单价/元	合价/元
(一)	直接费				149.64
(1)	基本直接费				139.85
①	人工费				25.13
	初级工	工时	4.1	6.13	25.13
②	材料费				6.66
	零星材料费	%	5	133.19	6.66
③	机械使用费				108.06
	$1m^3$ 挖掘机	台时	0.86	125.65	108.06
(2)	其他直接费	%	7	139.85	9.79
(二)	间接费	%	8.5	149.64	12.72
(三)	利润	%	7	162.36	11.37
(四)	材料补差				32.15
	柴油	kg	12.81	2.51	32.15
(五)	税金	%	9	205.88	18.53
	合计				224.41

所以该工程基坑开挖预算单价为2.24元/m^3。

【例5－2】　河南山区某渠道（上口宽度8m），土料为Ⅲ类土，采用人工开挖，胶轮车（台时费为0.82元/台时）运土，运距120m。已知该工程独立建筑物较少，所需砂石料外购，其他直接费中不计冬季施工增加费，求该渠道开挖预算单价。

解：该工程属引水工程，根据工程所在地区查《编规》(2014)、《水利工程营业税改征增值税计价依据调整办法》(办水总〔2016〕132号) 和《水利部办公厅关于调整水利工程计价依据增值税计算标准的通知》(办财务函〔2019〕448号) 可知：冬雨季施工增加费率取0.5%，夜间施工增加费率取0.3%，特殊地区施工增加费不计，临时设施费率1.8%，安全生产措施费率1.4%，其他费率取0.6%，合计得其他直接费费率为4.6%，间接费费率5%，利润率7%，税率9%。

根据题意本工程为引水工程，河南省为一般地区，查《编规》(2014)，初级工人工预算单价为4.64元/工时，工长为9.27元/工时，查《预算定额》第一章人工挖渠道土方胶轮车运输一节，由于题目中运距与定额不符，需对定额进行调整，计算见表5－4。

表 5-4 建筑工程单价表

单价编号	01	项目名称	渠道土方开挖		
定额编号	10153，10156			定额单位	$100m^3$ 自然方
施工方法	人工挖土胶轮车运输				
编号	名称及规格	单位	数量	单价/元	合价/元
(一)	直接费				1547.90
(1)	基本直接费				1479.83
①	人工费				1372.93
	工长	工时	5	9.27	46.35
	初级工	工时	247.4+7.7×5	4.64	1326.58
②	材料费				29.02
	零星材料费	%	2	1450.81	29.02
③	机械使用费				77.88
	胶轮车	台时	63.78+6.24×5	0.82	77.88
(2)	其他直接费	%	4.6	1479.83	68.07
(二)	间接费	%	5	1547.90	77.40
(三)	利润	%	7	1625.30	113.77
(四)	税金	%	9	1739.07	156.52
	合计				1895.59

【例 5-3】 河南某水电站挡水工程为黏土心墙堆石坝，坝长 2000m，心墙设计工程量为 150 万 m^3，设计干重度 16.67kN/m^3。土料含水量为 25%，天然干重度 15.19kN/m^3，土壤级别为Ⅲ类土。试求黏土心墙的概算和预算单价。

已知：(1) 土料挖运采用 $4m^3$ 挖掘机装 25t 自卸汽车运，料场位于左岸，料场中心距左坝肩 4km，土料压实采用 16t 轮胎碾。

(2) 人工预算单价，初级工 6.13 元/工时，中级工 8.90 元/工时，柴油 5.50 元/kg，电价 1 元/(kW·h)，各种机械台时费见表 5-5。

表 5-5 各种机械台时费

序号	机械名称及规格	台时费基价/(元/台时)	备 注
1	$4m^3$ 液压挖掘机	444.42	柴油 44.7kg/台时
2	推土机 88kW	110.41	柴油 12.6kg/台时
3	自卸汽车 25t	189.17	柴油 20.8kg/台时
4	轮胎碾 9～16t	26.41	
5	拖拉机 74kW	70.48	柴油 9.9kg/台时
6	推土机 74kW	91.65	柴油 10.6kg/台时
7	蛙式打夯机 2.8kW	21.38	
8	刨毛机	61.25	柴油 7.4kg/台时

(3) 其他直接费费率7%，间接费费率8.5%，利润率7%，税率9%。

解：

(1) 计算土料填筑概算单价：

1) 计算土料运输基本直接费。由大坝长2000m，故自卸汽车平均运距为5km。土料运输工序基本直接费见表5-6。单价表中材料补差项，柴油用量为各类机械柴油用量之和：

$$44.7\times0.37+12.6\times0.19+20.8\times5.5=133.33\ (\text{kg})$$

表5-6　　建筑工程单价表

单价编号	01	项目名称		心墙土料挖运	
定额编号	10680		定额单位	100m³ 自然方	
施工方法	4m³ 挖掘机挖装Ⅲ类土，25t自卸汽车运输5km上坝				
编号	名称及规格	单位	数量	单价/元	合价/元
(1)	基本直接费				1290.84
①	人工费				15.33
	初级工	工时	2.5	6.13	15.33
②	材料费				49.65
	零星材料费	%	4	1241.19	49.65
③	机械使用费				1225.86
	挖掘机液压4m³	台时	0.37	444.42	164.44
	推土机88kW	台时	0.19	110.41	20.98
	自卸汽车25t	台时	5.50	189.17	1040.44
④	材料补差				334.66
	柴油	kg	133.33	2.51	334.66

2) 计算土料填筑单价(表5-7)。单价表中材料补差项，柴油用量为土料运输定额中各机械柴油用量与压实定额中各机械柴油用量之和。另外，土料运输柴油用量还应乘以1.02坝面施工干扰系数和1.26的体积转换及损耗系数：

$$133.33\times1.02\times1.26+9.9\times1.08+10.6\times0.55+7.4\times0.55=191.95\ (\text{kg})$$

表5-7　　建筑工程单价表

单价编号	02		项目名称	心墙土方填筑	
定额编号	30079		定额单位	100m³ 压实方	
施工方法	16t轮胎碾压实				
编号	名称及规格	单位	数量	单价/元	合价/元
(一)	直接费				2194.79
(1)	基本直接费				2051.21
①	人工费				142.22
	初级工	工时	23.2	6.13	142.22

续表

编号	名称及规格	单位	数量	单价/元	合价/元
②	材料费				35.64
	零星材料费	%	10	356.38	35.64
③	机械使用费				214.16
	轮胎碾，16t 拖拉机，74kW	组时	1.08	96.89	104.64
	推土机，74kW	台时	0.55	91.65	50.41
	蛙式打夯机，2.8kW	台时	1.09	21.38	23.30
	刨毛机	台时	0.55	61.25	33.69
	其他机械费	%	1	212.04	2.12
④	土料运输（自然方）	m^3	126	12.91×1.02	1659.19
(2)	其他直接费	%	7	2051.21	143.58
(二)	间接费	%	8.5	2194.79	186.56
(三)	利润	%	7	2381.35	166.69
(四)	材料补差				481.79
	柴油	kg	191.95	2.51	481.79
(五)	税金	%	9	3029.83	272.68
	合计				3302.51

注 采用概算定额时，当土方在压实状态和自然状态的密度已知时，也可按预算定额中的定额说明来计算土料运输量。

(2) 计算土料填筑预算单价：

1) 计算土料运输工序单价，见表5-8。

表5-8 **建筑工程单价表**

单价编号	01		项目名称		心墙土料挖运
定额编号	10387			定额单位	100m^3 自然方
施工方法	4m^3 挖掘机挖装Ⅲ类土，25t自卸汽车运输5km上坝				
编号	名称及规格	单位	数量	单价/元	合价/元
(一)	直接费				1330.11
(1)	基本直接费				1243.09
①	人工费				14.71
	初级工	工时	2.4	6.13	14.71
②	材料费				47.81
	零星材料费	%	4	1195.28	47.81
③	机械使用费				1180.57
	挖掘机，液压4m^3	台时	0.36	444.42	159.99
	推土机，88kW	台时	0.18	110.41	19.87

续表

编号	名称及规格	单位	数量	单价/元	合价/元
	自卸汽车，25t	台时	5.29	189.17	1000.71
(2)	其他直接费	%	7	1243.09	87.02
(二)	间接费	%	8.5	1330.11	113.06
(三)	利润	%	7	1443.17	101.02
(四)	材料补差				322.26
	柴油	kg	128.39	2.51	322.26
(五)	税金	%	9	1866.45	167.98
	合计				2034.43

柴油用量：0.36×44.7+0.18×12.6+5.29×20.8=128.39（kg）

2）计算土料压实工序单价，见表5-9。

表5-9　　建筑工程单价表

单价编号	02		项目名称		心墙土料压实
定额编号	10471			定额单位	$100m^3$ 压实方
施工方法	16t轮胎碾压实				
编号	名称及规格	单位	数量	单价/元	合价/元
(一)	直接费				382.45
(1)	基本直接费				357.43
①	人工费				129.96
	初级工	工时	21.2	6.13	129.96
②	材料费				32.49
	零星材料费	%	10	324.94	32.49
③	机械使用费				194.98
	轮胎碾16t 拖拉机74kW	组时	0.99	96.89	95.21
	推土机74kW	台时	0.50	91.65	45.83
	蛙式打夯机2.8kW	台时	1.00	21.38	21.38
	刨毛机	台时	0.50	61.25	30.63
	其他机械费	%	1	193.05	1.93
(2)	其他直接费	%	7	357.43	25.02
(二)	间接费	%	8.5	382.45	32.51
(三)	利润	%	7	414.96	29.05
(四)	材料补差				47.19
	柴油	kg	18.8	2.51	47.19
(五)	税金	%	9	491.20	44.21
	合计				535.41

柴油用量：0.99×9.9+0.5×10.6+0.5×7.4=18.80（kg）

3）计算心墙填筑单价：

$$J=(1+0.057)\times\frac{16.67}{15.19}\times 2034.43+535.41$$
$$=1.16\times 2034.43+535.41$$
$$=2895.35(\text{元}/100\text{m}^3)(\text{实方})$$

另外，填筑预算单价也可参照概算定额模式来计算填筑单价，计算表见表 5-10。表中材料补差柴油消耗量为：128.39×1.16+18.8=167.73kg（其中 1.16 为每压实 $1m^3$ 土体需 $1.16m^3$ 自然方土体）；每压实 $100m^3$ 土体所需的自然方量，即土料运输量为 100×（1+0.057）×16.67/15.19=116（m^3）（自然方）。

表 5-10　建筑工程单价表

单价编号	03		项目名称		土方填筑
定额编号	10471			定额单位	$100m^3$ 压实方
施工方法	9～16t 轮胎碾压实				
编号	名称及规格	单位	数量	单价/元	合价/元
（一）	直接费				1926.22
（1）	基本直接费				1800.21
①	人工费				129.96
	初级工	工时	21.20	6.13	129.96
②	材料费				32.57
	零星材料费	%	10	325.66	32.57
③	机械使用费				195.70
	轮胎碾 16t 拖拉机 74kW	组时	0.99	96.89	95.92
	推土机 74kW	台时	0.50	91.65	45.83
	蛙式打夯机 2.8kW	台时	1.00	21.38	21.38
	刨毛机	台时	0.50	61.25	30.63
	其他机械费	%	1	193.76	1.94
④	土料运输（自然方）	m^3	116	12.4309	1441.98
（2）	其他直接费	%	7	1800.21	126.01
（二）	间接费	%	8.5	1926.22	163.73
（三）	利润	%	7	2089.95	146.30
（四）	材料补差				421.00
	柴油	Kg	167.73	2.51	421.00
（五）	税金	%	9	2657.25	239.15
	合计				2896.40

由以上计算结果可知，采用两种方法计算结果基本相同。

第三节　石方工程单价编制

一、石方工程单价

水利水电工程石方工程量很大，且多为基础、洞井及地下厂房工程。采用先进技术，合理安排施工，并充分利用弃渣作块石、碎石原料，可降低工程造价。石方工程包括各类石方开挖、运输和支撑等。

（一）石方开挖

石方开挖按施工方法不同分为人工、钻孔爆破和掘进机开挖等几种，其中钻爆法在水利水电工程中应用广泛。石方开挖方式有明挖和暗挖两种，定额是按工程部位、设计开挖断面尺寸、开挖方式、岩石级别等划分节和子目，编制单价时应正确划分项目，合理选用定额。

1. 石方开挖的类型

石方明挖包括一般石方、一般坡面石方、沟槽石方、坑石方、基础石方等；暗挖是指平洞、斜井、竖井和地下厂房开挖。《概算定额》和《预算定额》石方开挖分类及其特征见表 5－11。

表 5－11　　石方开挖类型划分表

<table>
<tr><th colspan="2" rowspan="2">开挖类型</th><th colspan="2">区　分　特　征</th></tr>
<tr><th>概算定额</th><th>预算定额</th></tr>
<tr><td rowspan="8">明挖</td><td>一般石方</td><td colspan="2">底宽>7m 的沟槽；上口面积>160m² 的坑；倾角≤20°，开挖厚度大于 5m（垂直于设计面的平均厚度）的坡面；一般明挖石方工程</td></tr>
<tr><td>一般坡面石方</td><td colspan="2">倾角>20°，开挖厚度不大于 5m 的坡面</td></tr>
<tr><td>沟、槽石方</td><td colspan="2">底宽≤7m，两侧垂直或有边坡的长条形石方开挖</td></tr>
<tr><td>坡面沟槽石方</td><td colspan="2">槽底轴线与水平夹角>20°的沟槽石方</td></tr>
<tr><td>坑石方</td><td colspan="2">上口面积≤160m²，深度小于或等于上口短边长度或直径的工程</td></tr>
<tr><td>保护层石方</td><td>无此项目（各分项定额中已综合了保护层开挖等措施）</td><td>设计规定不允许破坏岩层结构的石方开挖</td></tr>
<tr><td>基础石方</td><td>不同深度的基础石方开挖</td><td>无此项目（已包含在相关分项定额中）</td></tr>
<tr><td rowspan="4">暗挖</td><td>平洞石方</td><td colspan="2">洞轴线与水平夹角≤6°的洞挖工程</td></tr>
<tr><td>斜井石方</td><td colspan="2">井轴线与水平夹角成 45°～75°的洞挖；井轴线与水平夹角成 6°～45°的洞挖，按斜井石方开挖定额乘 0.90 系数计算</td></tr>
<tr><td>竖井石方</td><td colspan="2">井轴线与水平夹角>75°、上口面积>5m²、深度大于上口短边长度或直径的石方开挖工程</td></tr>
<tr><td>地下厂房石方</td><td colspan="2">地下厂房或窑洞式厂房开挖</td></tr>
</table>

2. 定额内容

石方开挖以自然方计。定额包括钻孔、爆破、撬移、解小、翻渣、清面、修整断面、安全处理、洞挖施工排烟、排水、挖排水沟等工作。但不包括隧洞支撑和锚杆支护，其费用应根据水工设计资料单独列项计算。

《概算定额》石方开挖已按各部位的不同要求，根据规范规定分别考虑了预裂爆破、光面爆破、保护层开挖等措施。例如厂坝基础开挖定额中已考虑了预裂和保护层开挖措施，所以无需再单独编制预裂爆破和保护层开挖单价。《预算定额》对保护层和预裂、防震等措施均单独列项，不包括在各项石方开挖定额中。

3. 石方开挖工程单价

《概算定额》石方开挖各节子目中，均已计入了允许的超挖量和合理的施工附加量所消耗的人工、材料和机械的数量及费用，编制概算单价时不得另计超挖和施工附加工程量所需的费用。

《预算定额》石方开挖各节子目中，未计入允许的超挖量和施工附加量所消耗的人工、材料和机械的数量及费用。编制石方开挖预算单价时，需将允许的超挖量及合理的施工附加量，按占设计工程量的比例计算摊销率，然后将超挖量和施工附加量所需的费用乘以各自的摊销率后计入石方开挖单价。施工规范允许的超挖石方，可按超挖石方定额（如平洞、斜、竖井超挖石方）计算其费用。合理的施工附加量的费用按相应的石方开挖定额计算。

（二）石方运输

石方运输定额计量单位为自然方。石方运输定额与土方运输定额相似，亦按装运方法和运输距离等划分节和子目。

石方运输分露天运输和洞内运输。挖掘机或装载机装石渣汽车运输各节定额，露天与洞内的区分，按挖掘机或装载机装车地点确定。洞内运距按工作面长度的一半计算，当一个工程有几个弃渣场时，可按弃渣量比例计算加权平均运距。

编制石方运输单价，当有洞内外连续运输时，应分别套用不同的定额子目。洞内运输部分，套用“洞内”运输定额的“基本运距”及“增运”子目；洞外运输部分，套用“露天”定额的“增运”子目，并且仅选用运输机械的台时使用量。洞内和洞外为非连续运输（如洞内为斗车，洞外为自卸汽车）时，洞外运输部分应套用“露天”定额的“基本运距”及“增运”子目。

（三）石方开挖工程综合单价

石方开挖综合单价是指包含石渣运输费用的开挖单价。《概算定额》石方开挖定额各节子目中均列有“石渣运输”项目，该项目的数量，已包括完成定额单位所需增加的超挖量和施工附加量。编制概算单价时，将石方运输基本直接费代入开挖定额中，便可计算石方开挖工程综合单价。《预算定额》石方开挖定额中没有列出石渣运输量，应分别计算开挖与出渣单价，并考虑允许的超挖量及合理的施工附加量的费用分摊，再合并计算开挖综合预算单价。

（四）编制石方工程单价时应注意的问题

（1）定额材料中所列“合金钻头”，系指风钻（手提式、气腿式）所用的钻头；“钻头”系指液压履带钻或液压凿岩台车所用的钻头。定额中的其他材料费（或零星材料费），包括了石方开挖所需的脚手架、操作平台、棚架、漏斗等的搭拆摊销费以及炮泥、燃香、火柴等次要材料费。

（2）定额中的炸药，一般根据不同施工条件和开挖部位，采用不同的品种，其价格按1～9kg包装的炸药计算。炸药代表型号规格见表5-12。

表5-12　　炸药代表型号规格表

项　目	代表型号
一般石方开挖	2号岩石铵梯炸药
边坡、沟槽、坑、基础、保护层石方开挖	2号岩石铵梯炸药和4号抗水岩石铵梯炸药各半
平洞、斜井、竖井、地下厂房石方开挖	4号抗水岩石铵梯炸药

（3）在使用石方开挖定额时，还应注意以下调整系数：

1）概（预）算定额中，岩石共分为十二个等级，即十六级划分法的五至十六级。石方开挖定额子目中，岩石最高级别为XIV级，当岩石级别大于XIV级时，可按相应各节XIII～XIV级岩石开挖定额乘以表5-13调整系数计算。

表5-13　　岩石级别影响系数表

项　目	人工	材料	机械
风钻为主各节定额	1.30	1.10	1.40
潜孔钻为主各节定额	1.20	1.10	1.30
液压钻、多臂钻为主各节定额	1.15	1.10	1.15

2）《预算定额》中，预裂爆破、防震孔、插筋孔均适用于露天施工，若为地下工程，定额中人工、机械应乘以1.15系数。

3）洞挖定额中的通风机台时量系按一个工作面长400m以内拟定，如超过400m，应按表5-14系数对定额通风机台时量进行修正，当工作面长度介于表中长度之间时可用插入法计算调整系数。

表5-14　　通风机台时调整系数表

隧洞工作面长/m	400	500	600	700	800	900	1000	1100	1200
系数	1.00	1.20	1.33	1.43	1.50	1.67	1.80	1.91	2.00
隧洞工作面长/m	1300	1400	1500	1600	1700	1800	1900	2000	
系数	2.15	2.29	2.40	2.50	2.65	2.78	2.90	3.00	

二、石方工程单价编制案例

【例5-4】　宁夏某枢纽工程地处一类工资区，海拔高程1800m，有一圆形引水平洞总长3000m，分4个工作面掘进（图5-1），开挖直径9m，设一条支洞长100m，岩石级别为XII级，求该隧洞预算综合开挖单价。

已知：（1）工程超挖量为设计断面开挖量的6%。石方采用三臂液压凿岩台车开挖，

洞内外均采用 $3m^3$ 挖掘机装 20t 自卸汽车运输石渣。

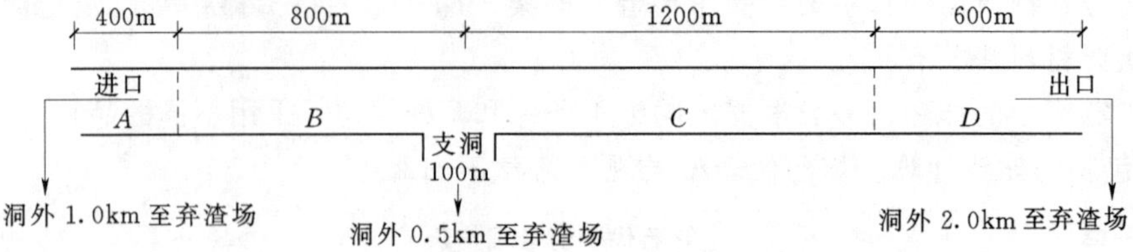

图 5-1 隧洞开挖工作面布置示意图

(2) 材料预算价格见表 5-15。

表 5-15　　材料预算价格表

序号	名称及规格	单位	预算价格/元	序号	名称及规格	单位	预算价格/元
1	炸药	kg	6.84	6	毫秒雷管	个	1.5
2	导爆管	m	1.5	7	柴油	元	5.50
3	钻头 Φ45	个	200	8	电	kW·h	1
4	钻头 Φ102	个	600	9	水	m^3	0.8
5	钻杆	m	60	10	风	m^3	0.12

(3) 施工机械台时费见表 5-16。

表 5-16　　施工机械台时费

序号	名称及规格	台时费基价/(元/台时)	备　注
1	三臂液压凿岩台车	678.35	柴油 7.2kg/台时
2	液压平台车	111.97	柴油 16kg/台时
3	轴流通风机 55kW	66.07	
4	液压挖掘机 $3m^3$	359.19	柴油 34.6kg/台时
5	推土机 103kW	129.33	柴油 14.8kg/台时
6	自卸汽车 20t	135.18	柴油 16.2kg/台时

(4) 相关费率取值：其他直接费中冬雨季施工增加费取上限。

解：(1) 确定各种费率及人工预算单价：

该工程属枢纽工程，根据工程所在一类区查《编规》(2014)、《水利工程营业税改征增值税计价依据调整办法》(办水总〔2016〕132 号) 和《水利部办公厅关于调整水利工程计价依据增值税计算标准的通知》(办财务函〔2019〕448 号) 可知：冬雨季施工增加费率取 4%，夜间施工增加费率取 0.5%，特殊地区施工增加费不计，临时设施费率 3%，安全生产措施费率 2%，其他费率取 1.0%，合计得其他直接费费率为 10.5%，间接费费率取 12.5%，利润率 7%，税率 9%。

由题查《编规》(2014)：工长为 11.80 元/工时，高级工为 10.92 元/工时，中级工为 9.15 元/工时，初级工为 6.38 元/工时。

(2) 计算定额通风机台时数量综合调整系数及石渣综合运输距离：

1）计算各段工程量占主洞工程权重：

A 段　　400÷3000×100％＝13.33％

B 段　　800÷3000×100％＝26.67％

C 段　　1200÷3000×100％＝40.00％

D 段　　600÷3000×100％＝20.00％

2）计算通风机综合调整系数。通风机综合调整系数计算过程如表 5－17。由表中可知，通风机综合调整系数为 1.704。

表 5－17　　通风机定额综合调整系数计算表

编号	通风长度/m	通风机调整系数	权重/％	通风机权重系数
A	400	1.00	13.33	0.133
B	800＋100＝900	1.67	26.67	0.445
C	1200＋100＝1300	2.15	40.00	0.860
D	600	1.33	20.00	0.266
通风机综合调整系数			100.00	1.704

3）计算洞内运输运距。洞内运输运距计算过程见表 5－18。由表中可知，洞内综合运距为 500.01m，取 500m。

表 5－18　　洞内运输距离计算表

编号	洞内运渣计算长度/m	权重/％	洞内综合运距/m
A	400÷2＝200	13.33	26.66
B	100＋800÷2＝500	26.67	133.35
C	100＋1200÷2＝700	40.00	280.00
D	600÷2＝300	20.00	60.00
	合　　计	100.00	500.01

4）计算洞外运输综合运距：

综合运距：　1000×13.33％＋500×26.67％＋500×40.00％＋2000×20.00％

＝866.65(m)

根据计算结果，洞外综合运距可取 900m。

（3）计算平洞石方开挖预算单价：

由设计开挖洞径 9m 可得开挖断面面积为 63.59m²，据此及已知条件可选用《预算定额》编号为［20195］和［20199］的子目进行内插计算，见表 5－19。其中柴油用量为

$$7.2\times1.8+16.0\times1.45=36.16(\mathrm{kg})$$

（4）计算石渣装运单价：

洞内运输 500m，选用《预算定额》［20445］计算。洞外运输 900m，选用《预算定额》［20444］计算，由于定额给出的是增运 1000m 自卸汽车台时耗用量，需插补出 900m 的台时耗用量。石渣装运单价计算见表 5－20。

表 5-19　　建筑工程单价表

单价编号	01	项目名称	平洞石方开挖		
定额编号	20195、20199		定额单位	100m³ 自然方	
施工方法	采用三臂液压凿岩台车钻孔，爆破开挖				
编号	名称及规格	单位	数量	单价/元	合价/元
(一)	直接费				8254.50
(1)	基本直接费				7470.14
①	人工费				1716.01
	工长	工时	6.89	11.80	81.30
	中级工	工时	76.41	9.15	699.15
	初级工	工时	146.64	6.38	935.56
②	材料费				2507.49
	炸药	kg	129.82	5.15	668.57
	导爆管	m	685.53	1.50	1028.30
	钻头，Φ45	个	0.54	200.00	108.00
	钻头，Φ102	个	0.01	600.00	6.00
	钻杆	m	0.75	60.00	45.00
	毫秒雷管	个	100.08	1.50	150.12
	其他材料费	%	25	2005.99	501.50
③	机械使用费				3246.64
	凿岩台车，液压三臂	台时	1.80	678.35	1221.03
	液压平台车	台时	1.45	111.97	162.36
	轴流通风机，55kW	台时	26.77	66.07	1768.69
	其他机械费	%	3	3152.08	94.56
(2)	其他直接费	%	10.5	7470.14	784.36
(二)	间接费	%	12.5	8254.50	1031.81
(三)	利润	%	7	9286.31	650.04
(四)	材料补差				310.16
	炸药	kg	129.82	1.69	219.40
	柴油	kg	36.16	2.51	90.76
(五)	税金	%	9	10246.51	922.19
	合计				11168.70

表 5-20　　建筑工程单价表

单价编号	02	项目名称	平洞石渣运输		
定额编号	20445、20444		定额单位	100 m³ 自然方	
施工方法	3m³ 挖掘机装 20t 自卸汽车运输石渣				
编号	名称及规格	单位	数量	单价/元	合价/元
(一)	直接费				1560.81
(1)	基本直接费				1412.50

续表

编号	名称及规格	单位	数量	单价/元	合价/元
①	人工费				56.14
	初级工	工时	8.8	6.38	56.14
②	材料费				27.70
	零星材料费	%	2	1384.80	27.70
③	机械使用费				1328.66
	单斗挖掘机，液压 $3m^3$	台时	1.32	359.19	474.13
	推土机，103kW	台时	0.66	129.33	85.36
	自卸汽车，20t	台时	4.9+0.88×0.9	135.18	769.17
(2)	其他直接费	%	10.5	1412.50	148.31
(二)	间接费	%	12.5	1560.81	195.10
(三)	利润	%	7	1755.91	122.91
(四)	材料补差				370.60
	柴油	kg	147.65	2.51	370.60
(五)	税金	%	9	2249.42	202.45
	合计				2451.87

柴油用量：1.32×34.6+0.66×14.8+（4.9+0.88×0.97）×16.2=147.65（kg）

（5）超挖工程单价计算：

查《预算定额》平洞超挖石方（机械装渣）一节，由定额［20387］和［20383］内插计算超挖工程单价，计算结果见表5-21。

表5-21　　建筑工程单价表

单价编号	03	项目名称	平洞石方超挖		
定额编号	20383、20387		定额单位	$100m^3$ 自然方	
施工方法	人工对超挖部分翻渣清面，修整断面				
编号	名称及规格	单位	数量	单价/元	合计/元
(一)	直接费				1007.98
(1)	基本直接费				912.20
①	人工费				912.20
	工长	工时	2.69	11.80	31.74
	中级工	工时	11.80	9.15	107.97
	初级工	工时	121.08	6.38	772.49
(2)	其他直接费	%	10.5	912.20	95.78
(二)	间接费	%	12.5	1007.98	126.00
(三)	利润	%	7	1133.98	79.38
(四)	税金	%	9	1213.36	109.20
	合　计				1322.56

(6) 计算平洞开挖综合预算单价：

1) 超挖工程量摊销费计算。超挖工程所需的材料和机械消耗已包含在平洞石方开挖定额中，所以超挖部分工程开挖所需的费用仅考虑人工费。其摊销直接费为

$$1322.56 \times 6\% = 79.35(\text{元}/100m^3)$$

2) 石渣运输费计算（包括超挖量）。石渣运输定额中不包括超挖量，应将超挖量所需费用分摊到石渣运输直接费中。其摊销后单价为

$$2451.87 \times (1+6\%) = 2598.98(\text{元}/100m^3)$$

3) 平洞挖运综合单价计算：

$$11168.70 + 79.35 + 2598.98 = 13847.03(\text{元}/100m^3)$$

第四节 堆砌石工程单价编制

堆砌石工程包括堆石、砌石、抛石等，因其具有就地取材，施工技术简单，造价较低等优点，在水利工程中应用较普遍。

一、堆石坝填筑单价

随着施工技术的不断发展，堆石坝在水利工程中所占比例越来越大，合理编制堆石坝填筑单价显得尤为重要。堆石坝填筑可分为石料开采、运输、压实等工序，编制工程单价时，应采用不同子目定额计算各工序单价，然后再编制填筑综合单价。

(一) 堆石坝填筑料单价

堆石坝物料按其填筑部位的不同，分为反滤料区、过渡料区和堆石区等，需分别列项计算。编制填筑料单价时，可将料场覆盖层（包括无效层）清除等辅助项目费用摊入开采单价中形成填筑料单价。其计算式为

$$\text{填筑料单价} = \frac{\text{覆盖层清除费用}}{\text{填筑料总方量(自然方或成品堆方)}} + \text{填筑料开采单价(自然方或成品堆方)}$$

其中，覆盖层清除费用可按施工方法套用土方和石方工程相应定额计算。填筑料开采单价计算可分为以下两种情况：

(1) 填筑料不需加工处理：对于堆石料，其单价可按砂石备料工程碎石原料开采定额计算，计量单位为堆方；对于天然砂石料，可按土方开挖工程砂砾（卵）石采运定额（按Ⅳ类土计）计算填筑料挖运单价，计量单位为自然方。

(2) 填筑料需加工处理：这类堆石料一般对粒径有一定的要求，其开采单价是指在石料场堆存点加工为成品堆方的单价，可参照本教材第四章第五节所述方法计算，计量单位为成品堆方。对有级配要求的反滤料和过渡料，应按砂及碎（卵）石的数量和组成比例，采用综合单价。

利用基坑等开挖料作为堆石料时，不需计算备料单价，但需计算上坝运输费用。

(二) 填筑料运输单价

填筑料运输单价指从砂石料开采场或成品堆料场装车并运输上坝至填筑工作面的工序

单价，包括装车、运输上坝、卸车、空回等费用。从石料场开采堆石料（碎石原料）直接上坝，运输单价套用砂石备料工程碎石原料运输定额计算，计量单位为堆方；利用基坑等开挖石渣作为堆石料时，运输单价采用石方开挖工程石渣运输定额计算，计量单位为自然方；自成品供料场上坝的物料运输，采用砂石备料工程定额相应子目计算运输单价，计量单位为成品堆方，其中反滤料运输采用骨料运输定额。

（三）堆石坝填筑单价

堆石坝填筑以建筑成品实方计。填筑料压实定额是按碾压机械和分区材料划分节和子目。对过渡料如无级配要求时，可采用砂砾石定额子目。如有级配要求，需经筛分处理时，则应采用反滤料定额子目。

1. 堆石坝填筑概算单价

《概算定额》堆石坝物料压实定额按自料场直接运输上坝与自成品供料场运输上坝两种情况分别编制，应根据施工组织设计方案正确选用定额子目。

（1）自料场直接运输上坝：砂石料压实定额，列有“砂石料运输（自然方）”项，适用于不需加工就可直接装运上坝的天然砂砾料和利用基坑开挖的石渣料等的填筑，编制填筑工程单价时，只需将物料的装运基本直接费（对天然砂砾料包括覆盖层清除摊销费用）计入压实定额的“砂石料运输”项，即可根据压实定额编制堆石坝填筑的综合概算单价。

（2）自成品供料场运输上坝：砂石料压实定额，列有“砂砾料、堆石料等”项和“砂石料运输（堆方）”项，适用于需开采加工为成品料后再运输上坝的物料（如反滤料、砂砾料、堆石料等）填筑，在编制填筑单价时，将“砂砾料、堆石料”等填筑料单价（或外购填筑料单价），及自成品供料场运输至填筑部位的“砂石料运输”基本直接费单价，分别代入堆石坝物料压实定额，计算堆石坝填筑的综合概算单价。

2. 堆石坝填筑预算单价

《预算定额》堆石坝物料压实在砌石工程定额中编列，定额中没有将物料压实所需的填筑料量及其运输方量列出，根据压实定额编制的单价仅仅是压实工序的单价，编制堆石坝填筑综合预算单价时，还应考虑填筑料的单价和填筑料运输的单价。

$$\text{堆石坝填筑预算单价}=(\text{填筑料预算单价}+\text{填筑料运输预算单价})\times(1+A)\times K_V+\text{填筑料压实预算单价}$$

式中 A——综合系数，可按表 5-2 选取；

K_V——体积换算系数，根据填筑料的来源参考表 5-22 进行折算。

（四）编制堆石坝填筑单价应注意的问题

（1）《概算定额》土石坝物料压实已计入了从石料开采到上坝运输、压实过程中所有的损耗及超填、施工附加量，编制概（估）算单价时不得加计任何系数。如为非土石坝、堤的一般土料、砂石料压实，其人工、机械定额乘以 0.8 系数。

（2）《概算定额》堆石坝物料压实定额中的反滤料、垫层料填筑定额，其砂和碎石的数量比例可按设计资料进行调整。

（3）编制土石坝填筑综合概算单价时，根据定额相关章节子目计算的物料运输上坝基本直接费应乘以坝面施工干扰系数 1.02 后代入压实单价。

(4) 堆石坝分区使各区石料粒（块）径相差很大，因此，各区石料所耗工料不一定相同，如堆石坝体下游堆石体所需的特大块石需人工挑选，而石料开采定额很难体现这些因素，在编制概（估）算单价时应注意这一问题。

另外，为了节省工程投资，降低工程造价，提高投资效益，在编制坝体填筑单价时，应考虑利用枢纽建筑物的基础或其他工程开挖出渣料直接上坝的可能性。其利用比例可根据施工组织设计安排的开挖与填筑进度的衔接情况合理确定。

二、砌石工程单价

水利水电工程中的护坡、墩墙、涵洞等均有用块石、条石或料石砌筑，在中小水利工程中应用尤为普遍。砌石单价主要由砌石材料单价和砌筑单价两部分组成。

（一）砌石材料

(1) 定额计量单位。砌石工程所用石料均按材料计算，其计量单位视石料的种类而异。对堆石料、过渡料和反滤料，按堆方（松方）计；对片石、块石和卵石，按码方计；对条石、料石以清料方计。如无实测资料时，不同计量单位间体积换算关系可参考表5-22。

表 5-22　石方松实系数换算表

项　目	自然方	松方	实方	码方	备　注
土　方	1	1.33	0.85		
石　方	1	1.53	1.31		
砂　方	1	1.07	0.94		
混合料	1	1.19	0.88		
块　石	1	1.75	1.43	1.67	包括片石、大卵石

注　1. 松实系数是指土石料体积的比例关系，供一般土石方工程换算时参考。
2. 块石实方指堆石坝坝体方，块石松方即块石堆方。

(2) 石料的规格与标准。定额中石料规格及标准见表5-23，使用时不要混淆。

表 5-23　石料规格和标准表

名　称	规　格　标　准
碎　石	指经破碎、加工分级后，粒径大于5mm的石块
片　石	指厚度大于15cm，长、宽各为厚度的3倍以上，无一定规则形状的石块
卵　石	指最小粒径大于20cm的天然河卵石
块　石	指厚度大于20cm，长宽各为厚度的2～3倍，上下两面大致平行并大致平整，无尖角、薄边的石块
毛条石	指一般长度大于60cm的长条形四棱方正石料
粗料石	指毛条石经过修边打荒加工、外露面方正、各相邻面正交、表面凸凹不超过10mm的石料
细料石	指毛条石经过修边打荒加工、外露面四楞见线、表面凸凹不超过5mm的石料

(3) 石料单价。各种石料作为材料在计算其单价时分3种情况。第一种是施工企业自采石料，其基本直接费单价计算按第四章第五节所述方法计算；第二种是外购石料，其单

价按材料预算价格编制；第三种是从开挖石渣中捡集块石、片石，此时石料单价只计人工捡石费用概（预）算定额中均有人工捡集块石定额〕及从捡集石料地点到施工现场堆放点的运输费用。

（二）砌筑单价

根据设计确定的砌体形式和施工方法，套用相应定额可计算砌石单价。砌石包括干砌石和浆砌石，对于干砌石，只需将砌石材料单价代入砌筑定额，便可编制砌筑工程单价。对于浆砌石，还应计算砌筑砂浆和勾缝砂浆半成品（指砂浆的各组成材料）的价格。根据设计砂浆的强度等级，按照试验确定的材料配合比，考虑施工损耗量确定水泥、砂子等材料的预算用量（采用值）。当无试验资料时，可按定额附录中的砌筑砂浆材料配合比表确定水泥、砂子等材料的预算用量，用材料预算量乘以材料预算价格计算出砂浆半成品的价格，将石料、砂浆半成品的价格代入砌筑定额即可编制浆砌石工程单价。

（三）编制砌石工程单价应注意的问题

（1）石料自料场至施工现场堆放点的运输费用，应计入石料单价内。施工现场堆放点至工作面的场内运输已包括在砌石工程定额内，不得重复计费。

（2）料石砌筑定额包括了砌体外露的一般修凿，如设计要求作装饰性修凿，应另行增加修凿所需的人工费。

（3）浆砌石定额中已计入了一般要求的勾缝，如设计有防渗要求高的开槽勾缝，应增加相应的人工和材料费。砂浆拌制费用已包含在定额内。

三、堆砌石工程单价编制案例

【例 5－5】 华北某堆石坝地处一般地区，试编制堆石料填筑概算综合单价。料场堆石开采采用 150 型潜孔钻钻孔，深孔爆破，岩石为Ⅸ级，用 $3m^3$ 装载机装 20t 自卸汽车运输上坝，运距 3km，采用 14t 振动碾压实。

已知：

（1）材料预算价格见表 5－24。

表 5－24　　**材料预算价格表**

序号	名称及规格	单位	预算价格/元	序号	名称及规格	单位	预算价格/元
1	炸药	kg	6.84	7	导电线	m	1
2	火雷管	个	0.6	8	合金钻头	个	35
3	电雷管	个	0.6	9	柴油	kg	5.50
4	潜孔钻钻头 150 型	个	180	10	风	m	0. 12
5	冲击器	套	1800	11	电	m^3	1
6	导火线	m	1	12	水	kW·h	0.8

（2）施工机械台时费见表 5－25。

（3）相关费率取值：其他直接费中计冬季施工增加费；临时设施费率、安全生产措施费率、间接费费率等其余费率均取小值。

表 5-25　　施工机械台时费

序号	名称及规格	台时费基价/(元/台时)	备　注
1	风钻手持式	24.06	
2	潜孔钻 150 型	195.14	
3	装载机 $3m^3$	162.90	柴油 23.7kg/台时
4	推土机 103kW	128.73	柴油 14.8kg/台时
5	自卸汽车 20t	134.85	柴油 16.2kg/台时
6	推土机 74kW	91.65	柴油 10.6kg/台时
7	拖拉机 74kW	70.48	柴油 9.9kg/台时
8	振动碾 13～14t	50.17	柴油 9.5kg/台时
9	蛙式打夯机 2.8kW	21.38	

解：（1）确定各种费率和人工预算单价：

该工程属枢纽工程，根据工程所在地区查《编规》（2014）、《水利工程营业税改征增值税计价依据调整办法》（办水总〔2016〕132 号）和《水利部办公厅关于调整水利工程计价依据增值税计算标准的通知》（办财务函〔2019〕448 号）可知：石方填筑的冬雨季施工增加费率取 1%，夜间施工增加费率取 0.5%，特殊地区施工增加费不计，临时设施费率 3%，安全生产措施费率 2%，其他费率取 1.0%，合计得其他直接费费率为 7.5%，石方填筑间接费费率为 12.5%，利润率 7%，税率 9%。

由题查《编规》（2014）：工长为 11.55 元/工时，高级工为 10.67 元/工时，中级工为 8.9 元/工时，初级工为 6.13 元/工时。

（2）计算堆石料单价：

由题意知，石料来自采石场，直接运输上坝，不需破碎分级。查《概算定额》第六章碎石原料开采一节，计算堆石料开采单价，计算过程见表 5-26。

表 5-26　　建筑工程单价表

单价编号	01	项目名称	堆料石开采		
定额编号	60099		定额单位	100m^3 堆方	
施工方法	碎石原料开采（150 型潜孔钻钻孔深孔爆破）岩石级别Ⅸ～Ⅹ				
编号	名称及规格	单位	数量	单价/元	合价/元
(1)	基本直接费				846.77
①	人工费				175.23
	工长	工时	0.7	11.55	8.09
	中级工	工时	5.9	8.90	52.51
	初级工	工时	18.7	6.13	114.63
②	材料费				354.43
	合金钻头	个	0.12	35	4.20
	钻头 150 型	个	0.05	180	9.00

续表

编号	名称及规格	单位	数量	单价/元	合价/元
	冲击器	套	0.01	1800	18.00
	炸药	kg	40	5.15	206.00
	火雷管	个	11	0.6	6.60
	电雷管	个	4	0.6	2.40
	导火线	m	22	1	22.00
	导电线	m	40	1	40.00
	其他材料费	%	15	308.20	46.23
③	机械使用费				317.11
	风钻，手持式	台时	1.6	24.06	38.50
	潜孔钻，150型	台时	1.28	195.14	249.78
	其他机械费	%	10	288.28	28.83
(2)	材料补差				67.60
	炸药	kg	40	1.69	67.60

(2) 计算堆石料运输基本直接费：

查《概算定额》第六章碎石原料运输定额计算运输基本直接费，计算过程见表5-27。其中柴油用量计算如下：

$$23.7\times0.76+14.8\times0.38+16.2\times4.96=103.99\ (\text{kg})$$

表5-27　　建筑工程单价表

单价编号	02	项目名称	堆石料运输		
定额编号	60346		定额单位	100m^3 堆方	
施工方法	3m^3 装载机装砂石料，20t自卸汽车运输，运距3km				
编号	名称及规格	单位	数量	单价/元	合价/元
(1)	基本直接费				883.42
①	人工费				24.52
	初级工	工时	4	6.13	24.52
②	材料费				17.32
	零星材料费	%	2	866.10	17.32
③	机械使用费				841.58
	装载机，轮胎式3m^3	台时	0.76	162.9	123.80
	推土机，103kW	台时	0.38	128.73	48.92
	自卸汽车，20t	台时	4.96	134.85	668.86
(2)	材料补差				261.01
	柴油	kg	103.99	2.51	261.01

(3) 计算堆石料填筑概算单价：

选用《概算定额》第三章振动碾压实子目，定额编号［30089］，将堆石料及堆石料运输价格代入压实定额，可计算堆石料填筑概算单价，每压实 100m³ 实方需要 121 方自然方，计算过程见表 5－28。其中柴油、炸药用量计算如下：

柴油：103.99×1.02×1.21＋10.6×0.55＋9.9×0.26＋9.5×0.26＝139.22（kg）

炸药：40×1.21＝48.4（kg）

表 5－28 建筑工程单价表

单价编号	03	项目名称	堆石料压实		
定额编号	30089		定额单位	100m³ 实方	
施工方法	74kW 推土机推平、14t 振动碾压实				
编号	名称及规格	单位	数量	单价/元	合价/元
（一）	直接费				2572.26
（1）	基本直接费				2392.80
①	人工费				120.76
	初级工	工时	19.7	6.13	120.76
②	材料费				1076.11
	堆石料	m³	121	8.47	1024.87
	零星材料费	%	5	1024.87	51.24
③	机械使用费				106.13
	拖拉机，履带式 74kW 振动碾，14t	组时	0.26	120.65	31.37
	推土机，74kW	台时	0.55	91.65	50.41
	蛙式打夯机，2.8kW	台时	1.09	21.38	23.30
	其他机械费	%	1	105.08	1.05
④	堆石料运输（堆方）	m³	121	8.83×1.02	1089.80
（2）	其他直接费	%	7.5	2392.80	179.46
（二）	间接费	%	12.5	2572.26	321.53
（三）	利润	%	7	2893.79	202.57
（四）	材料补差				431.24
	柴油	kg	139.22	2.51	349.44
	炸药	kg	48.4	1.69	81.80
（五）	税金	%	9	3527.60	317.48
	合计				3845.08

【例 5－6】 河南某河道干砌石挡土墙工程，由承包单位自行开采块石，岩石级别为Ⅻ级。施工方法为：用机械开采块石，机械清渣，人工装 8t 自卸汽车运 2km 到施工现场，试计算块石挡土墙工程预算单价。

已知：

（1）材料预算价格见表 5－29。

表 5-29　　材料预算价格表

序号	名称及规格	单位	预算价格/元	序号	名称及规格	单位	预算价格/元
1	雷管	个	0.60	4	合金钻头	个	35.00
2	炸药	kg	6.84	5	柴油	kg	5.50
3	导火线	m	0.90				

（2）施工机械台时费见表 5-30。

表 5-30　　施工机械台时费

序号	名称及规格	台时费基价/(元/台时)	备　注
1	推土机 88kW	103.83	柴油 12.6kg/台时
2	风钻手持式	24.06	
3	自卸汽车 8t	70.93	柴油 10.2kg/台时

（3）相关费率取值：其他直接费中不计冬季施工增加费；临时设施费率、间接费费率等其余费率均取大值。

解：（1）确定各种费率和人工预算单价：

该工程属河道工程，根据工程所在地区查《编规》（2014）、《水利工程营业税改征增值税计价依据调整办法》（办水总〔2016〕132 号）和《水利部办公厅关于调整水利工程计价依据增值税计算标准的通知》（办财务函〔2019〕448 号）可知：冬雨季施工增加费率取 0.5%，夜间施工增加费率取 0.3%，特殊地区施工增加费不计，临时设施费率 1.7%，安全生产措施费率 1.2%，其他费率取 0.5%，合计得其他直接费费率为 4.2%，石方填筑间接费费率为 9.5%，利润率 7%，税率 9%。

由题查《编规》（2014），工长为 8.02 元/工时，高级工为 7.40 元/工时，中级工为 6.16 元/工时，初级工为 4.26 元/工时

（2）计算块石材料价格：

计算块石开采和块石运输基本直接费，计算过程见表 5-31 和表 5-32。其中柴油用量计算如下：

$$3.01\times12.6=37.93\ (\text{kg})\ (\text{表 }5-31)$$

$$18.62\times10.2=189.92\ (\text{kg})\ (\text{表 }5-32)$$

表 5-31　　建筑工程单价表

单价编号	01	项目名称	机械开采块石		
定额编号	60424		定额单位	100m³ 成品码方	
施工方法	手持式风钻钻孔，爆破开挖				
编号	名称及规格	单位	数量	单价/元	合价/元
(1)	基本直接费				2594.71
①	人工费				1427.13
	工长	工时	6.4	8.02	51.33

续表

编号	名称及规格	单位	数量	单价/元	合价/元
	中级工	工时	23	6.16	141.68
	初级工	工时	289.7	4.26	1234.12
②	材料费				475.24
	雷管	个	35.15	0.60	21.09
	炸药	kg	41.13	5.15	211.82
	导火线	m	100.43	0.90	90.39
	合金钻头	个	2.57	35.00	89.95
	其他材料费	%	15	413.25	61.99
③	机械使用费				692.34
	推土机，88kW	台时	3.01	103.83	312.53
	风钻，手持式	台时	13.17	24.06	316.87
	其他机械费	%	10	629.40	62.94
(2)	材料补差				164.71
	炸药	kg	41.13	1.69	69.51
	柴油	kg	37.93	2.51	95.20

表 5-32　　建筑工程单价表

单价编号	02	项目名称	块石运输		
定额编号	60442			定额单位	$100m^3$ 成品码方
施工方法	人工装 8t 自卸汽车运 2km				
编号	名称及规格	单位	数量	单价/元	合价/元
(1)	基本直接费				1966.41
①	人工费				626.22
	初级工	工时	147	4.26	626.22
②	材料费				19.47
	零星材料费	%	1	1946.94	19.47
③	机械使用费				1320.72
	自卸汽车，8t	台时	18.62	70.93	1320.72
(2)	材料补差				476.70
	柴油	kg	189.92	2.51	476.70

块石基本直接费＝25.95＋19.66＝45.61（元/m^3）

(3) 计算干砌块石挡土墙预算单价：

查《预算定额》第三章干砌块石一节，采用挡土墙砌筑子目，计算得干砌块石挡土墙预算单价为 115.71 元/m^3（过程见表 5-33）。其中，炸药用量：41.13×116/100＝47.71（kg）

柴油用量：(37.93＋189.92)×116/100＝264.31（kg）

表 5-33 **建筑工程单价表**

单价编号	03	项目名称	干砌块石挡土墙		
定额编号	30016		定额单位	100m³ 成品方	
施工方法	人工砌筑干砌石				
编号	名称及规格	单位	数量	单价/元	合价/元
(一)	直接费				8442.46
(1)	基本直接费				8102.17
①	人工费				2694.45
	工长	工时	11	8.02	88.22
	中级工	工时	165	6.16	1016.40
	初级工	工时	373.2	4.26	1589.83
②	材料费				5327.27
	块石	m^3	116	45.61	5290.76
	其他材料费	%	1	5274.52	52.75
③	机械使用费				64.21
	胶轮车	台时	78.3	0.82	64.21
(2)	其他直接费	%	4.2	8102.17	340.29
(二)	间接费	%	9.5	8442.46	802.03
(三)	利润	%	7	9244.49	647.11
(四)	材料补差				744.05
	炸药	kg	47.71	1.69	80.63
	柴油	kg	264.31	2.51	663.42
(五)	税金	%	9	10675.65	960.81
	合计				11636.46

第五节 混凝土工程单价编制

混凝土在水利水电工程中应用十分广泛，其费用在工程总投资中常常占有很大比重。混凝土工程包括各种水工建筑物不同结构部位的现浇混凝土、预制混凝土以及碾压混凝土和沥青混凝土等，此外，还有钢筋制作安装、锚筋、锚喷、伸缩缝、止水、防水层、温控措施等项目。

一、现浇混凝土工程单价

现浇混凝土由混凝土拌制、运输、浇筑等工序单价组成。在混凝土浇筑定额各节子目中，均列有“混凝土”“混凝土拌制”“混凝土运输”的数量，在编制混凝土工程单价时，应先根据分项定额计算这些项目的基本直接费，再将其分别代入混凝土浇筑定额计算混凝土工程单价。

（一）混凝土材料价格

混凝土浇筑定额中，材料消耗定额的“混凝土”一项，系指完成定额单位产品所需的混凝土半成品量，包括冲毛（或凿毛）、干缩、施工损耗、运输损耗和接缝砂浆等的消耗量（概算定额还包括超填量）在内。混凝土半成品单价是指按施工配合比配制的每立方米混凝土中砂、石、水泥、水、掺合料及外加剂等各种材料的费用之和。

1. 确定混凝土中各种材料的用量

混凝土半成品中各种材料的用量，应按本工程混凝土配合比试验资料并考虑施工损耗量加以确定。其中水泥、砂、石预算用量应比配合比理论计算量分别增加 2%、3%、4%。如无试验资料，也可参照定额附录混凝土材料配合比表，确定各种材料的用量。

在编制混凝土工程概算（或估算）单价时，如设计深度与试验资料不足，也可按下述方法计算每立方米混凝土半成品中的材料用量。

（1）水泥品种与强度等级的选定。拦河坝等大体积水工混凝土，一般可选用强度等级为 42.5MPa 和 52.5MPa 的水泥。对水位变化区外部混凝土，宜选用普通硅酸盐大坝水泥和普通硅酸盐水泥；对大体积建筑物内部混凝土，位于水下的混凝土和基础混凝土，宜选用矿渣硅酸盐大坝水泥、矿渣硅酸盐水泥和粉煤灰硅酸盐水泥。

（2）确定混凝土的强度等级和级配。混凝土的强度等级和级配是根据水工建筑物各结构部位的运用条件、设计要求和施工条件确定的。在资料不足的情况下，可参考表 5-34 选定。

表 5-34　　混凝土强度等级与级配参考表　　%

工程类别	不同强度等级不同级配混凝土所占比例			
	C19～C24 二级配	C19 三级配	C14 三级配	C9 四级配
大体积混凝土坝	8	32		60
轻型混凝土坝	8	92		
水闸	6	50	44	
溢洪道	6	69	25	
进水塔	30	70		
进水口	20	60	20	
隧洞衬砌				
1. 混凝土泵衬砌边顶拱	80	20		
2. 混凝土泵衬砌顶拱	30	70		
竖井衬砌				
1. 混凝土泵浇筑	100			
2. 其他方法浇筑	30	70		
明渠混凝土		75	25	
地面厂房	35	35	30	
河床式电站厂房	50	25	25	
地下厂房	50	50		
扬水站	30	35	35	
大型船闸	10	90		
中小型船闸	30	70		

(3) 选用混凝土配合比。概（预）算定额附录中有纯混凝土、掺外加剂混凝土、掺粉煤灰混凝土以及碾压混凝土等多种材料配合比表可供选择。为节省水泥用量，宜采用掺外加剂的混凝土配合比，对大体积混凝土还应掺粉煤灰，并尽可能利用混凝土的后期强度。混凝土各龄期强度换算为28天龄期强度时，可参照表5-35系数进行换算。当换算介于两种强度等级之间时，应选用高一级的强度等级。

表5-35　　不同龄期混凝土强度等级换算系数表

设计龄期/d	28	60	90	180
强度等级折合系数	1.00	0.83	0.77	0.71

注　概（预）算定额附录中的混凝土配合比表系按28天强度拟定，当混凝土的设计龄期与之不符时，应将设计龄期的强度折算为28天的强度，方可使用定额附录中的混凝土配合比表。

2. 掺粉煤灰混凝土材料用量确定

现行概（预）算定额附录中掺粉煤灰混凝土配合比的材料用量是按超量取代法（又称超量系数法）确定的，即按照与基准混凝土（纯混凝土）同稠度、等强度的原则，用超量取代法对基准混凝土中的材料量进行调整（调整系数称作粉煤灰超量系数）。计算步骤如下：

(1) 掺粉煤灰混凝土的水泥用量：

$$C=C_0(1-f)$$

式中　C——粉煤灰混凝土水泥用量，kg；

C_0——与掺粉煤灰混凝土等强度、同稠度的纯混凝土水泥用量，kg；

f——水泥取代百分率，为水泥节约量（纯混凝土水泥用量与粉煤灰混凝土水泥用量之差）与纯混凝土水泥用量之比乘以百分之百，可参考表5-36选取。

表5-36　　水泥取代百分率参考表

混凝土强度等级	普通硅酸盐水泥	矿渣硅酸盐水泥
≤C15	15%～25%	10%～20%
C20	10%～15%	10%
C25～C30	15%～20%	10%～15%

注　32.5（R）水泥及以下取下限，42.5（R）水泥及以上取上限。C20及以上混凝土宜采用Ⅰ、Ⅱ级粉煤灰，C15及以下素混凝土可采用Ⅲ级粉煤灰。

(2) 确定粉煤灰的掺量：

$$F=K(C_0-C)$$

式中　F——粉煤灰掺量，kg；

K——粉煤灰取代（超量）系数，为粉煤灰的掺量与取代水泥量（即水泥节约量）的比值，可按表5-37取值。

表5-37　　粉煤灰的取代（超量）系数表

粉煤灰级别	Ⅰ级	Ⅱ级	Ⅲ级
超量系数	1.0～1.4	1.2～1.7	1.5～2.0

(3) 砂、石用量。掺粉煤灰混凝土灰重(即水泥及粉煤灰总重)较纯混凝土的灰重大,增加的灰重可按下式计算:

$$\Delta C=C+F-C_0$$

式中 ΔC——增加的灰重,kg。

按照与纯混凝土密度相等的原则,掺粉煤灰混凝土砂、石总重量应相应减少 ΔC,按含砂率相等的原则,则掺粉煤灰混凝土砂、石重计算如下:

$$S\approx S_0-\Delta C\times\frac{S_0}{S_0+G_0}$$

$$G\approx G_0-\Delta C\times\frac{G_0}{S_0+G_0}$$

式中 S——掺粉煤灰混凝土砂重,kg;

S_0——纯混凝土砂重,kg;

G——掺粉煤灰混凝土石重,kg;

G_0——纯混凝土石重,kg。

由于增加的灰重主要是代替细骨料砂填充粗骨料石的空隙,故简化计算时也可将增加的灰重全部从砂的重量中核减,石重不变。

(4) 用水量。掺粉煤灰混凝土用水量 W 等于纯混凝土用水量 W_0。

(5) 外加剂用量。外加剂用量 Y 可按掺粉煤灰混凝土水泥用量的 0.2%~0.3%计算,概(预)算定额是按 0.2%计。当设计选用掺粉煤灰混凝土的水泥取代百分率(即定额中所称的"掺粉煤灰量"百分比)或粉煤灰取代系数与概(预)算定额附录中的不同时,可根据上述公式计算掺粉煤灰混凝土的材料用量。

【例 5-7】 某 C20 三级配掺粉煤灰混凝土,水灰比为 0.6,水泥强度等级为 42.5(R),水泥取代百分率为 15%,粉煤灰取代系数为 1.30,求该混凝土的配合比材料用量。

解: (1) 计算掺粉煤灰混凝土水泥用量:

查《预算定额》附录 7,C20 三级配纯混凝土配合比材料预算用量为:42.5 水泥 $C_0=218\text{kg}$,粗砂 $S_0=618\text{kg}$,卵石 $G_0=1627\text{kg}$,水 $W_0=0.125\text{m}^3$。则

$$C=218\times(1-15\%)=185(\text{kg})$$

(2) 计算粉煤灰掺量:

$$F=1.30\times(218-185)=43(\text{kg})$$

(3) 计算砂、石用量:

$$\Delta C=185+43-218=10(\text{kg})$$

$$S=618-10\times618\div(618+1627)=615(\text{kg})(\text{折合 }0.42\text{m}^3)$$

$$G=1627-10\times1627\div(618+1627)=1620(\text{kg})(\text{折合 }0.95\text{m}^3)$$

(4) 计算用水量:

$$W=W_0=0.125\text{m}^3$$

(5) 计算外加剂用量:

$$Y=185\times0.2\%=0.37(\mathrm{kg})$$

3. 混凝土材料单价

混凝土材料单价＝∑(1m³ 混凝土各材料预算用量×各种材料的预算价格)

4. 计算混凝土材料单价应注意的问题

（1）当工程采用水泥的强度等级与定额附录配合比表不同时，应对配合比表的水泥（包括粉煤灰）用量进行调整，见表 5-38。定额配合比表中的水泥用量系按机械拌和拟定，若采用人工拌和，水泥用量应增加 5%。

表 5-38　　水泥强度等级与用量换算系数参考表

原强度等级	代换强度等级		
	32.5	42.5	52.5
32.5	1.00	0.86	0.76
42.5	1.16	1.00	0.88
52.5	1.31	1.13	1.00

（2）概（预）算定额附录混凝土配合比表是卵石、粗砂混凝土，如改用碎石或中、细砂，需按表 5-39 系数换算。

表 5-39　　混凝土骨料换算系数表

项　目	水泥	砂	石子	水
卵石换为碎石	1.10	1.10	1.06	1.10
粗砂换为中砂	1.07	0.98	0.98	1.07
粗砂换为细砂	1.10	0.96	0.97	1.10
卵石换为特细砂	1.16	0.90	0.95	1.16

注　1. 水泥按重量计，砂、石子按体积计。
2. 若实际采用碎石及中细砂时，则总的换算系数应为各单项换算系数的连乘积。
3. 粉煤灰的换算系数同水泥的换算系数。

（3）大体积混凝土，为了节约水泥和温控的需要，常常采用埋块石混凝土。这时应将配合比表的材料用量，扣除埋块石实体的数量，计算式如下：

埋块石混凝土材料量＝配合比表材料用量×[1－埋块石率(%)]

埋石为实体方（自然方），而块石单价一般为码方，在计算埋石混凝土材料单价时应注意换算。

（二）混凝土拌制基本直接费

混凝土的拌制工序有配料、运输、加水、加外加剂、搅拌、出料、清洗等。概（预）算混凝土拌制定额均以半成品方为计量单位，不包括干缩、运输、浇筑和超填等损耗的消耗量。编制混凝土拌制基本直接费时，应根据施工组织设计选定的拌和设备选用相应的拌制定额。

拌和楼拌制混凝土定额中，均列有“骨料系统”和“水泥系统”，是指骨料、水泥及掺合料进入拌和楼前与拌和楼相衔接必备的机械设备。包括自骨料调节料仓下料斗开始的胶带运输机和供料设备；自水泥罐或掺合料罐开始的水泥提升机械或空气输送设备，以及胶带输送机和吸尘设备等。编制混凝土拌制单价时，可根据施工组织设计确定的机械组合，将上述设备的台时费合计为组时费（组合台时费）。骨料调节料仓包括净料堆场、骨料仓、骨料罐。在骨料调节料仓下料斗之前的骨料运输费用，应计入骨料（砂石料）价格中。

混凝土拌制定额是按拌制常态混凝土拟定，若拌制其他混凝土，则按表 5-40 中的系数对定额进行调整。

表 5-40　不同混凝土搅拌楼台时调整系数表

搅拌楼规格	混凝土类别			
	常态混凝土	加冰混凝土	加粉煤灰混凝土	碾压混凝土
1×2.0m^3 强制式	1.00	1.20	1.00	1.00
2×2.5m^3 强制式	1.00	1.17	1.00	1.00
2×1.0m^3 自落式	1.00	1.00	1.10	1.30
2×1.5m^3 自落式	1.00	1.00	1.10	1.30
3×1.5m^3 自落式	1.00	1.00	1.10	1.30
2×3.0m^3 自落式	1.00	1.00	1.10	1.30
4×3.0m^3 自落式	1.00	1.00	1.10	1.30

（三）混凝土运输基本直接费

混凝土运输包括装料、运输、卸料、空回、冲洗、清理及辅助工作。现浇混凝土运输，是指混凝土自搅拌机（楼）出料口至浇筑现场工作面的全部水平运输和垂直运输。混凝土运输定额均以半成品方为计量单位，不包括干缩、运输、浇筑和超填等损耗的消耗量。

编制混凝土运输基本直接费时，应根据施工组织设计选定的运输方式和机械类型，按相应定额分别计算水平运输和垂直运输基本直接费，再编制运输基本直接费单价。

（四）混凝土工程单价

常态混凝土浇筑定额包括冲毛（或凿毛）、冲洗、清仓，铺水泥砂浆、平仓、振捣、养护，工作面运输和一些辅助工作。混凝土浇筑定额只包括浇筑和工作面运输所需的人工、材料、机械的数量及费用，需将混凝土材料价格、混凝土拌制、混凝土运输基本直接费单价代入混凝土浇筑定额编制混凝土工程单价。

各类坝型现浇混凝土定额，仅指坝主体混凝土，不包括溢流面、闸墩、胸墙、工作桥和公路桥等，在项目划分时，应按设计实有的结构部位单独列项，分别编制工程单价。

（五）使用定额时应注意的问题

（1）混凝土工程定额的计量单位除注明者外，均按建筑物或构筑物成品实体方计。定额子目中的“混凝土”“混凝土运输”“混凝土拌制”量相同，且比定额单位实体方数量大。超出定额部分，是指冲毛（或凿毛）、干缩、施工损耗、运输损耗和接缝砂浆等的消耗量，对概算定额还包括超填量和施工附加量。

（2）采用埋石混凝土时，因埋块石需增加的人工见表 5-41。

表 5-41　　埋块石混凝土增加人工工时数量表

埋块石率/%	5	10	15	20
每 $100m^3$ 埋块石混凝土增加人工工时	24.0	32.0	42.4	56.8

注　不包括块石运输及影响浇筑的工时。

（3）平洞衬砌定额，适用于水平夹角小于或等于 6°单独作业的平洞。如开挖、衬砌平行作业时，按平洞定额的人工和机械乘 1.1 系数；水平夹角大于 6°的斜井衬砌，按平洞定额的人工和机械乘 1.23 系数。

（4）平洞、竖井、地下厂房、渠道等混凝土衬砌定额中所列示的开挖断面和衬砌厚度为设计尺寸。若实际设计厚度与之不符，可用插入法计算。

（5）现浇混凝土定额不含模板制作、安装、拆除、修整。

（6）混凝土拌制及浇筑定额中，均不包括骨料预冷、加冰、通水等温控措施的费用。

（六）混凝土温度控制单价计算

为防止拦河坝等大体积混凝土（指结构断面最小边长不小于 3m）建筑物由于温度应力产生裂缝，并保证坝体在接缝灌浆前降到稳定温度，按现行设计和施工规范要求，大体积混凝土必须采取温度控制措施。在工程概（预）算编制中，凡大体积混凝土建筑物均需单独列项计算温度控制措施费用。

1. 基本资料的收集和确定

（1）工程所在地区多年月平均气温、水温、寒潮降温幅度和次数等气象资料。

（2）温控设计提出的坝体允许温差、混凝土出机口温度和浇筑温度。

（3）需采取加冰、加冷水拌制混凝土的时间及相应混凝土数量，拌制每立方米混凝土所需加冰、加冷水的数量。

（4）需采取骨料预冷措施的时间及相应的混凝土数量，骨料预冷方式、预冷温度，每立方米混凝土骨料预冷消耗冷风、冷水数量。

（5）坝体稳定温度、接缝灌浆时间，一、二期通低温水的时间、流量及水温。

（6）各种制冷系统工艺流程、设备配置和制冷剂的消耗指标。

（7）混凝土表面保护材料品种、规格。

2. 温控措施费用计算标准

采取各种温控措施的混凝土数量占混凝土工程总量的比例，即温控措施费用计算标准。在概算阶段，如设计资料不足，可根据工程所在地夏季月平均气温和混凝土降温幅度（指夏季月平均气温和设计要求混凝土出机口温度之差）参考表 5-42 确定。

表 5-42　　混凝土温控措施费用计算标准参考表

夏季月平均气温/℃	混凝土降温幅度/℃	温控措施	占混凝土总量的比例/%
≤20	5	个别高温时，加冰或加冷水拌制混凝土	20
		加冰、加冷水拌制混凝土	35

续表

夏季月平均气温/℃	混凝土降温幅度/℃	温控措施	占混凝土总量的比例/%
20～25	5～10	风或水预冷大骨料	25～35
		加冰、加冷水拌制混凝土	40～45
	>10	风冷大、中骨料	35～40
		加冰、加冷水拌制混凝土	45～55
>25	10～15	风冷大、中、小骨料	35～45
		加冰、加冷水拌制混凝土	55～60
	>15	风和水预冷大、中、小骨料	50
		加冰、加冷水拌制混凝土	60

注 当混凝土降温幅度要求5℃以上时，不论夏季月平均气温多少，均需采取坝体一、二期通水冷却和混凝土表面保护措施，此项措施费用计算标准为100%。

3. 不同温控措施的制冷指标

温控措施的制冷指标是指1m^3混凝土采取温控措施时，骨料预冷所需的冷风或冷水量、混凝土拌制所需的冷水或片冰量、混凝土浇筑后所需的通冷却水量和表面保护量。该指标应在施工组织设计中确定。编制概算时，如设计资料不足，可参考表5-43确定。

表5-43 每立方米温控混凝土不同措施制冷指标参考表

温控措施名称	单位	夏季月平均气温/℃				
		<20	20～25		>25	
		降温幅度/℃				
		1～5	5～10	10～15	10～15	>15
骨料预冷耗风	m^3		450	750	1100	1300
骨料预冷耗水	t		1.0			1.35
加2℃冷水	kg	70	60	50	50	50
加片冰	kg	30	40	50	50	50
坝体一期通水	t		0.32	0.37	0.42	0.47
坝体二期通水	t	0.3～0.6	0.4～0.8	0.6～1.0	1.0～1.7	1.7～2.3
混凝土表面保护	m^2	0.32	0.38	0.43	0.49	0.54

4. 混凝土温度控制单价的编制步骤

（1）计算混凝土出机口的温度。根据不同强度等级混凝土的材料配合比及其自然温度，可计算混凝土的出机口温度，见表5-44。若混凝土出机口温度已确定，则可按表5-37注6计算确定应预冷材料所需的冷却温度，并据此验算混凝土出机口温度是否能满足设计要求。

表 5-44　　混凝土出机口温度计算表

序号	材　料	重量 G /(kg/m³)	比热 C /[kJ/(kg·℃)]	温度 t /℃	$GC=P$ /[kJ/(m³·℃)]	$GCt=Q$ /(kJ/m³)
1	水泥及粉煤灰		0.796	$t_1=T+15$		
2	砂		0.963	$t_2=T-2$		
3	石子		0.963	t_3		
4	砂的含水		4.2	$t_4=t_2$		
5	石子含水		4.2	$t_5=t_3$		
6	拌和水		4.2			
7	片冰		2.1 潜热 335			$Q_7=-335G_7$
8	机械热					
合　计		出机口温度 $t_C=\sum Q/\sum P$			$\sum P$	$\sum Q$

注　1. 表中 T 为月平均气温，石子的自然温度可取与 T 同值。

2. 砂子含水率可取 5%。

3. 风冷骨料的石子含水率可取 0。

4. 淋水预冷骨料脱水后的石子含水率可取 0.75%。

5. 混凝土拌和机械热取值：常温混凝土 $Q_8=2094$kg/m³；14℃混凝土 $Q_8=4187$kg/m³；7℃混凝土 $Q_8=6281$kg/m³。

6. 若给定了出机口、加冷水和加片冰量，则可按下式确定石子的冷却温度：

$$t_3=\frac{t_C\sum P-Q_1-Q_2-Q_4-Q_5-Q_6-Q_8+335G_7}{0.963G_3}$$

（2）计算各种温控措施制冷单价。制冷单价指预冷骨料所需的冷风、冷水等单价，又称分项措施单价。概（预）算定额附录中列有各分项温控措施单价计算表，根据施工组织设计选定的制冷方法可计算制冷直接费单价。

（3）计算温控措施综合单价。温控措施复价是指每立方米温控混凝土所需不同温控措施的费用，其值等于该项温控措施制冷指标乘以降温幅度再乘以制冷单价，将各项温控措施的复价相加，可计算每立方米混凝土的温控综合基本直接费单价（表 5-45），计入其他直接费、间接费、利润及税金后可得混凝土温度控制综合单价。

表 5-45　　混凝土预冷综合单价计算表　　单位：m³

序号	项　目	单位	数量 G	材料温度/℃			分项措施单价 M	复价 $G\Delta tM$/元
				初温 t_0	终温 t_i	降幅 $\Delta t=t_0-t_i$		
1	制冷水	kg					元/(kg·℃)	
2	制片冰	kg					元/kg	
3	冷水喷淋骨料	kg					元/(kg·℃)	
4	一次风冷骨料	kg					元/(kg·℃)	
5	二次风冷骨料	kg					元/(kg·℃)	
合　计								

注　1. 冷水喷淋预冷骨料和一次风冷骨料，二者择其一，不得同时计费。

2. 根据混凝土出机口温度计算，骨料最终温度大于 8℃时，一般可不必进行二次风冷，有时二次风冷是为了保温。

3. 一次风冷或水冷石子的初温可取月平均气温值。

4. 一次风冷或水冷之后，骨料转运到二次风冷料仓过程中温度回升值可取 1.5～2℃。

二、预制混凝土工程单价

预制混凝土包括混凝土预制、构件运输、构件安装等工序。

混凝土预制包括预制场冲洗、清理、配料、拌制、浇筑、振捣、养护，模板制作、安装、拆除、修整，以及预制场内混凝土运输、材料运输、预制件吊移和堆放等工作。预制混凝土构件的运输是指预制场至安装现场之间的运输。预制混凝土构件在预制场和安装现场的运输，包含在预制及安装定额内。构件安装主要包括安装现场冲洗、拌浆、吊装、砌筑、勾缝等。

《预算定额》分为混凝土预制、构件运输和构件安装三部分，各有分项子目，编制安装单价时，先分别计算混凝土预制和构件运输的基本直接费，将二者之和作为构件安装（或吊装）定额中“混凝土构件”项的单价，然后再根据安装定额编制预制混凝土的综合预算单价。

《概算定额》是预制和安装的综合定额，已考虑了构件预制、安装和构件在预制场、安装现场内的运输所需的全部工、料、机消耗量，但不包括预制构件从预制场至安装现场之间的场外运输费用。编制概算单价时，需根据选定的运输方式套用构件运输定额，计算预制构件的场外运输基本直接费，然后将其代入预制安装定额编制预制混凝土综合概算单价。

预制混凝土定额中的模板材料均按预算消耗量计算，包括制作（钢模为组装）、安装、拆除维修的消耗、损耗，并考虑了周转和回收。

混凝土构件的预制、运输及吊（安）装，若预制混凝土构件重量超过定额中起重机械起重量时，可用相应起重量机械替换，定额台时数不作调整。

三、钢筋制作安装工程单价

钢筋制作安装有钢筋加工、绑扎、焊接、运输、现场安装等工序。现行概（预）算定额混凝土工程分章中，都有“钢筋制作与安装”子目，该子目适用于现浇与预制混凝土的各部位，以“t”为计量单位。《概算定额》中“钢筋”项的量已包括了切断和焊接等的损耗量以及截余短头作废料和搭接帮条等的附加量，《预算定额》仅含加工损耗，不包括搭接长度及施工架立钢筋用量。

四、沥青混凝土工程单价

水利水电工程常用的沥青混凝土为碾压式沥青混凝土，分为开级配（孔隙率大于5%，含少量或不含矿粉）和密级配（孔隙率小于5%，含一定量矿粉）。开级配适用于防渗墙的整平胶结层和排水层，密级配适用于防渗墙的防渗层和岸边接头部位。沥青混凝土单价编制方法与常规混凝土单价编制方法基本相同。

五、混凝土工程单价编制案例

【例5-8】 河南某引水闸工程底板厚50cm，混凝土强度等级为C15（水灰比0.65，三级配），混凝土组成材料见表5-46。采用0.8m^3拌和机拌制混凝土，混凝土用机动翻斗车运输，运距100m入仓浇筑。计算该水闸底板混凝土工程预算单价。

已知：

(1) 材料预算价格见表5-46。

表5-46 **材料预算价格表**

序号	名称及规格	单位	预算价格/元	序号	名称及规格	单位	预算价格/元
1	水泥 (32.5)	t	325	4	水	m^3	0.8
2	粗砂	m^3	84	5	柴油	kg	5.50
3	碎石	m^3	78				

(2) 施工机械台时费见表5-47。

表5-47 **施工机械台时费**

序号	名称及规格	台时费基价/(元/台时)	备　注
1	混凝土搅拌机 0.8m^3	37.62	
2	胶轮车	0.82	
3	机动翻斗车 1t	15.29	柴油 1.5kg/台时
4	振捣器 1.1kW	2.20	
5	风（砂）水枪 6m^3/min	28.18	

(3) 相关费率取值：其他直接费中不计冬季施工增加费；临时设施费率、安全生产措施费率、间接费费率等其余费率均取小值。

解：(1) 确定各种费率和人工预算单价：

该工程属引水工程，根据工程所在地区查《编规》(2014)、《水利工程营业税改征增值税计价依据调整办法》(办水总〔2016〕132号) 和《水利部办公厅关于调整水利工程计价依据增值税计算标准的通知》(办财务函〔2019〕448号) 可知：冬雨季施工增加费率取0.5%，夜间施工增加费率取0.3%，特殊地区施工增加费不计，临时设施费率1.8%，安全生产措施费率1.4%，其他费率取0.6%，合计得其他直接费费率为4.6%，间接费费率为8.5%，利润率7%，税率9%。

查《编规》(2014)：工长为9.27元/工时，高级工为8.57元/工时，中级工为6.62元/工时，初级工为4.64元/工时。

(2) 计算每立方米混凝土材料单价：

查《预算定额》附录"纯混凝土材料配合比及材料用量表"，考虑卵石换为碎石的影响，计算混凝土半成品材料单价见表5-48。

表5-48 **混凝土材料单价计算表**

材料名称	单位	材料预算量	材料基价/元	合价/元	材料价差/(元/m^3)
水泥 (32.5)	t	0.201×1.10	255	56.38	70
粗砂	m^3	0.42×1.10	70	32.34	14
碎石	m^3	0.96×1.06	70	71.23	8
水	m^3	0.125×1.10	0.8	0.11	
混凝土材料基价=160.06元/m^3					

(3) 计算混凝土拌制基本直接费:

查《预算定额》第四章搅拌机拌制混凝土，计算过程见表 5-49。

表 5-49 混凝土拌制基本直接费表

单价编号	01	项目名称		混凝土拌制	
定额编号	40135			定额单位	$100m^3$
施工方法	$0.8m^3$ 搅拌机拌和混凝土				
编号	名称及规格	单位	数量	单价/元	合价/元
(1)	基本直接费				1587.35
①	人工费				1163.13
	中级工	工时	91.1	6.62	603.08
	初级工	工时	120.7	4.64	560.05
②	材料费				31.12
	零星材料费	%	2	1556.23	31.12
③	机械使用费				393.10
	混凝土搅拌机，$0.8m^3$	台时	8.64	37.62	325.04
	胶轮车	台时	83.00	0.82	68.06

(4) 计算混凝土运输基本直接费:

查《预算定额》第四章混凝土运输子目，计算过程见表 5-50。

(5) 计算水闸底板混凝土工程预算单价:

查补充《预算定额》混凝土底板浇筑子目，计算过程见表 5-51。材料补差项中，材料用量计算如下:

柴油: 1.5×19.35×103/100=29.90 (kg)

水泥: 0.201×1.1×103=22.77 (t)

碎石: 0.96×1.06×103=104.81 (m^3)

粗砂: 0.42×1.1×103=47.59 (m^3)

水闸底板混凝土工程预算单价为 34763.22 元/$100m^3$。

表 5-50 混凝土运输基本直接费表

单价编号	02	项目名称		混凝土水平运输	
定额编号	40155			定额单位	$100m^3$
施工方法	机动翻斗车运混凝土，运距 100m				
编号	名称及规格	单位	数量	单价/元	合价/元
(1)	基本直接费				710.04
①	人工费				380.37
	中级工	工时	36.5	6.62	241.63
	初级工	工时	29.9	4.64	138.74
②	材料费				33.81

续表

编号	名称及规格	单位	数量	单价/元	合价/元
	零星材料费	%	5	676.23	33.81
③	机械使用费				295.86
	机动翻斗车，1t	台时	19.35	15.29	295.86
(2)	材料补差				72.87
	柴油	kg	1.5×19.35	2.51	72.87

表 5－51　　　　建筑工程单价表

单价编号	03	项目名称	混凝土闸底板浇筑		
定额编号	YB4023			定额单位	$100m^3$
施工方法	$0.8m^3$ 搅拌机拌制混凝土，机动翻斗车运 100m，振捣器振捣				
编号	名称及规格	单位	数量	单价/元	合价/元
(一)	直接费				24737.65
(1)	基本直接费				23649.76
①	人工费				3909.18
	工长	工时	19.6	9.27	181.69
	高级工	工时	26.1	8.57	223.68
	中级工	工时	346.2	6.62	2291.84
	初级工	工时	261.2	4.64	1211.97
②	材料费				16665.09
	水	m^3	120	0.8	96.00
	C15，水泥强度 32.5、3 级配、水灰比 0.65	m^3	103	160.06	16486.18
	其他材料费	%	0.5	16582.18	82.91
③	机械使用费				709.58
	振捣器，插入式 1.1kW	台时	40.05	2.2	88.11
	风（砂）水枪，$6m^3/min$	台时	21.32	28.18	600.80
	其他机械费	%	3	688.91	20.67
④	混凝土拌制	m^3	103	15.87	1634.61
⑤	混凝土运输	m^3	103	7.1	731.30
(2)	其他直接费	%	4.6	23649.76	1087.89
(二)	间接费	%	8.5	24737.65	2102.70
(三)	利润	%	7	26840.35	1878.82
(四)	材料补差				3173.69
	碎石	m^3	104.81	8	838.48
	普通水泥，32.5 级	t	22.77	70	1593.90
	粗砂	m^3	47.59	14	666.26
	柴油	kg	29.9	2.51	75.05
(五)	税金	%	9	31892.86	2870.36
	合计				34763.22

第六节 模板工程单价编制

模板工程是混凝土施工中的重要工序，它不仅影响混凝土工程外观质量，制约混凝土施工进度，而且对混凝土工程造价影响也很大。模板一般包括平面模板、曲面模板、异形模板、滑模、钢模台车等。模板工程定额适用于各种水工建筑物的现浇混凝土。

模板工程包括模板制作、运输、安装及拆除。模板定额计量单位为立模面面积，即混凝土与模板的接触面积。立模面面积的计量，一般应按满足建筑物体形及施工分缝要求所需的立模面计算。当缺乏实测资料时，可参考概（预）算定额附录“水利工程混凝土建筑物立模面系数参考表”，根据混凝土结构部位的工程量计算立模面面积。

一、模板定额的工作内容

（一）模板制作的主要工作内容

模板制作主要包括：木模板制作，木桁（排）架制作，木立柱、围令制作，钢架制作，预埋铁件制作等，以及模板的运输。各工作包含的内容如下：

（1）木模板制作：板条锯断、刨光、裁口，骨架（或圆弧板带）锯断、刨光，板条骨架拼钉，板面刨光、修整。

（2）木桁（排）架制作：枋木锯断、凿榫、打孔，砍刨拼装，上螺栓、夹板。

（3）木立柱、围令制作：枋木锯断、刨平、打孔。

（4）钢架制作：型材下料、切断、打孔、组装、焊接。

（5）预埋铁件制作：拉筋切断、弯曲、套扣，型材下料、切割、组装、焊接。

（6）模板运输：包括模板、立柱、围令及桁（排）架等，自工地加工厂或存放场运输至安装工作面。

（二）模板安装、拆除工作内容

定额的主要工作内容有模板（包括模板、排架、钢架、预埋件等）的安装、拆除、除灰、刷脱模剂、维修、倒仓、拉筋割断等。

二、模板工程单价编制

1. 模板制作单价

按混凝土结构部位的不同，可选择不同类型的模板制作定额，编制模板制作单价。如悬臂组合钢模板、普通标准钢模板、普通平面木模板、蜗壳模板、滑升式模板等。在编制模板制作单价时，要注意各节定额的适用范围和工作内容，特别是各节定额下面的“注”，应仔细阅读，以便对定额作出正确的调整。

模板属周转性材料，其费用应进行摊销。模板制作定额的人工、材料、机械用量是考虑多次周转和回收后使用一次的摊销量，也就是说，按模板制作定额计算的模板制作单价是模板使用一次的摊销价格。

2. 模板安装、拆除单价

(1) 模板安装、拆除概算单价。《概算定额》模板安装各节子目中将“模板”作为材料列出，定额中“模板”的预算价格可按制作定额计算（取基本直接费）。如果采用外购模板，材料定额中“模板”的预算价格可按下式计算：

$$\text{模板预算价格}=\frac{\text{外购模板预算价格}-\text{残值}}{\text{周转次数}}\times\text{综合系数}$$

公式中残值为10%，周转次数为50次，综合系数为1.15（含露明系数及维修损耗系数）。

将模板材料的价格代入相应的模板安装、拆除定额，可计算模板工程单价。

(2) 模板安装、拆除预算单价。《预算定额》模板安装、拆除与制作一般在同一节定额相邻子目中编列，模板安装、拆除预算单价与制作预算单价的编制方法相同。

编制模板工程预算单价时，将制作单价和安装、拆除单价叠加即可。如采用外购模板，可按《概算定额》外购模板预算价格计算公式计算模板制作单价。

三、编制模板工程单价应注意的问题

(1) 定额中模板材料均按预算消耗量计算，包括了制作、安装、拆除、维修的损耗和消耗，并考虑了周转和回收。

(2)《概算定额》隧洞衬砌模板及涵洞模板定额中的堵头和键槽模板已按一定比例摊入定额中，不再计算立模面面积。《预算定额》需计算堵头和键槽模板立模面面积，并单独编制其单价。

(3) 模板定额中的“铁件”和“预制混凝土柱”均按成品预算价格计算。《概算定额》铁件包括铁钉、铁丝及预埋铁件，《预算定额》中铁件和预埋铁件分列。

(4) 模板定额中的材料，除模板本身外，还包括支撑模板的立柱、围令、桁（排）架及铁件等。对于悬空建筑物（如渡槽槽身）的模板，计算到支撑模板结构的承重梁（或枋木）为止，承重梁以下的支撑结构未包括在本定额内，需另行计算。

(5) 滑模台车、针梁模板台车和钢模台车的行走机构、构架、模板及其支撑型钢，为拉滑模板或台车行走及支立模板所配备的电动机、卷扬机、千斤顶等动力设备，均作为整体设备以工作台时计入定额。

(6) 滑模台车定额中的材料包括滑模台车轨道及安装轨道所用的埋件、支架和铁件。针梁模板台车和钢模台车轨道及安装轨道所用的埋件等应计入其他施工临时工程。

(7) 坝体廊道模板，均采用一次性（一般为建筑物结构的一部分）预制混凝土模板。混凝土模板制作及安装，可按混凝土工程定额中的混凝土预制及安装相应子目编制。若混凝土工程定额中没有相应的子目，采用编制补充定额的方法计算。

(8)《概算定额》其他材料费的计算基数不包括模板本身的费用。

四、模板工程单价编制案例

【例5-9】 编制河南某引水闸底板模板工程预算单价。水闸基础为土基。

已知：

(1) 材料预算价格见表 5-52。

表 5-52　　材料预算价格表

序号	名称及规格	单位	预算价格/元	序号	名称及规格	单位	预算价格/元
1	型钢	kg	4.60	5	组合钢模板	kg	6.00
2	卡扣件	kg	6.30	6	预制混凝土柱	m^3	480
3	铁件及预埋铁件	kg	6.50	7	汽油	kg	5.65
4	电焊条	kg	5.00				

(2) 施工机械台时费见表 5-53。

表 5-53　　施工机械台时费

序号	名称及规格	台时费基价/(元/台时)	备　注
1	载重汽车 5t	47.59	汽油 7.2kg/台时
2	电焊机 25kVA	15.16	
3	钢筋切断机 20kW	28.70	
4	汽车起重机 5t	58.54	汽油 5.8kg/台时

(3) 相关费率取值：其他直接费中计冬季施工增加费；临时设施费率、安全生产措施费率、间接费费率等其余费率均取小值。

解：确定人工预算单价：查《编规》(2014)：河南为一般地区，一般地区的引水工程初级工人工预算单价为 4.64 元/台时，中级工人工预算单价为 6.62 元/工时，高级工为 8.57 元/工时，工长为 9.27 元/工时；

确定各种费率：该工程属引水工程，根据工程所在地区查《编规》(2014)、《水利工程营业税改征增值税计价依据调整办法》(办水总〔2016〕132 号)和《水利部办公厅关于调整水利工程计价依据增值税计算标准的通知》(办财务函〔2019〕448 号)可知：冬雨季施工增加费率取 1%，夜间施工增加费率取 0.3%，特殊地区施工增加费不计，临时设施费率 1.8%，安全生产措施费率 1.4%，其他费率取 0.6%，合计得其他直接费费率为 5.1%，间接费费率取 7%，利润率 7%，税率 9%。

查《预算定额》第五章第二节，根据定额适用范围可知普通标准钢模板可用于水闸底板。水闸建于土基上，无需对定额进行调整。水闸底板模板工程预算单价计算如下：

(1) 模板制作单价计算(表 5-54)：

表 5-54　　建筑工程单价表

单价编号	01	项目名称	普通标准钢模板制作		
定额编号	50003			定额单位	$100m^2$
施工方法	预埋铁件，模板制作				
编号	名称及规格	单位	数量	单价/元	合价/元
(一)	直接费				1019.82
(1)	基本直接费				970.33

续表

编号	名称及规格	单位	数量	单价/元	合价/元
①	人工费				75.55
	工长	工时	1.1	9.27	10.20
	高级工	工时	3.7	8.57	31.71
	中级工	工时	4.1	6.62	27.14
	初级工	工时	1.4	4.64	6.50
②	材料费				863.85
	组合钢模板	kg	79.57	6.00	477.42
	型钢	kg	42.97	4.60	197.66
	卡扣件	kg	25.33	6.30	159.58
	铁件	kg	1.5	6.50	9.75
	电焊条	kg	0.5	5.00	2.50
	其他材料费	%	2	846.91	16.94
③	机械使用费				30.93
	钢筋切断机，20kW	台时	0.06	28.70	1.72
	载重汽车，5t	台时	0.36	47.59	17.13
	电焊机，交流25kVA	台时	0.7	15.16	10.61
	其他机械费	%	5	29.46	1.47
(2)	其他直接费	%	5.1	970.33	44.63
(二)	间接费	%	7	1019.82	71.39
(三)	利润	%	7	1091.21	76.38
(四)	材料补差				6.67
	汽油	kg	2.59	2.575	6.67
(五)	税金	%	9	1174.26	105.68
	合计				1279.94

汽油用量：0.36×7.2=2.59（kg）

(2) 计算模板安装、拆除单价（表5-55）：

表5-55　　建筑工程单价表

单价编号	02	项目名称	模板安装、拆除		
定额编号	50004（补）		定额单位	100m²	
施工方法	模板安装、拆除、除灰、刷脱模剂，维修、倒仓，拉筋割断				
编号	名称及规格	单位	数量	单价/元	合价/元
(一)	直接费				2909.02
(1)	基本直接费				2767.86
①	人工费				1259.63
	工长	工时	14.2	9.27	131.63

续表

编号	名称及规格	单位	数量	单价/元	合价/元
	高级工	工时	48	8.57	411.36
	中级工	工时	81.2	6.62	537.54
	初级工	工时	38.6	4.64	179.10
②	材料费				953.92
	预埋铁件	kg	121.68	6.50	790.92
	混凝土柱	m^3	0.28	480	134.40
	电焊条	kg	1.98	5.00	9.90
	其他材料费	%	2	802.16	18.70
③	机械使用费				554.31
	汽车起重机，5t	台时	8.5	58.54	497.59
	电焊机，交流25kVA	台时	2	15.16	30.32
	其他机械费	%	5	527.91	26.40
(2)	其他直接费	%	5.1	2767.86	141.16
(二)	间接费	%	7	2909.02	203.63
(三)	利润	%	7	3112.65	217.89
(四)	材料补差				126.95
	汽油	kg	49.3	2.575	126.95
(五)	税金	%	9	3457.49	311.17
	合计				3768.66

汽油用量：8.5×5.8=49.3（kg）

（3）计算模板工程预算单价：

$$1279.94+3768.66=5048.60\ (元/100m^2)$$

第七节 基础处理工程单价编制

基础处理工程包括钻孔灌浆、混凝土防渗墙、灌注桩、锚杆支护、预应力锚索、喷混凝土等。

一、钻孔灌浆工程单价

钻孔灌浆按其作用可分为帷幕灌浆、固结灌浆、接触灌浆等。灌浆方式有一次灌浆法和分段灌浆法，后者又可分为自上而下法和自下而上法。灌浆的工艺流程一般为：施工准备、钻孔、冲洗、表面处理、压水试验、灌浆、封孔和质量检查。

影响灌浆工程单价的因素多而复杂，需根据施工条件和工艺流程正确选用定额，具体编制步骤如下：

（一）认真收集基本资料

（1）设计数据：包括灌浆孔深、排数、灌浆压力、钻灌比等。设计钻孔深度与灌浆深度之比，即钻灌比。例如廊道中灌浆，钻孔深度是指基岩面以下灌浆孔深和基岩面以上到廊道底面的混凝土厚度，而灌浆深度只从基岩面以下计算。

（2）地质资料：包括地层剖面情况、岩石级别和岩层单位吸水率等。定额系按岩石十六级分类法中Ⅴ～ⅩⅣ级拟定，大于ⅩⅣ级的岩石，可参照有关资料拟定定额。钻混凝土时，除定额注明外，一般按粗骨料的岩石级别计算。

（3）灌浆试验资料：如灌浆孔单位水泥耗量（干料耗用量）等。定额中的水泥和化学材料耗用量系概算（或预算）参考量，如有实测资料，可按实际耗用量调整。

（4）施工组织设计资料：包括灌浆方式、制浆方式（集中制浆或分散制浆）、钻孔方法（机钻或风钻）、施工条件（露天、洞内等）和水泥品种与强度等级等。

（二）选用定额

（1）定额计量单位。定额中帷幕、固结灌浆工程量，按设计灌浆长度（m）计算；回填、接缝灌浆工程量，按设计灌浆面积（m^2）计算。定额钻孔与灌浆分列，工程量分别以钻孔长度和灌浆长度或面积计算。

（2）定额内容：

《概算定额》已综合考虑了不同类型的钻孔，如基本孔、检查孔、先导孔和试验孔，同时，钻检查孔、压水试验等工作内容已按灌浆施工规范计入了定额，编制概算单价时，不需要再单独计算此项费用。

《预算定额》一般没有综合考虑上述内容，计算钻孔工作量时应分别列项计算检查孔、试验孔和先导孔的钻孔量。计算灌浆工程量时，除设计灌浆总长度外，应考虑检查孔补灌浆长度。此外，检查孔压水试验工程量，应单独列项编制其单价。

钻孔、灌浆各节定额子目下面的“注”较多，选用定额时应认真阅读，以免发生错误。还应指出，有些工程只需计算钻孔工作量，如排水孔和观测孔等；有些工程只需计算灌浆工作量，如回填灌浆、接缝灌浆等；有些工程则需分别计算钻孔和灌浆工作量，根据钻灌比编制钻孔灌浆综合单价，如帷幕灌浆和固结灌浆等。

（三）使用定额注意事项

（1）钻机钻孔时，当终孔孔径大于91mm或孔深超过70m，改用300型钻机。

（2）在廊道或隧洞内施工时，人工、机械定额乘以表5-56所列系数。

表5-56　人工、机械数量调整系数表

廊道或隧洞高度/m	0～2.0	2.0～3.5	3.5～5.0	＞5.0
系数	1.19	1.10	1.07	1.05

（3）采用地质钻钻不同角度的灌浆孔或观测孔、试验孔时，人工、机械、合金片、钻头和岩芯管定额乘以表5-57所列系数。

表5-57　人工、机械等调整系数表

钻孔与水平夹角	0°～60°	60°～75°	75°～85°	85°～90°
系数	1.19	1.05	1.02	1.00

(4) 在有架子的平台上钻孔，平台到地面孔口高差超过2.0m，钻机和人工定额乘以1.05系数。

(5) 灌浆定额中水泥强度等级的选择应符合设计要求，设计未明确的，可按以下标准选择：回填灌浆32.5、帷幕与固结灌浆32.5、接缝灌浆42.5、劈裂灌浆32.5、高喷灌浆32.5。

(6) 定额中灌浆压力划分标准为：高压大于3MPa，中压1.5～3.0MPa，低压小于1.5MPa。

二、混凝土防渗墙单价

混凝土防渗墙分为造孔定额和水下浇筑混凝土定额，造孔按地层（分为十一类）划分子目，混凝土浇筑按墙厚（或浇筑量）划分子目。使用定额时需注意：

(1)《概算定额》造孔和混凝土浇筑均以防渗墙阻水面积（m^2）作为定额的计量单位。《预算定额》冲击钻造孔计量单位为折算米，液压开槽机成槽和射水成槽计量单位为阻水面积（m^2），混凝土浇筑以浇筑量（m^3）为单位。折算米计算方法如下：

$$折算米=\frac{LH}{d}$$

式中 L——槽长，m；

H——平均槽深，m；

d——槽底厚度，m。

(2)《预算定额》混凝土防渗墙墙体连接如采用钻凿法，需增加钻凿混凝土的工程量，其计算方法如下：

$$钻凿混凝土量=(n-1)H(\text{m})$$

式中 n——墙段个数；

H——平均墙深，m。

《概算定额》增加钻凿混凝土工程量所需的人工、材料和机械消耗已包含在定额中。

(3)《预算定额》浇筑混凝土工程量中未包括施工附加量及超填量，计算施工附加量时应考虑接头和墙顶增加量，计算超填量时应考虑扩孔的增加量。具体计算方法可参考混凝土防渗墙浇筑定额下面的“注”。《概算定额》浇筑混凝土工程量中已包含了上述内容。

三、桩基础工程单价

桩基工程包括振冲桩、灌注桩等。使用定额时应注意：

(1) 振冲桩按地层不同划分子目，以桩深（m）为计量单位。

(2) 灌注桩《预算定额》一般按造孔和灌注划分，造孔按地层划分子目，以桩长（m）计量。灌注混凝土以造孔方式划分子目，以灌注量（m^3）计量。《概算定额》以桩径大小、地层情况划分子目，综合了造孔和浇筑混凝土整个施工过程。

四、基础处理工程单价编制案例

【例5-10】 编制河南某枢纽工程坝基帷幕灌浆预算单价。

已知：(1) 在3m高廊道内灌浆，灌浆排数二排，钻灌比1.2，灌浆方式为自下而上，平均孔深45m，岩层平均透水率9Lu，实测水泥耗量为8t/100m；岩层为特坚石灰岩，坚固系数$f=15$。

（2）材料预算价格见表5-58。

表5-58　材料预算价格

序号	名称及规格	单位	预算价格/元	序号	名称及规格	单位	预算价格/元
1	金刚石钻头	个	800	5	水	m^3	0.80
2	钻杆	m	60	6	岩芯管	m	60
3	钻杆接头	个	30	7	水泥	t	325
4	扩孔器	个	400				

（3）施工机械台时费见表5-59。

表5-59　施工机械台时费

序号	名称及规格	台时费基价/(元/台时)	备　注
1	地质钻机150型	50.10	
2	胶轮车	0.82	
3	灰浆搅拌机	20.90	
4	灌浆泵中压泥浆	43.61	

（3）相关费率取值：其他直接费中计冬季施工增加费。

解： 确定人工预算单价：查《编规》(2014)：河南为一般地区，一般地区的枢纽工程初级工人工预算单价为6.13元/台时，中级工人工预算单价为8.90元/工时，高级工为10.67元/工时，工长为11.55元/工时；

确定各种费率：该工程属枢纽工程，根据工程所在地区查《编规》（2014）、《水利工程营业税改征增值税计价依据调整办法》（办水总〔2016〕132号）和《水利部办公厅关于调整水利工程计价依据增值税计算标准的通知》（办财务函〔2019〕448号）可知：冬雨季施工增加费率取1%，夜间施工增加费率取0.5%，特殊地区施工增加费不计，临时设施费率3%，安全生产措施费率2%，其他费率取1%，合计得其他直接费费率为7.5%，间接费费率取10.5%，利润率7%，税率9%。

（1）计算坝基帷幕钻孔单价：

根据基本资料确定岩石等级为Ⅻ级，在廊道内钻孔和灌浆，人工、机械定额乘以1.10系数。钻孔单价计算成果见表5-60。

表5　60　建筑工程单价表

单价编号	01		项目名称	坝基帷幕钻孔	
定额编号	70003调		定额单位	100m	
施工方法	150型地质钻机钻孔、孔位转移				
编号	名称及规格	单位	数量	单价/元	合价/元
(一)	直接费				20877.87
(1)	基本直接费				19421.27

续表

编号	名称及规格	单位	数量	单价/元	合价/元
①	人工费				4671.04
	工长	工时	27×1.10	11.55	343.04
	高级工	工时	54×1.10	10.67	633.80
	中级工	工时	190×1.10	8.90	1860.10
	初级工	工时	272×1.10	6.13	1834.10
②	材料费				5781.08
	金刚石钻头	个	3.6	800	2880.00
	扩孔器	个	2.5	400	1000.00
	岩芯管	m	4.5	60	270.00
	钻杆	m	3.9	60	234.00
	钻杆接头	个	4.4	30	132.00
	水	m^3	750	0.8	600.00
	其他材料费	%	13	5116	665.08
③	机械使用费				8969.15
	地质钻机，150型	台时	155×1.10	50.10	8542.05
	其他机械费	%	5	8542.05	427.10
(2)	其他直接费	%	7.5	19421.27	1456.60
(二)	间接费	%	10.5	20877.87	2192.18
(三)	利润	%	7	23070.05	1614.90
(四)	税金	%	9	24684.95	2221.65
	合计				26906.60

(2) 计算坝基帷幕灌浆单价：

由于在廊道内钻孔和灌浆，人工、机械定额乘以1.10系数；且灌浆排数为两排，需对定额人工、灌浆泵、胶轮车、水等定额进行调整，题目中已给出实测水泥耗量为8t/100m则水泥定额无需进行调整，人工、灌浆泵定额乘以0.97系数，胶轮车定额乘以0.75系数，水定额乘以0.96系数，计算结果见表5-61。

表5-61　　建筑工程单价表

单价编号	02		项目名称	坝基帷幕灌浆	
定额编号	70017调		定额单位	100m	
施工方法	洗孔、压水、制浆、封孔、孔位转移				
编号	名称及规格	单位	数量	单价/元	合价/元
(一)	直接费				29737.41
(1)	基本直接费				27662.71
①	人工费				9215.20
	工长	工时	57×1.10×0.97	11.55	702.47

续表

编号	名称及规格	单位	数量	单价/元	合价/元
	高级工	工时	91×1.10×0.97	10.67	1036.06
	中级工	工时	341×1.10×0.97	8.90	3238.27
	初级工	工时	648×1.10×0.97	6.13	4238.40
②	材料费				2782.51
	水	m^3	550×0.96	0.8	422.40
	水泥	t	8	255	2040.00
	其他材料费	%	13	2462.4	320.11
③	机械使用费				15665.00
	灌浆泵，中低压泥浆	台时	206.7×1.10×0.97	43.61	9618.19
	灰浆搅拌机	台时	206.7×1.10×0.97	20.90	4609.50
	地质钻机，150 型	台时	12×1.10	50.10	661.32
	胶轮车	台时	44.4×1.10×0.75	0.82	30.04
	其他机械费	%	5	14919.05	745.95
(2)	其他直接费	%	7.5	27662.71	2074.70
(二)	间接费	%	10.5	29737.41	3122.43
(三)	利润	%	7	32859.84	2300.19
(四)	材料补差				560.00
	水泥	t	8	70.00	560.00
(五)	税金	%	9	35720.03	3214.80
	合计				38934.83

(3) 计算坝基帷幕灌浆工程单价。考虑钻灌比的影响，本工程帷幕灌浆预算单价为：

$$26906.60\times1.2+38934.83=71222.75(元/100m)$$

第八节　疏浚工程单价编制

疏浚工程主要是指对河、湖、渠、沿海实施疏浚及吹填。常用方法有绞吸、链斗、抓斗及铲斗式挖泥船开挖，吹泥船开挖，水力冲挖等。

一、疏浚工程单价

(一) 定额内容

1. 一般规定

(1) 土、砂分类。水下开挖工程量一般均按水下自然方计算。绞吸、链斗、抓斗、铲斗式挖泥船、吹泥船开挖水下方的泥土及粉细沙分为Ⅰ～Ⅶ类，中、粗砂分为松散、中密、紧密 3 类。水力冲挖土划分为Ⅰ～Ⅳ类。

(2) 工况级别的确定。挖泥船、吹泥船定额均按一级工况制定。当在开挖区、排

（运、卸）泥（砂）区整个作业范围内，受有超限风浪、雨雾、潮汐、水位、流速及行船避让、木排流放、冰凌以及水下芦苇、树根、障碍物等自然条件和客观原因，而直接影响正常施工生产和增加施工难度的时间，应根据当地水文、气象、工程地质资料，通航河道的通航要求，所选船舶的适应能力等进行统计分析，以确定该影响及增加施工难度的时间，按其占总工期历时的比例，确定工况级别，并按表 5-62 所列系数调整相应定额。

表 5-62 工况系数表

工况级别	绞吸式挖泥船		链斗、抓斗、铲斗式挖泥船，吹泥船	
	平均每班客观影响时间/h	工况系数	平均每班客观影响时间/h	工况系数
一	≤1.0	1.00	≤1.3	1.00
二	≤1.5	1.10	≤1.8	1.12
三	≤2.1	1.21	≤2.4	1.27
四	≤2.6	1.34	≤2.9	1.44
五	≤3.0	1.50	≤3.4	1.64

（3）各类型挖泥船（或吹泥船）定额使用中，如大于（或小于）基本排高和超过基本挖深时，人工及机械（含排泥管）定额调整按下式计算（定额表中的“其他机械费”费率不变）：

大于基本排高，调整后的定额值：$A=$基本定额$\times(k_1)^n$

小于基本排高，调整后的定额值：$B=$基本定额$\div(k_1)^n$

超过基本挖深，调整后的定额增加值：$C=$基本定额$\times(n\times k_2)$

调整后定额综合值： $D=A+C$ 或 $D=B+C$

式中 k_1——各定额标注中，每增加（减）1m 的超排高系数；

k_2——各定额标注中，每超过基本挖深 1m 的定额增加系数；

n——大于（或小于）定额基本排高或超过定额基本挖深的数值，m。

（4）链斗、抓斗、铲斗式挖泥船，其拖轮、泥驳运卸泥（砂）的运距，指自开挖区中心至卸泥（砂）区中心的航程，其中心均按泥（砂）方量的分布状况计算确定。当运距超过 10km 时，超过部分按增运 1km 的拖轮、泥驳台时定额乘 0.90 系数。

绞吸式挖泥船、链斗式挖泥船及吹泥船均按名义生产率划分船型；抓斗、铲斗式挖泥船按斗容划分船型。

挖泥船定额的人工指从事辅助工作的用工，不包括陆上排泥管线的安装、拆除、排泥场围堰填筑和维修用工。

2. 绞吸式挖泥船

（1）排泥管。包括水上浮筒管（含浮筒一组、钢管及胶套管各一根，简称浮筒管）及陆上排泥管（简称岸管），分别按管径、组长或根长划分。

（2）人工。是指从事辅助工作的用工，如对排泥管线的巡视、检修、维护等。当挖泥船定额需要调整时，人工定额亦作相应的调整。

（3）排泥管线长度。指自挖泥（砂）区中心至排泥（砂）区中心，浮筒管、潜管、岸管各管线长度之和。概算定额浮筒管已考虑受水流影响，与挖泥船、岸管连接的弯曲长度。排泥管线长度中的浮筒管组时、岸管根时的数量，已计入分项定额内。预算定额未列出排泥管组（根）时数量，浮筒管因受水流影响，与挖泥船、岸管连接而弯曲的需要，按浮筒管中心长度乘以1.4的系数。岸管如受地形、地物影响，可据实计算其长度。如所需排泥管线长度介于两定额子目之间时，按“插入法”计算。

预算定额中各种排泥管线的组（根）时定额，按下式计算后列入定额表中：

$$排泥管组(根)时定额=\frac{排泥管线长}{每(组)根长}\times挖泥船艘时定额$$

使用潜管时，应根据设计长度、所需管径及构成，按前式计算方法列入定额表中。

计算的排泥管组（根）数，均按四舍五入方法取整数。

（4）定额均按非潜管制定，如使用潜管时，按该定额子目的人工、挖泥船及配套船舶定额乘以1.04的系数。但所用潜管的潜、浮所需的动力装置及充水、充气、控制设备等，应根据管径、长度等另行计列。

（5）预算定额中，如设计总开挖泥（砂）层厚度或分层开挖底层部分的开挖层厚，大于或等于绞刀直径的0.5倍，而小于绞刀直径的0.9倍时，按表5-50所列系数调整挖泥船、配套船舶及人工定额；如设计总开挖泥（砂）层厚度小于绞刀直径的0.5倍时，则不执行本定额，开挖厚度与绞刀直径影响系数见表5-63。

表5-63　　开挖厚度与绞刀直径影响系数表

开挖层厚/m 绞刀直径/m	≥0.9	0.9～0.8	0.8～0.7	0.7～0.6	0.6～0.5
系数	1.00	1.06	1.12	1.19	1.26

注　绞吸式挖泥船主要性能可参考预算定额附录10。

3. 链斗式挖泥船

（1）定额中的泥驳均为开底泥驳，若为吹填工程或陆上排卸时，则改为满底泥驳。

（2）若开挖泥（砂）层厚度（包括计算超深值）小于斗高、而大于或等于斗高1/2时，按开挖定额中人工工时及船舶艘时定额乘以1.25系数计算。若开挖层厚度小于斗高的1/2时，不执行本定额。

（3）各型链斗式挖泥船的斗高参考表5-64。

表5-64　　船型与斗高关系表

船型/(m^3/h)	40	60	100	120	150	180	350	500
斗高/m	0.45	0.45	0.80	0.70	0.67	0.69	1.23	1.40

4. 抓斗式、铲斗式挖泥船

（1）定额中的泥驳均为开底泥驳，若为吹填工程或陆上排卸时，应该为满底泥驳。

（2）抓斗式、铲斗式挖泥船疏浚，不宜开挖流动淤泥。

5. 吹泥船

（1）本定额适用于配合链斗、抓斗、铲斗式挖泥船相应能力的陆上吹填工程。

（2）排泥管线长度中的浮筒管组时、岸管根时数量，已计入分项定额内。

6. 水利冲挖机组

（1）定额适用于基本排高5m，每增（减）1m，排泥管线长度相应增（减）25m。

（2）排泥管线长度为计算铺设长度，如计算排泥管线长度介于定额两子母之间时，用“插入法”计算。

（3）施工水源与作业面的距离为50～100m。

（4）冲挖盐碱土方，如盐碱程度较重时，泥浆泵及排泥管台（米）时费用定额中的第一类费用可增加20%。

（二）定额的调整

1. 排高系数

排高指挖泥船泥泵中心点至排泥管出口中心的高差（m）。以基本排高的米数为基础，每增（减）1m，定额乘（除）以规定的系数。

例如：某定额子目的基本排高为5m。若实际排高为4.5m或5.5m左右，定额不作调整；若工程实际排高为4m或6m时，定额再按规定进行调整。

2. 挖深系数

挖深指开挖土层的厚度和平均水深之和（m）（平均水深按水面至开挖土层顶部的平均高差计）。当工程实际挖深超过定额的基本挖深时，定额应作调整。实际挖深在基本挖深范围内，定额不作调整。

为便于计算，挖深按整数米控制，不足1m者不作调整；每超过1m，定额增加表中规定的系数；小于基本挖深不调整。

例如：某定额子目的基本挖深为6m。若工程实际挖深为6.5m左右，定额不作调整。若工程实际挖深为7m时，定额再按规定进行调整。

3. 定额调整举例

某河道疏浚工程，根据地质资料全部为Ⅲ类土，无通航要求，据水文、气象等资料统计分析，平均每班客观影响时间小于1.0h，属一级工况。开挖区中心至排放区中心，计算排泥管长度为0.78km，其中需水上浮筒长0.3km，陆地上地形平坦，无地物影响，岸管长度为0.48km。含允许开挖超深值总开挖泥层厚度2.7m，排高8m，选用$350m^3/h$绞吸式挖泥船开挖。定额计算如下：

（1）排泥管线总长度：0.3×1.4＋0.48＝0.9(km)，查编号为［80286］预算定额，得挖泥船基本定额为26.73艘时/万m^3。

（2）超排高：8－6＝2m；定额增加系数：$(1.015)^2=1.03$。

（3）超挖深：8－6＝2m；定额增加系数：2×0.03＝0.06。

（4）泥层厚度影响系数，总开挖层厚度2.7m，分两层开挖即2.7÷2÷1.45＝0.93，因大于0.9，不考虑增加系数。式中1.45为绞刀直径，由预算定额附录10查得。

（5）定额综合调整系数：1.03＋0.06＝1.09。

对无超排高，仅有超挖深时，定额综合调整系数＝1＋超挖深定额增加系数。如本例无超排高仅有超挖挖深2m时，定额综合调整系数：1＋2×0.03＝1.06。

（6）$350m^3/h$绞吸式挖泥船定额：26.73×1.09＝29.14（艘时/万m^3）。

（7）托轮、锚艇、机艇及人工定额，均按综合调整系数进行相应调整。

（8）浮筒管组时定额：300m×1.4÷7.5（m/组）×29.14＝56×29.14＝1631.84（组

时/万 m^3)。

(9) 岸管根时定额：480m÷6 (m/根)×29.14=80×29.14=2331.2 (根时/万 m^3)。

(三) 疏浚工程单价编制应注意的问题

(1) 开工展布与收工集合按一个工程一次。

(2) 排泥管线工程量计算。排泥管安拆工程量=排泥管长度×安拆次数；安拆次数=总挖方量÷每组挖泥量

(3) 定额中挖泥船与排泥管定额数量之间的关系。浮筒管定额组时/挖泥船定额艘时=浮筒管组数；浮筒管组数×单管长度=排泥管水中长度。岸管定额根时数/挖泥船定额艘时=岸管根数；岸管根数×单根长度=排泥管陆上长度。

例如表 5-65 编号为 [80042] 的概算定额中：

浮筒管组数：　　3398/106.2=32(组)

排泥管水中长度：　　32×5=160(m)

岸管根数：　　11682/106.2=110(根)

排泥管陆上长度：　　110×4=440(m)

则：160+440=600(m)，即 0.6km 为定额排泥管长度。

表 5-65　疏浚工程概算定额表

80m³/h 绞吸式挖泥船　10000m³						
项目名称	单位	Ⅰ类土				
		排泥管线长度/km				
		≤0.3	0.4	0.5	0.6	0.7
挖泥船 80m³/h	艘时	91.53	96.11	100.68	106.20	111.65
浮筒管，ϕ300×5000mm	组时	2928	3076	3222	3398	3573
岸管，ϕ300×4000mm	根时	3203	5767	8558	11682	15073
锚艇，88kW	艘时	18.31	19.23	20.14	21.24	22.33
机艇，88kW	艘时	30.20	31.71	33.23	35.05	36.84
其他机械费	%	5.00	5.00	5.00	5.00	5.00
编　号		80039	80040	80041	80042	80043

二、疏浚工程单价编制案例

【例 5-11】 河南某河道清淤工程位于县城镇以外，设计清淤量 48 万 m^3 (Ⅲ类土)，工况级别Ⅰ级，拟采用 400m^3/h 绞吸式挖泥船挖泥。其自挖泥区中心至排泥区中心平均距离 1200m，排高 8m，挖深 8m。每清淤 8 万 m^3 安拆一次排泥管，排泥管安拆运距为 50m 内。

已知：(1) 施工机械台时费见表 5-66。

(2) 相关费率取值：其他直接费中不计冬季施工增加费，临时设施费、间接费均取上限。

表 5-66 施工机械台时费

序号	名称及规格	台时费基价（元/台时）	备注
1	挖泥船，$400m^3/h$	1063.56	柴油 22 0kg/台时
2	浮筒管，ϕ560×7500mm	1.39	
3	岸管，ϕ560×6000mm	0.53	
4	拖轮，294kW	308.50	柴油 36kg/台时
5	机艇，88kw	110.86	柴油 16kg/台时
6	锚艇，118kW	131.71	柴油 18.5kg/台时

试计算：

（1）计算 $400m^3/h$ 绞吸式挖泥船挖泥概算单价。

（2）清淤工程概算投资。

解：确定人工预算单价：查《编规》(2014)：河南为一般地区，一般地区的河道工程初级工人工预算单价为 4.26 元/台时，中级工人工预算单价为 6.16 元/工时，高级工为 7.40 元/工时，工长为 8.02 元/工时；

确定各种费率：该工程属河道工程，根据工程所在地区查《编规》(2014)、《水利工程营业税改征增值税计价依据调整办法》(办水总〔2016〕132 号）和《水利部办公厅关于调整水利工程计价依据增值税计算标准的通知》(办财务函〔2019〕448 号）可知：冬雨季施工增加费率取 0.5%，夜间施工增加费率取 0.3%，特殊地区施工增加费不计，临时设施费率 1.7%，安全生产措施费率 1.2%，其他费率取 0.5%，合计得其他直接费费率为 4.2%，间接费费率取 7.25%，利润率 7%，税率 9%。

（1）计算 $400m^3/h$ 绞吸式挖泥船挖泥概算单价：

1）调整系数计算。工况级别Ⅰ级，定额不需调整。排高 8m，比定额增加 2m，定额调整系数为 1.0152=1.03；挖深 8m，比定额基本挖深 6m 增 2m，定额增加系数为 0.03×2=0.06；则定额综合调整系数为 1.0152+0.03×2=1.03+0.06=1.09。

2）编制 $400m^3/h$ 绞吸式挖泥船挖泥概算单价。根据排距 1200m，选用定额介于[80356]、[80357] 之间，定额需按内插法套用，选用结果见表 5-67。各项费率选取按河道工程，参照《编规》，选用结果见表 5-67。挖泥船挖泥的概算单价为 86006.31 元/万 m^3。

表 5-67 建筑工程单价表

单价编号	01		项目名称	挖泥船挖泥	
定额编号	80356，80357		定额单位	$10000m^3$	
施工方法	$400m^3/h$ 绞吸式挖泥船，运距 1.2km				
编号	名称及规格	单位	数量	单价/元	合价/元
（一）	直接费				50701.54
（1）	基本直接费				48657.91
①	人工费				407.63
	中级工	工时	29.8×1.09	6.16	200.08

续表

编号	名称及规格	单位	数量	单价/元	合价/元
	初级工	工时	44.7×1.09	4.26	207.55
②	机械使用费				48250.28
	挖泥船，$400m^3/h$	艘时	31.7×1.09	1063.56	36746.00
	浮筒管，ϕ560×7500mm	艘时	845×1.09	1.39	1280.26
	岸管，ϕ560×6000mm	艘时	5325×1.09	0.53	3076.25
	拖轮，294kW	艘时	7.92×1.09	308.5	2662.36
	机艇，88kW	艘时	10.46×1.09	110.86	1263.80
	锚艇，118kW	艘时	9.51×1.09	131.71	1365.83
	其他机械费	%	4	46394.50	1855.78
(2)	其他直接费	%	4.2	48657.91	2043.63
(二)	间接费	%	7.25	50701.54	3675.86
(三)	利润	%	7	54377.40	3806.42
(四)	材料补差				20799.47
	柴油	kg	8286.64	2.51	20799.47
(五)	税金	%	9	78983.29	7108.50
	合计				86091.79

注　柴油用量计算：220×31.70+36×7.92+16×10.46+18.5×9.51 =7602.42（kg），7602.42×1.09=8286.64（kg）。

（2）清淤工程概算投资：

1）计算排泥管安装拆除单价。根据岸管直径乘单管长度为560×6000（mm×mm），选用定额［81579］。计算见表5-68，计算的排泥管安装拆除单价为1723.92元/100m。

表5-68　　　　建筑工程单价表

单价编号	02		项目名称	安装及拆卸排泥管	
定额编号	81579		定额单位	100m管长	
施工方法	人工安装及拆除挖泥船的陆上排泥管				
编号	名称及规格	单位	数量	单价/元	合价/元
(一)	直接费				1378.19
(1)	基本直接费				1322.64
①	人工费				1291.64
	中级工	工时	14.8	6.16	91.17
	初级工	工时	281.8	4.26	1200.47
②	材料费				31.00
	零星材料费	%	2.4	1291.64	31.00
(2)	其他直接费	%	4.2	1322.64	55.55
(二)	间接费	%	7.25	1378.19	99.92
(三)	利润	%	7	1478.11	103.47
(四)	税金	%	9	1581.58	142.34
	合计				1723.92

2）计算绞吸式挖泥船开工展布单价。选用定额［81582］计算，见表5-69，其单价为78523.64元/次。

表5-69　　建筑工程单价表

单价编号	03		项目名称	绞吸式挖泥船开工展布	
定额编号	81582		定额单位	次	
施工方法	展布绞吸式挖泥船 $400m^3/h$				
编号	名称及规格	单位	数量	单价/元	合价/元
（一）	直接费				45042.80
（1）	基本直接费				43227.26
	机械使用费				43227.26
	挖泥船，$400m^3/h$	艘时	29.6	1063.56	31481.38
	拖轮，294kW	艘时	14.8	308.5	4565.80
	机艇，88kW	艘时	29.6	110.86	3281.46
	锚艇，118kW	艘时	29.6	131.71	3898.62
（2）	其他直接费	%	4.2	43227.26	1815.54
（二）	间接费	%	7.25	45042.80	3265.60
（三）	利润	%	7	48308.40	3381.59
（四）	材料补差				20245.66
	柴油	kg	8066	2.51	20245.66
（五）	税金	%	9	1063.56	6474.21
	合计				78409.86

注　柴油用量计算：220×29.6+36×14.8+16×29.6+18.5×29.6=8066（kg）。

3）计算绞吸式挖泥船收工集合单价。选用定额［81583］，计算见表5-70，其单价为42955.91元/次。

表5-70　　建筑工程单价表

单价编号	04		项目名称	绞吸式挖泥船收工集合	
定额编号	81583		定额单位	次	
施工方法	收工集合绞吸式挖泥船 $400m^3/h$				
编号	名称及规格	单位	数量	单价/元	合价/元
（一）	直接费				24900.18
（1）	基本直接费				23896.53
	机械使用费				23896.53
	挖泥船，$400m^3/h$	艘时	14.8	1063.56	15740.69
	拖轮，294kW	艘时	14.8	308.5	4565.80
	机艇，88kW	艘时	14.8	110.86	1640.73
	锚艇，118kW	艘时	14.8	131.71	1949.31

续表

编号	名称及规格	单位	数量	单价/元	合价/元
(2)	其他直接费	%	4.2	23896.53	1003.65
(二)	间接费	%	7.25	24900.18	1805.26
(三)	利润	%	7	26705.44	1869.38
(四)	材料补差				10791.49
	柴油	kg	4299.4	2.51	10791.49
(五)	税金	%	9	39366.31	3542.97
	合计				42909.28

注　柴油用量计算：220×14.8+36×14.8+18.5×14.8+16×14.8=4299.4（kg）。

4）计算清淤工程概算。根据已知条件设计清淤量 48 万 m^3（Ⅲ类土），每清淤 8 万 m^3 安拆一次排泥管，则安拆次数为 48/8=6（次）。

排泥管岸上长度：5325÷31.70×6=1008(m)

清淤工程概算：48×86091.79+1008×6÷100×1723.92+78409.86+42909.28=4357987.74（元）

第九节　设备安装工程单价编制

安装工程包括机电设备安装和金属结构设备安装。前者主要指水轮机组、起重设备、辅助设备、主变压器、高压设备和电器设备等；后者主要指闸门、启闭机、压力钢管等。安装工程费包括设备安装费和构成工程实体的装置性材料费与装置性材料安装费。

一、安装工程定额

（一）定额的内容

《安装工程概算定额》包括“水轮机安装、水轮发电机安装、大型水泵安装、进水阀安装、水力机械辅助设备安装、电气设备安装、变电站设备安装、通信设备安装、起重设备安装、闸门安装、压力钢管制作及安装”共十一章以及附录。《安装工程预算定额》章节划分较细，并将“调速系统安装”和“电器调整”单列成两章，另外，增列“设备工地运输”一章，共十四章及附录。

（二）定额的表现形式

（1）实物量形式。以实物量形式表示的定额，给出了设备安装所需的人工工时、材料和机械使用台时量，此方法计算较准确，应用普遍。现行《安装工程预算定额》的全部和《安装工程概算定额》中的主要设备采用此形式表示。

（2）安装费率形式。安装费率是指安装费占设备原价的百分率。以安装费率形式表示的定额，给出了人工费、材料费、机械使用费和装置性材料费占设备原价的百分比。定额人工费安装费率以北京地区为基准给出，在编制安装工程单价时，需根据编制地区的不同进行调整。设备原价本身受市场价格的变化而浮动，因此，材料费和机械使用费费率不需调整（可认为与市场价格同步增长）。这种简化的计算方法对投资不大的辅助设备、试验设备等不失为一种节省计算工作量的好方法。如《安装工程概算定额》中水利机械辅助设备，电气设备中的发电电压设备、电气试验设备等，采用安装费率形式表示。

二、安装工程单价编制

安装工程单价由直接费、间接费、利润和税金组成。其编制方法有实物量法和安装费率法。

（一）实物量法

安装工程实物量形式定额与建筑工程定额相似，单价编制方法亦基本相同，只是单价的费用项目组成略有不同。安装工程中的材料可分为消耗性材料和装置性材料。消耗性材料是指在安装过程中被逐渐消耗的材料，如氧气、电石、焊条等。装置性材料是指按照设备与材料的划分规则，那些不属于设备但又和设备一样需要安装的材料及附件。例如轨道、管路、电缆、母线等；附件如轨道的垫板、螺栓，电缆的支架等。

在安装工程概（预）算定额的分章说明中，一般都将本章未计价装置性材料的名称列出。编制安装工程单价时，对于定额中未计价的装置性材料，应按设计确定的规格、数量和在本工程中的预算价格计算其费用（含规定损耗量增加的费用）。在初步设计阶段，如设计提不出具体的装置性材料的规格、数量，也可参照《安装工程概算定额》附录中有关资料计算。

（二）安装费率法

采用安装费率计算安装费单价时，定额人工费安装费率需要调整，调整方法是将定额人工费安装费率乘以本工程人工费安装费率调整系数。人工费安装费率调整系数计算如下：

$$\text{人工费安装费率调整系数}=\frac{\text{工程所在地中级工人工预算单价}}{\text{北京地区中级工人工预算单价}}$$

式中，人工预算单价是指工时预算单价，北京地区人工预算单价需根据定额主管部门发布的与工程同期的北京地区人工预算单价确定。

根据《营改增调整办法》（办水总〔2016〕132号）和《水利部办公厅关于调整水利工程计价依据增值税计算标准的通知》（办财务函〔2019〕448号），以费率形式表示的安装工程定额，其人工费费率不变，材料费费率除以1.03的调整系数，机械使用费费率除以1.10的调整系数，装置性材料费费率除以1.13的调整系数。

对进口设备的安装费率也需要调整，调整方法是将定额人工费、材料费、机械使用费、装置性材料费安装费率乘以进口设备安装费率调整系数。进口设备的安装费费率调整系数计算如下：

$$\text{进口设备安装费率调整系数}=\frac{\text{同类国产设备原价}}{\text{进口设备原价}}$$

（三）安装工程单价计算

安装工程单价费用组成及计算方法见表5-71。

表 5-71　　安装工程单价计算程序表

序号	项　目	计算方法	
		实物量法	安装费率法
(一)	直接费	(1)+(2)	(1)+(2)
(1)	基本直接费	①+②+③	①+②+③+④
①	人工费	Σ定额人工工时数×人工预算单价	设备原价×定额人工费安装费率×人工费调整系数
②	材料费	Σ定额材料用量×材料预算价格（或材料基价）	设备原价×定额材料费安装费率/1.03
③	机械使用费	Σ定额机械台时用量×机械台时费（或台时费基价）	设备原价×定额机械使用费安装费率/1.10
④	装置性材料费		设备原价×定额装置性材料费安装费率/1.13
(2)	其他直接费	(1)×其他直接费费率	
(二)	间接费	①×间接费费率	
(三)	利润	[(一)+(二)]×利润率	
(四)	材料补差	Σ定额材料用量×材料差价	
(五)	未计价装置性材料费	Σ未计价装置性材料用量×材料预算价格	
(六)	税金	[(一)+(二)+(三)+(四)+(五)]×税率	[(一)+(二)+(三)]×税率
	工程单价	(一)+(二)+(三)+(四)+(五)+(六)	(一)+(二)+(三)+(六)

(四) 编制安装工程单价需注意的问题

(1) 使用电站主厂房桥式起重机进行安装工作时，桥式起重机台时费不计基本折旧费和安装拆卸费。

(2) 计算装置性材料预算用量时，应按定额规定操作损耗率计入操作损耗量。

(3) 安装工程概（预）算定额除各章说明外，还包括以下工作内容：

1) 设备安装前后的开箱、检查、清扫、滤油、注油、刷漆和喷漆工作。

2) 安装现场内的设备运输。

3) 随设备成套供应的管路及部件的安装。

4) 设备的单体试运转、管和罐的水压试验、焊接及安装的质量检查。

5) 现场施工临时设施的搭拆及其材料、专用特殊工器具的摊销。

6) 施工准备及完工后的现场清理工作。

7) 竣工验收移交生产前对设备的维护、检修和调整。

(4) 设备与材料的划分：

1) 制造厂成套供货范围的部件、备品备件、设备体腔内定量填充物（透平油、变压器油、六氟化硫气体等）均作为设备。

2) 不论成套供货、现场加工或零星购置的贮气罐、阀门、盘用仪表、机组本体上的梯子、平台和栏杆等均作为设备，不能因供货来源不同而改变设备的性质。

3）管道和阀门如构成设备本体部件时，应作为设备，否则应作为材料。

4）随设备供应的保护罩、网门等，凡已计入相应设备出厂价格内的，应作为设备，否则应作为材料。

5）电缆和电缆头，电缆和管道用的支架、母线、金具、滑触线和架，屏盘的基础型钢、钢轨、石棉板、穿墙隔板、绝缘子，一般用保护网、罩、门、梯子、平台、栏杆和蓄电池木架等，均作为材料。

(5)《安装工程预算定额》单列“设备工地运输”一章，是指设备自工地设备库（或堆放场）至安装现场的运输。编制设备安装预算单价时，应计入“设备工地运输”单价。

(6) 使用安装工程定额时，除有规定外，对不同地区、施工企业、机械化程度和施工方法等因数，均不作调整。

安装工程定额与建筑工程定额有许多相似之处，这里不再赘述。如定额中数字适用范围的表示方式，定额中零星材料费、其他材料费、其他机械使用费的取费基础等。

三、安装工程单价编制案例

【例 5-12】 河南某枢纽工程平板焊接钢闸门（定轮式不带充水装置）自重 15t/扇，试编制每扇闸门预算安装单价。

已知：(1) 从闸门堆放场至安装现场运距 1km。

(2) 材料预算价格见表 5-72。

表 5-72　　材料预算价格

序号	名称及规格	单位	预算价格/元	序号	名称及规格	单位	预算价格/元
1	钢板（综合）	kg	4.50	6	电焊条	kg	7.10
2	汽油 70#	kg	5.65	7	棉纱头	kg	1.20
3	黄油	kg	4.50	8	油漆	kg	16.00
4	乙炔气	m^3	15.00	9	柴油	kg	5.50
5	氧气	m^3	3.00				

(3) 施工机械台时费见表 5-73。

表 5-73　　施工机械台时费

序号	名称及规格	台时费基价/(元/台时)	备　注
1	平板挂车 20t	13.30	
2	汽车拖车头 20t	68.25	柴油 8.3kg/台时
3	汽车起重机 20t	126.10	柴油 11.6kg/台时
4	门座式起重机 10t	247.44	
5	电焊机 25kVA	15.16	

(4) 相关费率取值：其他直接费中计冬季施工增加费。

解：

确定人工预算单价：查《编规》(2014)：河南为一般地区，一般地区的枢纽工程初级工人工预算单价为 6.13 元/台时，中级工人工预算单价为 8.90 元/工时，高级工为 10.67 元/工时，工长为 11.55 元/工时。

确定各种费率：该工程属枢纽工程，根据工程所在地区查《编规》(2014)、《水利工程营业税改征增值税计价依据调整办法》(办水总〔2016〕132 号) 和《水利部办公厅关于调整水利工程计价依据增值税计算标准的通知》(办财务函〔2019〕448 号) 可知：冬雨季施工增加费率取 1%，夜间施工增加费率取 0.7%，特殊地区施工增加费不计，临时设施费率 3%，安全生产措施费率 2%，其他费率取 1.5%，合计得其他直接费费率为 8.2%，间接费费率取 75%，利润率 7%，税率 9%。

(1) 计算闸门工地运输基本直接费。

查《安装工程预算定额》第十四章，选用定额编号 [14005]，闸门工地运输基本直接费计算见表 5-74。其中，柴油用量计算如下：

$$0.2\times11.6+0.2\times8.3=3.98(kg)$$

表 5-74　　安装工程单价表

单价编号	01		项目名称	闸门工地运输	
定额编号	14005		定额单位	t	
型号规格	平板焊接钢闸门，自重 15t				
编号	名称及规格	单位	数量	单价/元	合价/元
(1)	基本直接费				60.20
①	人工费				15.80
	工长	工时	0.1	11.55	1.16
	高级工	工时	0.5	10.67	5.34
	中级工	工时	0.7	8.90	6.23
	初级工	工时	0.5	6.13	3.07
②	材料费				2.87
	零星材料费	%	5	57.32	2.87
③	机械使用费				41.53
	平板挂车，20t	台时	0.2	13.30	2.66
	汽车拖车头，20t	台时	0.2	68.25	13.65
	汽车起重机，20t	台时	0.2	126.10	25.22
(2)	材料补差				9.99
	柴油	kg	3.98	2.51	9.99

(2) 计算安装每吨闸门预算单价：

查《安装工程预算定额》第十二章第一节，选用定额编号 [12003]，本例闸门为定轮式，且不带充水装置，不需调整定额。闸门安装单价计算见表 5-75。

表 5-75　　安装工程单价表

单价编号	02		项目名称	平板焊接钢闸门	
定额编号	12003			定额单位	t
型号规格	平板焊接钢闸门，自重 15t				
编号	名称及规格	单位	数量	单价/元	合价/元
(一)	直接费				1346.57
(1)	基本直接费				1244.51
①	人工费				792.25
	工长	工时	5	11.55	57.75
	高级工	工时	22	10.67	234.74
	中级工	工时	41	8.90	364.90
	初级工	工时	22	6.13	134.86
②	材料费				125.97
	钢板（综合）	kg	3.3	4.50	14.85
	汽油，70 号	kg	2.2	3.075	6.77
	黄油	kg	0.2	4.50	0.90
	乙炔气	m^3	0.9	15.00	13.50
	氧气	m^3	2	3.00	6.00
	电焊条	kg	4.4	7.10	31.24
	棉纱头	kg	0.9	1.20	1.08
	油漆	kg	2.2	16.00	35.20
	其他材料费	%	15	109.54	16.43
③	机械使用费				266.10
	门座式起重机，10t	台时	0.8	247.44	197.95
	电焊机，交流 25kVA	台时	2.9	15.16	43.96
	其他机械费	%	10	241.91	24.19
④	闸门工地运输	t	1	60.20	60.20
(2)	其他直接费	%	8.2	1244.52	102.05
(二)	间接费	%	75	792.25	594.19
(三)	利润	%	7	1940.76	135.85
(四)	材料补差				15.66
	柴油	kg	3.98	2.51	9.99
	汽油	kg	2.2	2.575	5.67
(五)	税金	%	9	2092.27	188.30
	合计				2280.57

(3) 计算安装每扇闸门综合预算单价：

$$2280.57\times15=34208.55(\text{元/扇})$$

【例 5-13】 编制河南某水电站发电厂带型铝母线（截面为 600mm²）安装概算单价。已知：(1) 材料预算价格见表 5-76。

表 5－76　　　　材料预算价格

序号	名称及规格	单位	价格/元	序号	名称及规格	单位	价格/元
1	镀锌螺栓 M10～M16	套	0.60	7	焊锡	kg	10.00
2	铝焊条	kg	15.00	8	电焊条	kg	6.00
3	母线金具	套	20.00	9	油漆	kg	7.50
4	乙炔气	m^3	9.50	10	镀锌扁钢	kg	6.00
5	氧气	m^3	8.00	11	母线	m	30.00
6	氩气	m^3	15.00				

（2）施工机械台时费见表 5－77。

表 5－77　　　　施工机械台时费

序号	名称及规格	台时费基价/(元/台时)	备　注
1	电焊机，交流 25kVA	15.16	
2	立式钻床，Φ13mm	14.56	
3	氩弧焊机，≤500A	32.22	

（3）相关费率取值：其他直接费中计冬季施工增加费。

解： 确定人工预算单价：查《编规》(2014)：河南为一般地区，一般地区的枢纽工程初级工人工预算单价为 6.13 元/台时，中级工人工预算单价为 8.90 元/工时，高级工为 10.67 元/工时，工长为 11.55 元/工时。

确定各种费率：该工程属枢纽工程，根据工程所在地区查《编规》(2014)、《水利工程营业税改征增值税计价依据调整办法》(办水总〔2016〕132 号）和《水利部办公厅关于调整水利工程计价依据增值税计算标准的通知》(办财务函〔2019〕448 号）可知：冬雨季施工增加费率取 1％，夜间施工增加费率取 0.7％，特殊地区施工增加费不计，临时设施费率 3％，安全生产措施费率 2％，其他费率取 1.5％，合计得其他直接费费率为 8.2％，间接费费率取 75％，利润率 7％，税率 9％。

（1）定额子目的选用：

查《安装工程概算定额》母线安装子目，母线装置性材料的使用数量可从《安装工程概算定额》附录中查得，100m/单相为 102.30kg。

（2）母线安装工程单价计算结果见表 5－78：

表 5－78　　　　安装工程单价表

单价编号	01		项目名称	母线安装	
定额编号	06011		定额单位	100m/单相	
规格型号	截面为 $600mm^2$ 母线				
编号	名称及规格	单位	数量	单价/元	合价/元
（一）	直接费				8387.48
(1)	基本直接费				7751.83

续表

编号	名称及规格	单位	数量	单价/元	合价/元
①	人工费				4452.49
	工长	工时	29	11.55	334.95
	高级工	工时	171	10.67	1824.57
	中级工	工时	217	8.90	1931.30
	初级工	工时	59	6.13	361.67
②	材料费				2847.49
	镀锌螺栓，M10～M16	套	584	0.6	350.40
	铝焊条	kg	2	15	30.00
	母线金具	套	73	20	1460.00
	乙炔气	m^3	1	9.5	9.50
	氧气	m^3	3	8	24.00
	氩气	m^3	7	15	105.00
	焊锡	kg	1	10	10.00
	电焊条	kg	3	6	18.00
	油漆	kg	5	7.5	37.50
	镀锌扁钢	kg	83	6	498.00
	其他材料费	%	12	2542.40	305.09
③	机械使用费				451.85
	电焊机，交流 25kVA	台时	9	15.16	136.44
	氩弧焊机，≤500A	台时	7	32.22	225.54
	立式钻床，Φ13mm	台时	1	14.56	14.56
	其他机械费	%	20	376.54	75.31
(2)	其他直接费	%	8.20	7751.83	635.65
(二)	间接费	%	75	4452.49	3339.37
(三)	利润	%	7	11726.85	820.88
(四)	未计价装置性材料费				3069.00
	带形铝母线	m	102.3	30.00	3069.00
(五)	税金	%	9	15616.73	1405.51
	合计				17022.24

带型铝母线安装概算单价为：17022.24 元/（100m/单相）

【例 5－14】 某枢纽工程，位于一般地区，发电电压设备电压 10.5kV，设备原价 25 万元。费率取大值。

已知：人工费安装费率调整系数为 1.15，各项费率见表 5－79。计算该发电电压设备概算安装费单价。

表 5-79　　发电电压设备安装费率定额表

编号	项目	计量单位	安装费率%				装置性材料费费率/%
			合计	人工费	材料费	机械使用费	
6002	电压 10.5kV	项	8.9	4.9	2.6	1.4	3.3

解：该工程属枢纽工程，根据工程位于一般地区，查《编规》(2014)、《水利工程营业税改征增值税计价依据调整办法》(办水总〔2016〕132 号) 和《水利部办公厅关于调整水利工程计价依据增值税计算标准的通知》(办财务函〔2019〕448 号) 可知：

冬雨季施工增加费率取 1%，夜间施工增加费率取 0.7%，特殊地区施工增加费不计，临时设施费率 3%，安全生产措施费率 2%，其他费率取 1.5%，合计得其他直接费费率为 8.2%，间接费费率取 75%，利润率 7%，税率 9%。

建筑工程定额、安装工程定额中以费率形式 (%) 表示的其他材料费、其他机械费费率不做调整。以费率形式 (%) 表示的安装工程定额，其人工费费率不变，材料费费率除以 1.03 调整系数，机械使用费费率除以 1.10 调整系数，装置性材料费费率除以 1.17 调整系数。计算基数不变，仍为含增值税的设备费。

发电电压设备安装费《安装工程概算定额》是以安装费率形式给出，根据发电电压设备电压为 10.5kV，可选定定额编号为 06002。安装费概算单价计算见表 5-80。

表 5-80　　安装工程单价表

单价编号	01	项目名称	发电电压设备安装		
定额编号	06002		定额单位	项	
规格型号					
编号	名称及规格	单位	数量	单价/%	合价/%
(一)	直接费				13.36
(1)	基本直接费				12.35
①	人工费	%	4.9×1.15	1	5.64
②	材料费	%	2.6/1.03	1	2.52
③	装置性材料费	%	3.3/1.13	1	1.27
④	机械使用费	%	1.4/1.1	1	2.92
(2)	其他直接费	%	8.2	12.35	1.01
(二)	间接费	%	75	5.64	4.23
(三)	利润	%	7	17.59	1.23
(五)	税金	%	9	18.82	1.69
	合计				20.51
	概算安装单价	%	20.51	250000	51275.00

本章复习题

一、思考题

1. 建筑安装工程单价由哪几部分费用组成？如何进行计算？

2. 土石坝填筑综合单价为什么不是各工序单价之和？其概算和预算综合单价计算有何不同？

3. 石方开挖《概算定额》与《预算定额》所包含的内容及工程计量有何不同？

4. 混凝土材料单价与混凝土工程单价有何区别？如何进行混凝土工程单价的编制？

5. 安装工程单价编制方法有哪几种？与建筑工程单价编制有何不同？

二、计算题（人工及材料单价可根据具体情况确定）

1. 编制某枢纽工程堆石坝堆石料填筑预算综合单价。

已知：(1) 料场覆盖层清除单价为3.56元/m^3，覆盖层清除率5%（占开采量的比例）。

(2) 料场堆石开采采用150型潜孔钻钻孔，深孔爆破，岩石为Ⅸ级，用3m^3液压挖掘机装20t自卸汽车运输上坝，运距4km，采用14t振动碾压实。

(3) 另有30%的石料（占填筑料的比例）来自弃渣场，弃渣石料采用3m^3装载机装20t自卸汽车运输上坝，运距3km。

2. 某枢纽地下工程交通洞，洞深400m，底坡20%（水平夹角11.3°），洞身岩性为白云岩，坚固系数$f=11$，设计开挖断面面积15m^2。采用光面爆破、风钻钻孔（下行）电力起爆，0.6m^3耙斗装岩机装3.5m^3矿车，单筒绞车（卷筒1.2×1.0，功率75kW）提升出渣，试编制其概算单价。

3. 西北某引水工程水闸底板厚150cm，混凝土强度等级为C15（三级配），埋石率10%，混凝土组成材料及价格见表5-81。采用0.8m^3搅拌机拌和混凝土，混凝土运输采用胶轮车，运距80m。试编制该水闸底板混凝土工程概算单价（不包括块石运输及影响浇筑的费用）。

表5-81　混凝土组成材料及价格表

名　称	水泥	中砂	碎石	水
材料预算价格	260元/t	30元/t^3	30元/m^3	0.30元/m^3

4. 编制河南某电站5万kW竖轴混流式水轮机（水轮机总重280t）安装概算单价。

第六章 设计概算编制

第一节 设计概算编制程序及文件组成

一、设计概算编制依据

（1）国家及省、自治区、直辖市颁发的有关法律法规、制度、规程。

（2）水利工程设计概（估）算编制规定。

（3）水利行业主管部门颁发的概算定额和有关行业主管部门颁发的定额。

（4）水利水电工程设计工程量计算规则。

（5）初步设计文件及图纸。

（6）有关合同协议及资金筹措方案。

（7）其他。

二、设计概算文件编制程序

1. 准备工作

（1）了解工程概况，即了解工程位置、规模、枢纽布置、地质、水文情况、主要建筑物的结构型式和主要技术数据、施工总布置、施工导流、对外交通条件、施工进度及主体工程施工方案等。

（2）拟定工作计划，确定编制原则和依据；确定计算基础单价的基本条件和参数；确定所采用的定额标准及有关数据；明确各专业提供的资料内容、深度要求和时间；落实编制进度及提交最后成果的时间；编制人员分工安排和提出计划工作量。

（3）调查研究、收集资料。主要了解施工用砂、石、土料储量、级配、料场位置、料场内外交通运输条件、开挖运输方式等。搜集物资、材料、税务、交通及设备价格资料，调查新技术、新工艺、新材料的有关价格等。

2. 计算基础单价

基础单价是建安工程单价计算的重要依据和基本要素之一。应根据收集到的各项资料，按工程所在地编制年价格水平，执行上级主管部门有关规定分析计算。

3. 划分工程项目、计算工程量

按照《水利工程设计概（估）算编制规定》进行项目划分，并按《水利水电工程设计工程量计算规定》计算工程量。设计工程量就是编制设计概算的工程量。合理的超挖、超填和施工附加量及各种损耗和体积变化等均已按现行规范计入有关概算定额，设计工程量中不再另行计算。

4. 套用定额计算工程单价

在上述工作的基础上，根据工程项目的施工组织设计、现行定额、费用标准和有关基础单价，编制工程单价。

5. 编制工程概算

根据工程量、设备清单、工程单价和费用标准分别编制各部分概算。

6. 进行工、料、机分析汇总

将各工程项目所需的人工工时和费用，主要材料数量和价格，施工机械规格、型号、数量及台时，进行统计汇总。

7. 汇总静态总投资

各部分概算计算完成后，即可进行工程部分概算汇总，主要内容如下：

(1) 汇总建筑工程、机电设备及安装工程、金属结构设备及安装工程、施工临时工程、独立费用五部分投资。

(2) 五部分投资合计之后，再计算基本预备费，五部分投资合计加上基本预备费即为工程部分静态投资。

(3) 工程部分、建设征地移民补偿、环境保护工程、水土保持工程的静态投资之和构成静态总投资。

8. 汇总总投资

静态总投资、价差预备费、建设期融资利息之和构成总投资。

9. 编写编制说明及投资对比分析报告

编写编制说明并将校核、审定后的概算成果一同装订成册，编制投资对比分析报告，形成设计概算文件。

三、概算文件组成内容

概算文件包括设计概算报告（正件）、附件、投资对比分析报告。

（一）概算正件组成内容

1. 编制说明

(1) 工程概况。包括流域，河系，兴建地点，工程规模，工程效益，工程布置型式，主体建筑工程量，主要材料用量，施工总工期等。

(2) 投资主要指标。包括工程总投资和静态总投资，年度价格指数，基本预备费率，建设期融资额度、利率和利息等。

(3) 编制原则和依据：

1) 概算编制原则和依据。

2) 人工预算单价，主要材料，施工用电、水、风、砂石料等基础单价的计算依据。

3) 主要设备价格的编制依据。

4) 建筑安装工程定额、施工机械台时费定额和有关指标的采用依据。

5) 费用计算标准及依据。

6) 工程资金筹措方案。

(4) 概算编制中其他应说明的问题。

(5) 主要技术经济指标表。

2. 工程概算总表

工程概算总表应汇总工程部分、建设征地移民补偿、环境保护工程、水土保持工程总概算表。

3. 工程部分概算表和概算附表

（1）概算表。概算表包括：①工程部分总概算表；②建筑工程概算表；③机电设备及安装工程概算表；④金属结构设备及安装工程概算表；⑤施工临时工程概算表；⑥独立费用概算表；⑦分年度投资表；⑧资金流量表（枢纽工程）。

（2）概算附表。概算附表包括：①建筑工程单价汇总表；②安装工程单价汇总表；③主要材料预算价格汇总表；④次要材料预算价格汇总表；⑤施工机械台时费汇总表；⑥主要工程量汇总表；⑦主要材料量汇总表；⑧工时数量汇总表。

（二）概算附件组成内容

（1）人工预算单价计算表。

（2）主要材料运输费用计算表。

（3）主要材料预算价格计算表。

（4）施工用电价格计算书（附计算说明）。

（5）施工用水价格计算书（附计算说明）。

（6）施工用风价格计算书（附计算说明）。

（7）补充定额计算书（附计算说明）。

（8）补充施工机械台时费计算书（附计算说明）。

（9）砂石料单价计算书（附计算说明）。

（10）混凝土材料单价计算表。

（11）建筑工程单价表。

（12）安装工程单价表。

（13）主要设备运杂费率计算书（附计算说明）。

（14）临时房屋建筑工程投资计算书（附计算说明）。

（15）独立费用计算书（勘测设计费可另附计算书）。

（16）分年度投资计算表。

（17）资金流量计算表。

（18）价差预备费计算表。

（19）建设期融资利息计算书（附计算说明）。

（20）计算人工、材料、设备预算价格和费用依据的有关文件、询价报价资料及其他。

（三）投资对比分析报告

应从价格变动、项目及工程量调整、国家政策性变化等方面进行详细分析，说明初步设计阶段与可行性研究阶段（或可行性研究阶段与项目建议书阶段）相比较的投资变化原因和结论，编写投资对比分析报告。工程部分报告应包括：①总投资对比表；②主要工程量对比表；③主要材料和设备价格对比表；④其他相关表格。

投资对比分析报告应汇总工程部分、建设征地移民补偿、环境保护、水土保持各部分对比分析内容。

设计概算报告（正件）、投资对比分析报告可单独成册，也可作为初步设计报告（设计概算章节）的相关内容。设计概算附件宜单独成册，并应随初步设计文件报审。

第二节 工程量计算

工程量计算的准确性直接影响工程造价的编制质量。在初步设计阶段，如果工程量不按有关规定计算或计算不准确，则编制的设计概算也就不正确。因此，工程造价人员应具有一定程度的水工、施工、机电等方面的专业知识，掌握工程量计算的规则和方法。编制设计概算时，工程造价人员应熟悉主要设计图纸和设计说明书，对设计各专业提供的工程量，应进行详细审核后才能采用。

一、水利建筑工程量分类

1. 设计工程量

设计工程量由图纸工程量和设计阶段扩大工程量组成。设计工程量就是编制概（估）算的工程量。

（1）图纸工程量。图纸工程量是指按设计图纸计算出的工程量。即按照水工建筑物设计的几何轮廓尺寸计算的工程量，对于钻孔灌注工程，就是按设计参数（孔距、排距、孔深等）计算的工程量。

（2）设计阶段扩大工程量。设计阶段扩大工程量系指由于设计工作的深度有限存在一定的误差，为留有一定的余地而增加的工程量。

2. 施工超挖工程量

为保证建筑物的安全，施工开挖一般都不容许欠挖。为保证建筑物的设计尺寸，施工超挖往往是不可避免。影响施工超挖工程量的因素主要有施工方法、施工技术及管理水平、地质条件等。

3. 施工附加量

施工附加量是指为完成本项目工程必须增加的工程量。例如：小断面圆形隧洞为满足施工交通需要扩挖下部而增加的工程量；隧洞开挖工程为满足交通和爆破的安全而设置错车道、避炮洞所增加的工程量；为固定钢筋网而增加固定筋的工程量等。

4. 施工超填工程量

施工超填工程量是指由施工超挖量和施工附加量增加的相应回填工程量。如隧洞超挖需要回填混凝土的工程量。

5. 施工损失量

（1）体积变化损失量。是指施工期沉陷、体积变化影响而增加的工程量。如土石方填筑工程中施工期沉陷而增加的工程量，混凝土体积收缩而增加的工程量等。

（2）运输及操作损耗量。是指混凝土、土石方在运输、操作过程中的损耗，以及围垦工程、堤坝抛填工程的损耗量等。

(3) 其他损耗量。如土石方填筑工程施工后，按设计边坡要求的削坡损失工程量，接缝削坡损失工程量，黏土心（斜）墙及土坝的雨后坝面清理损失工程量，混凝土防渗墙一、二期墙槽接头孔重复造孔及混凝土浇筑增加的工程量。

6. 质量检查工程量

(1) 基础处理检查工程量。基础处理工程大多数采用钻一定数量检查孔的方法进行质量检查。

(2) 其他检查工程量。如土石方填筑工程通常采用挖试坑的方法来检查其填筑成品方的干重度。

7. 试验工程量

试验工程量如土石坝工程为取得石料场爆破参数和坝上碾压参数而进行的爆破试验、碾压试验而增加的工程量。

二、各类工程量在概预算中的处理

在编制概（估）算时，应按工程量计算规定和项目划分及定额等有关规定，正确处理上述的各类工程量。

1. 设计工程量

设计工程量为按建筑物或工程的设计几何轮廓尺寸计算出的工程量。项目划分中三级项目的设计工程量乘以相应阶段系数后作为提供造价专业编制概（估）算的工程量。大、中型水利水电工程招标设计和施工图设计阶段的工程量阶段系数，可参照初步设计阶段的系数并适当缩小。阶段系数为变幅值，可根据工程地质条件和建筑物结构复杂程度等因素选取，复杂的取大值，简单的取小值。阶段系数表（表 6－1）中只列出主要工程项目的阶段系数，对其他工程项目，可依据与主要工程项目的关系参照选取。

表 6－1　　水利水电工程设计工程量阶段系数表

类别	设计阶段	永久工程或建筑物		施工临时工程		金属结构工程	
		可行性研究	初步设计	可行性研究	初步设计	可行性研究	初步设计
混凝土/万 m^3	＞300	1.02～1.03	1.01～1.02	1.04～1.06	1.02～1.04		
	300～100	1.03～1.04	1.02～1.03	1.06～1.08	1.04～1.06		
	100～50	1.04～1.06	1.03～1.04	1.08～1.10	1.06～1.08		
	＜50	1.06～1.08	1.04～1.05	1.10～1.13	1.08～1.10		
土石方开挖/万 m^3	＞500	1.02～1.03	1.01～1.02	1.04～1.06	1.02～1.04		
	500～200	1.03～1.04	1.02～1.03	1.06～1.08	1.04～1.06		
	200～50	1.04～1.06	1.03～1.04	1.08～1.10	1.06～1.08		
	＜50	1.06～1.08	1.04～1.05	1.10～1.13	1.08～1.10		
土石方填筑砌石/万 m^3	＞500	1.02～1.03	1.01～1.02	1.04～1.06	1.02～1.04		
	500～200	1.03～1.04	1.02～1.03	1.06～1.08	1.04～1.06		
	200～50	1.04～1.06	1.03～1.04	1.08～1.10	1.06～1.08		
	＜50	1.06～1.08	1.04～1.05	1.10～1.13	1.08～1.10		

续表

类别 \ 设计阶段	永久工程或建筑物		施工临时工程		金属结构工程	
	可行性研究	初步设计	可行性研究	初步设计	可行性研究	初步设计
钢筋/t	1.06	1.03	1.08	1.05		
钢材/t	1.05	1.03	1.08	1.05		
模板/t	1.08	1.05	1.09	1.06		
灌浆/t	1.15	1.10	1.17	1.12		

注 1. 若采用混凝土立模面系数乘以混凝土工程量计算模板工程量时，不应再考虑模板阶段系数。
2. 若采用混凝土含钢率或含钢量乘以混凝土工程量计算钢筋工程量时，不应再考虑钢筋阶段系数。
3. 截流工程的工程量阶段系数可取 1.25～1.35。

2. 施工超挖量、施工附加量及施工超填量

现行《预算定额》中均未计入施工超挖量、施工附加量及施工超填量三项工程量，故采用时，应将这三项合理的工程量，按相应的超挖、超填预算定额摊入单价中，而不是简单地乘以这三项工程量的扩大系数。现行《概算定额》已将这三项工程量的合理值计入定额中，编制单价时不再另行计算。

3. 试验工程量

碾压试验、爆破试验、级配试验、灌浆试验等大型试验均为设计工作提供重要参数，应列入独立费用中的科研勘测设计费。

三、工程量计算

水利水电工程各设计阶段的设计工程量，是设计工作的重要成果和编制工程概（估）算的主要依据。工程量计算按《水利水电工程设计工程量计算规定》（SL 328—2005）执行。

（一）永久工程建筑工程量

1. 土石方工程量

（1）土石方开挖工程量。按岩土分类级别计算，并将明挖、暗挖分开。明挖宜分一般、坑槽、基础、坡面等；暗挖宜分平洞、斜井、竖井和地下厂房等。

（2）土石方填（砌）筑工程量。土石方填筑工程，在概算定额相关子目说明中已规定如何考虑施工期沉陷量和施工附加量等因素，因此提供的设计工程量，只需按不同部位不同材料，考虑设计沉陷量后乘以阶段系数分别计算。计算应符合下列规定：

1）土石方填筑工程量应根据建筑物设计断面中不同部位不同填筑材料的设计要求分别计算，以建筑物实体方计量。

2）砌筑工程量应按不同砌筑材料、砌筑方式（干砌、浆砌等）和砌筑部位分别计算，以建筑物砌体方计量。

（3）疏浚与吹填工程工程量。定额计量单位为水下方，提供造价专业疏浚与吹填工程的工程量计量单位均应为水下方。吹填工程施工期泥沙流失量，可根据泥沙流失系数计算，系数一般为5%～20%之间，泥浆浓度大时取小值，反之取大值。（具体计算公式和有关参考数值可参考《水利水电工程施工组织设计手册》第二册《施工技术》第七章）。

计算应符合下列规定：

1）疏浚工程量的计算，宜按设计水下方计量，开挖过程中的超挖及回淤量不应计入。

2）吹填工程量计算，除考虑吹填土层下沉及原地基下沉增加量，还应考虑施工期泥沙流失量，计算出吹填区陆上方再折算为水下方。

（4）土工合成材料工程量。宜按设计铺设面积或长度计算，不应计入材料搭接及各种型式嵌固的用量。

2. 混凝土工程量

（1）混凝土工程量。计算应以成品实体方计量，概算定额中已考虑拌制、运输、凿毛、干缩等损耗及施工超填量。钢筋制作与安装，概算定额中已包括加工损耗和施工架立筋用量。计算应符合下列规定：

1）项目建议书阶段混凝土工程量宜按工程各建筑物分项、分强度、分级配计算。可行性研究和初步设计阶段混凝土工程量应根据设计图纸分部位、分强度、分级配计算。

2）碾压混凝土宜提出工法，沥青混凝土宜提出开级配或密级配。

3）钢筋混凝土的钢筋可按含钢率或含钢量计算。混凝土结构中的钢衬工程量应单独列出。

（2）混凝土立模面积应根据建筑物结构体形、施工分缝要求和使用模板的类型计算。混凝土立模面积是指混凝土与模板的接触面积，其工程量计算与工程施工组织设计密切相关，尤其初步设计阶段，应根据工程混凝土浇筑分缝、分块、跳仓等实际情况计算立模面面积。定额中已考虑模板露明系数。支撑模板的立柱、围令、桁（排）架及铁件等已含在定额中，不再计算。各式隧洞衬砌模板及涵洞模板的堵头和键槽模板已按一定比例摊入概算定额中，不再单独计算立模面面积。对于悬空建筑物（如渡槽槽身）的模板，定额中只计算到支撑模板结构的承重梁为止，承重梁以下的支撑结构未包括在定额内。

项目建议书和可行性研究阶段可参考《水利建筑工程概算定额》（2002）附录9，初步设计阶段可根据工程设计立模面积计算。

（3）钻孔灌浆工程量。概算定额中钻孔和灌浆各子目已包括检查孔钻孔和检查孔压水试验。钻机钻灌浆孔需明确钻孔部位岩石级别。计算应符合下列规定：

1）基础固结灌浆与帷幕灌浆的工程量，自起灌基面算起，钻孔长度自实际孔顶高程算起。基础帷幕灌浆采用孔口封闭的，还应计算灌注孔口管的工程量，根据不同孔口管长度以孔为单位计算。地下工程的固结灌浆，其钻孔和灌浆工程量根据设计要求以米计。

2）回填灌浆工程量按设计的回填接触面积计算。

3）接触灌浆和接缝灌浆的工程量，按设计所需面积计算。

（4）混凝土地下连续墙的成槽和混凝土浇筑工程量应分别计算，并应符合下列规定：

1）成槽工程量按不同墙厚、孔深和地层以面积计算。

2）混凝土浇筑的工程量，按不同墙厚和地层以成墙面积计算。

（5）锚杆（索）长度为嵌入岩石的设计有效长度，按规定应留的外露部分及加工损耗均已计入定额。锚固工程量可按下列要求计算：

1）锚杆支护工程量，按锚杆类型、长度、直径和支护部位及相应岩石级别以根数计算。

2）预应力锚索的工程量按不同预应力等级、长度、型式及锚固对象以束计算。

（6）喷混凝土工程量应按喷射厚度、部位及有无钢筋以体积计，回弹量不应计入。喷浆工程量应根据喷射对象以面积计。

（7）混凝土灌注桩的钻孔和灌筑混凝土工程量应分别计算，混凝土灌注桩工程量计算应明确桩深。若为岩石地层，应明确岩石抗压强度。并应符合下列规定：

1）钻孔工程量按不同地层类别以钻孔长度计。

2）灌筑混凝土工程量按不同桩径以桩长度计。

3. 枢纽工程对外公路工程量

项目建议书和可行性研究阶段可根据1/50000～1/10000的地形图按设计推荐（或选定）的线路，分公路等级以长度计算工程量。初步设计阶段应根据不小于1/5000的地形图按设计确定的公路等级提出长度或具体工程量。

场内永久公路中主要交通道路，项目建议书和可行性研究阶段应根据1/10000～1/5000的施工总平面布置图按设计确定的公路等级以长度计算工程量。初步设计阶段应根据1/5000～1/2000的施工总平面布置图，按设计要求提出长度或具体工程量。引（供）水、灌溉等工程的永久公路工程量可参照上述要求计算。桥梁、涵洞按工程等级分别计算，提出延米或具体工程量。永久供电线路工程量，按电压等级、回路数以长度计算。

（二）施工临时工程的工程量

（1）施工导流工程工程量计算要求与永久水工建筑物计算要求相同，阶段系数按施工临时工程计取。施工导流工程，与永久水工建筑物结合部分（如土石坝的上游围堰等）计入永久工程量中，不结合部分（如导流洞或底孔封堵、闸门等）计入施工临时工程。

（2）施工支洞工程量应按永久水工建筑物工程量计算要求进行计算，阶段系数按施工临时工程计取。

（3）大型施工设施及施工机械布置所需土建工程量，按永久建筑物的要求计算工程量，阶段系数按施工临时工程计取。

（4）施工临时公路的工程量可根据相应设计阶段施工总平面布置图或设计提出的运输线路分等级计算公路长度或具体工程量。

（5）施工供电线路工程量可按设计的线路走向、电压等级和回路数计算。

（三）金属结构工程量

水工建筑物各种钢闸门和拦污栅以及与其配套的启闭设备和埋件重量，可根据各设计阶段的要求，按参考资料进行类比或按规范要求进行计算。

（1）水工建筑物的各种钢闸门和拦污栅的工程量以吨计，项目建议书可按已建工程类比确定，可行性研究阶段可根据初选方案确定的类型和主要尺寸计算；初步设计阶段应根据选定方案的设计尺寸和参数计算。

各种闸门和拦污栅的埋件工程量计算均应与其主设备工程量计算精度一致。

（2）启闭设备工程量计算，宜与闸门和拦污栅工程量计算精度相适应，并分别列出设备重量（t）和数量（台、套）。

（3）压力钢管工程量应按钢管型式（一般、叉管）、直径和壁厚分别计算，以吨为计量单位，不应计入钢管制作与安装的操作损耗量。一般钢管工程量的计算应包括直管、弯管、渐变管和伸缩节等钢管本体和加劲环、支承环的用量，叉管工程量仅计算叉管段中叉管及方渐变管管节部分的工程量，叉管段中其他管节部分应按一般钢管计算。

四、计算工程量应注意的问题

1. 工程项目的划分

工程项目的划分除必须满足《水利水电工程设计工程量计算规定》提出的基本要求（如土石方开挖工程，应按不同土壤、岩石类别分别列项；洞挖应将平洞、斜井、竖井分列；混凝土工程按不同的强度等级等分列）外，还必须与概算定额子目划分相适应，如土石方填筑工程应按砂砾料、堆石料、反滤料、垫层料等分列，固结灌浆应按深孔（地质钻机钻孔）、浅孔（风钻钻孔）分列等。

2. 工程量单位必须与采用的定额相一致

工程量的单位应与定额章节子目的定额单位以及定额的有关规定相一致。有的工程项目，工程量单位可以有多种表达方式，如喷射混凝土可以用 m^2，也可以用 m^3；混凝土防渗墙可以用 m^2（阻水面积），也可以用 m（折算米）和 m^3（混凝土浇筑）。设计采用的工程量单位应与定额单位相一致，如不一致则要按定额的单位进行换算使之一致。

第三节 分部工程概算编制

一、建筑工程概算编制

建筑工程概算采用“建筑工程概算表”的格式编制，建筑工程按主体建筑工程、交通工程、房屋建筑工程、供电设施工程、其他建筑工程分别采用单价法、指标法和百分率等不同的方法编制。

1. 主体建筑工程

（1）主体建筑工程概算按设计工程量乘以工程单价进行编制。

（2）主体建筑工程量应遵照《水利水电工程设计工程量计算规定》，按项目划分要求，计算到三级项目。

（3）当设计对混凝土施工有温控要求时，应根据温控措施设计，计算温控措施费用，也可以经过分析确定温控措施指标后，按建筑物混凝土方量进行计算。

（4）细部结构工程可参照水工建筑工程细部结构指标表确定，见表 6-2。

（5）细部结构中的工程量可作如下考虑：

1）土坝坝体方：只考虑构成坝体的心墙、反滤层、斜墙、坝壳料等工程量，不考虑坝体上、下游的护坡，坝顶道路，防浪墙等其他工程量。

2）堆石坝坝体方：只考虑构成堆石坝坝体的主堆石体、次堆石体、过渡层、反滤层的工程量，不考虑面板混凝土、坝体上、下游的护坡等其他工程量。

3）混凝土坝体方：只考虑构成坝体的各强度等级混凝土工程量，不考虑与坝体无关的其他工程量。

4）水闸混凝土工程量：包括构成闸室段、上游连接段、下游连接段的各强度等级混凝土工程量，不包括其他工程量。

5）其他工程项目的工程量：只考虑工程项目本体的工程量（如隧洞衬砌工程量、倒虹吸工程量、渠道工程量、溢洪道工程量、厂房工程量等，只考虑构成工程实体的混凝土工程量），不考虑其他混凝土工程量。

关于细部结构工程单价：按照表 6-2 第 2 条注解，应计入相关费用，取费按相关工程项目取值，即土坝按土方工程取费，堆石坝按石方工程取费，其他按混凝土工程取费。

表 6-2　水工建筑工程细部结构指标表

项目名称	混凝土重力坝、重力拱坝、宽缝重力坝、支墩坝		混凝土双曲拱坝	土坝、堆石坝	水闸	冲沙闸、泄洪闸
单位	元/m^3（坝体方）				元/m^3（混凝土）	
综合指标	16.2		17.2	1.15	48	42
项目名称	进水口、进水塔		溢洪道	隧洞	竖井、调压井	高压管道
单位	元/m^3（混凝土）					
综合指标	19		18.1	15.3	19	4
项目名称	电（泵）站地面厂房	电（泵）站地下厂房	船闸	倒虹吸、暗渠	渡槽	明渠（衬砌）
单位	元/m^3（混凝土）					
综合指标	37	57	30	17.7	54	8.45

注　1. 表中综合指标包括多孔混凝土排水管、廊道木模制作与安装、止水工程（面板坝除外）、伸缩缝工程、接缝灌浆管路、冷却水管路、栏杆、照明工程、爬梯、通气管道、排水工程、排水渗井钻孔及反滤料、坝坡踏步、孔洞钢盖板、厂房内上下水工程、防潮层、建筑钢材及其他细部结构工程。

2. 表中综合指标仅包括基本直接费内容。

3. 改扩建及加固工程根据设计确定细部结构工程的工程量。其他工程，如果工程设计能够确定细部结构工程的工程量，可按设计工程量乘以工程单价进行计算，不再按本表指标计算。

2. 交通工程

交通工程包括上坝、进厂、对外等场内外永久公路，以及桥梁、交通隧洞、铁路、码头、运行管理维护道路等工程。

交通工程投资按设计工程量乘以单价进行计算，也可根据工程所在地区造价指标或有关实际资料，采用扩大单位指标编制。

3. 房屋建筑工程

房屋建筑工程。包括为生产运行服务的永久性辅助生产建筑、仓库、办公、值班宿舍及文化福利等房屋建筑工程和室外工程。

（1）永久房屋建筑：

1）用于生产、办公的房屋建筑面积，由设计单位按有关规定结合工程规模确定，单位造价指标根据当地相应建筑造价水平确定。

2）值班宿舍及文化福利建筑的投资按主体建筑工程投资的百分率计算。

枢纽工程：投资≤50000 万元，1.0%～1.5%；50000 万元＜投资≤100000 万元，0.8%～1.0%；投资＞100000 万元，0.5%～0.8%。

引水工程：0.4%～0.6%。

河道工程：0.4％。

投资小或工程位置偏远者取大值，反之取小值。

3）除险加固工程（含枢纽、引水、河道工程）、灌溉田间工程的永久房屋建筑面积由设计单位根据有关规定结合工程建设需要确定。

（2）室外工程投资，一般按房屋建筑工程投资的15％～20％计算。

4. 供电设施工程

供电设施工程指工程生产运行供电需要架设的输电线路及变配电设施工程。根据设计的电压等级、线路架设长度及所需配备的变配电设施要求，采用工程所在地区造价指标或有关实际资料计算。

5. 其他建筑工程

其他建筑工程包括安全监测设施工程，照明线路，通信线路，厂坝（闸、泵站）区供水、供热、排水等公用设施，劳动安全与工业卫生设施，水文、泥沙监测设施工程，水情自动测报工程及其他。

（1）安全监测设施工程，指属于建筑工程性质的内外部观测设施。安全监测工程项目投资应按设计资料计算。如无设计资料时，可根据坝型或其他工程型式，按照主体建筑工程投资的百分率计算：当地材料坝，0.9％～1.1％；混凝土坝，1.1％～1.3％；引水式电站（引水建筑物），1.1％～1.3％；堤防工程，0.2％～0.3％。

（2）照明线路、通信线路等三项工程投资按设计工程量乘以单价或采用扩大单位指标编制。

（3）其余各项按设计要求分析计算。

二、机电设备及安装工程概算

机电设备及安装工程概算包括：①机械设备泛指水轮机、发电机、调速器及其辅助设备及安装；②电气设备泛指一次设备、二次设备及其他电气设备及安装。

以上两部分设备及安装费用共同构成总概算中第二部分费用（即机电设备及安装工程费），其大部分集中在发电厂房中和升压、变电站中。各部分设备及安装工程费用由设备费和安装工程费两部分组成。

（一）设备费

设备费包括设备原价、运杂费、运输保险费和采购及保管费。

1. 设备原价

以出厂价或设计单位分析论证的询价为设备原价。

（1）国产设备，其原价指出厂价。

（2）进口设备，以到岸价和进口征收的税金、手续费、商检费及港口费等各项费用之和为原价。

（3）大型机组及其他大型设备分别运至工地后的拼装费用，应包括在设备原价内。

2. 运杂费

运杂费指设备由厂家运至工地现场所发生的一切运杂费用。包括运输费、装卸费、包装绑扎费、大型变压器充氮费及可能发生的其他杂费。

（1）国产设备运杂费分主要设备运杂费和其他设备运杂费，均按照占设备原价的百分率计算。

水总〔2014〕429号文规定的主要设备运杂费费率见表6-3。设备由铁路直达或铁路、公路联运时，分别按里程求得费率后叠加计算；如果设备由公路直达，应按公路里程计算费率后，再加公路直达基本费率。

表6-3　　主要设备运杂费费率表　　%

设备分类		铁路		公路		公路直达基本费率
		基本运距1000km	每增运500km	基本运距100km	每增运20km	
水轮发电机组		2.21	0.30	1.06	0.15	1.01
主阀、桥机		2.99	0.50	1.85	0.20	1.33
主变压器	120000kVA及以上	3.50	0.40	2.80	0.30	1.20
	120000kVA以下	2.97	0.40	0.92	0.15	1.20

其他设备运杂费费率见表6-4。工程地点距铁路线近者费率取小值，远者取大值。新疆、西藏地区的设备运杂费费率可视具体情况另行确定。

表6-4　　其他设备运杂费费率表　　%

类别	适用地区	费率
Ⅰ	北京、天津、江苏、江西、安徽、湖北、湖南、河南、广东、山西、山东、河北、陕西、辽宁、吉林、黑龙江等省（直辖市）	3～5
Ⅱ	甘肃、云南、贵州、广西、四川、重庆、福建、海南、宁夏、内蒙古、青海等省（自治区、直辖市）	5～7

（2）进口设备国内段运杂费费率，可按国产设备运杂费费率乘以相应国产设备原价占进口设备原价的比例系数进行计算，即按相应国产设备价格计算运杂费费率。

3. 运输保险费

指设备在运输过程中的保险费用。

运输保险费等于设备原价乘以运输保险费费率。国产设备运输保险费费率可按工程所在省、自治区、直辖市规定计算，进口设备的运输保险费费率按有关规定执行。

4. 采购及保管费

指建设单位和施工企业在负责设备的采购、保管过程中发生的各项费用。按设备原价、运杂费之和的0.7%计算。

设备体腔内的定量充填物，应视为设备，其价值进入设备费，一般变压器油计入设备原价，不必另外计价。透平油、油压启闭机中液压油、蓄电池中电解液都应另计费用。

5. 运杂综合费率

$$运杂综合费率=运杂费费率+(1+运杂费费率)\times采购及保管费费率+运输保险费费率 \quad (6-1)$$

上述运杂综合费率，适用于计算国产设备运杂费。国产设备运杂综合费率乘以相应国产设备原价占进口设备原价的比例系数，即为进口设备的国内段运杂综合费率。

6. 交通工具购置费

工程竣工后，为保证建设项目初期生产管理单位正常运行必须配备的车辆和船只所产生的费用。

交通设备数量应由设计单位按有关规定、结合工程规模确定，设备价格根据市场情况、结合国家有关政策确定。

无设计资料时，可按表 6-5 方法计算。除高原、沙漠地区外，不得用于购置进口、豪华车辆。灌溉田间工程不计此项费用。

计算方法：以第一部分建筑工程投资为基数，按表 6-5 的费率，以超额累进方法计算。

表 6-5　　　　交通工具购置费费率表

第一部分建筑工程投资/万元	费率/%	辅助参数/万元
10000 及以内	0.50	0
10000～50000	0.25	25
50000～100000	0.10	100
100000～200000	0.06	140
200000～500000	0.04	180
500000 以上	0.02	280

简化计算公式：第一部分建筑工程投资×该档费率＋辅助参数

【例 6-1】 某水电站工程安装单机容量为 75MW 的水轮发电机 4 台，其水轮机型号 HL220-LJ-410，主机重 300t/台，辅机重 13t/套，总重 313t/台，平均出厂价 3.2 万元/t。全厂水轮机用透平油总量 300t，透平油预算价格 0.6 万元/t。

水轮机运输：铁路 1900km，公路 140km，运输保险费率 0.4%，设备采购及保管费率为 0.7%，根据上述资料计算全厂水轮机设备费。

解：(1) 设备原价：

水轮机设备原价　313t/台×4 台×3.2 万元/t＝4006.40(万元)

设备透平油费用　　300t×0.6 万元/t＝180.00(万元)

(2) 设备运杂费：

铁路运杂费费率　　2.21%＋0.30%×2＝2.81%

公路运杂费费率　　1.06%＋0.15%×2＝1.36%

铁路、公路运杂费费率　　2.81%＋1.36%＝4.17%

运杂费　　4006.40 万元×4.17%＝167.07(万元)

(3) 保险费：

4006.40×0.4%＝16.03(万元)

(4) 采购保管费：

(4006.40＋167.07)×0.7%＝29.21(万元)

(5) 全厂水轮机设备费：

4006.40＋167.07＋16.03＋29.21＋180.00＝4398.71(万元)

【例 6-2】 某工程从国外进口设备 1 套，经海运抵达天津港后再转运至工地。已知资料如下，试计算进口设备费。

(1) 设备合同到岸价格为 418 万美元/套。

(2) 汇率比为 1 美元=6.83 元人民币。

(3) 设备重量为净重 400t/套，毛重系数 1.05。

(4) 银行财务费为 0.5%。

(5) 外贸手续费为 1.5%。

(6) 进口关税为 10%。

(7) 增值税为 17%。

(8) 商检费为 0.24%。

(9) 港口费为 150 元/t。

(10) 同类型国产设备原价 3.20 万元/t，天津港至工地运杂费费率 6%。

(11) 国内运输保险费费率为 0.4%。

(12) 采购保管费费率为 0.7%。

解：(1) 设备到岸价格为 418 万美元×6.83 元/美元=2854.94 万元。

(2) 银行财务费为 2854.94×0.5%=14.27（万元）。

(3) 外贸手续费为 2854.94×1.5%=42.82（万元）。

(4) 进口关税为 2854.94×10%=285.49（万元）。

(5) 增值税为（2854.94+285.49）×17%=533.87（万元）。

(6) 商检费为 2854.94×0.24%=6.85（万元）。

(7) 港口费为 150 元/t×400t×1.05=6.30（万元）。

(8) 设备原价为 2854.94+14.27+42.82+285.49+533.87+6.85+6.30=3744.54（万元）。

(9) 国内段运杂费为 3.20 万元/t×400t×6%=76.80(万元)，或国内段运杂费为 3744.54×6%×(3.20×400÷3744.54)=76.80（万元）。

(10) 运输保险费为 3744.54×0.4%=14.98（万元）。

(11) 采购保管费为（3744.54+76.80)×0.7%=26.75（万元）。

(12) 进口设备费为 3744.54+76.80+14.98+26.75=3863.07（万元）。

【例 6-3】 某大型水电站购买的 15 万 kVA 变压器，由铁路运输 1300km，再由公路运输 120km 到工地安装现场，变压器的出厂价为 290 万元/台，运输保险费费率为 0.4%，变压器的充氮费为 1 万元。每台变压器用变压器油 32t，变压器油的单价为 20 元/kg，请计算该变压器的设备费。

解：充氮费包含在运杂费中，变压器油费包含在原价中。

(1) 设备原价为 290 万元。

(2) 铁路运杂费费率为 3.5%+0.4%=3.9%。

公路运杂费费率为 2.8%+0.3%=3.1%。

铁路、公路运杂费费率为 3.9%+3.1%=7%。

运杂费为 290×7%=20.30（万元）。

(3) 运输保险费为 290×0.4%=1.16（万元)。

(4) 采购及保管费为（290+20.30)×0.7%=2.17（万元)。

(5) 变压器设备费为 290+20.30+1.16+2.17=313.63（万元)。

（二）安装工程费概算编制

安装工程投资按设计提供的设备数量乘以安装工程单价进行计算。

三、金属结构设备及安装工程概算

金属结构设备及安装工程泛指机、门、管，即各种起重机械、各种闸门和压力钢管制作及安装，大部分集中于大坝、溢洪道、航运过坝和压力管道工程中。构成第三部分金属结构及安装工程费。

金属结构设备及安装工程概算编制方法同第二部分 机电设备及安装工程概算。

四、施工临时工程概算编制

1. 导流工程

导流工程主要包括导流明渠、导流洞、围堰工程、蓄水期下游供水工程、金属结构制作安装等。按设计工程量乘以工程单价进行计算。

2. 施工交通工程

施工交通工程包括施工现场内外为工程建设服务的临时交通工程，如公路、铁路、桥梁、施工支洞、码头、转运站等。按设计工程量乘以单价进行计算，也可根据工程所在地区造价指标或有关实际资料，采用扩大单位指标编制。

3. 施工场外供电工程

施工场外供电工程包括从现有电网向施工现场供电的高压输电线路（枢纽工程：35kV 及以上等级；引水工程、河道工程：10kV 及以上等级；掘进机施工专用供电线路)、施工变（配）电设施设备（场内除外）工程。根据设计的电压等级、线路架设长度及所需配备的变配电设施要求，采用工程所在地区造价指标或有关实际资料计算。

4. 施工房屋建筑工程

施工房屋建筑工程指工程在建设过程中建造的临时房屋，包括施工仓库、办公及生活、文化福利建筑及所需的配套设施工程。施工仓库，指为工程施工而临时兴建的设备、材料、工器具等仓库；办公、生活及文化福利建筑，指施工单位、建设单位（包括监理）及设计代表在工程建设期所需的办公室、宿舍、招待所和其他文化福利设施等房屋建筑工程。

不包括列入临时设施和其他施工临时工程项目内的电、风、水，通信系统，砂石料系统，混凝土拌和及浇筑系统，木工、钢筋、机修等辅助加工厂，混凝土预制构件厂，混凝土制冷、供热系统，施工排水等生产用房。

(1) 施工仓库。建筑面积由施工组织设计确定，单位造价指标根据当地相应建筑造价水平确定。

(2) 办公、生活及文化福利建筑。

1）枢纽工程，按下列公式计算：

$$I=\frac{AUP}{NL}K_1K_2K_3 \qquad (6-2)$$

式中 I——房屋建筑工程投资；

A——建安工作量，按工程一至四部分建安工作量（不包括办公、生活及文化福利建筑和其他施工临时工程）之和乘以（1＋其他施工临时工程百分率）计算；

U——人均建筑面积综合指标，按 $12\sim15m^2$/人标准计算；

P——单位造价指标，参考工程所在地的永久房屋造价指标（元/m^2）计算；

N——施工年限，按施工组织设计确定的合理工期计算；

L——全员劳动生产率，一般取 80000～120000 元/（人·年）；施工机械化程度高取大值，反之取小值；采用掘进机施工为主的工程全员劳动生产率应适当提高；

K_1——施工高峰人数调整系数，取 1.10；

K_2——室外工程系数，取 1.10～1.15，地形条件差的可取大值，反之取小值；

K_3——单位造价指标调整系数，按不同施工年限，采用表 6-6 中的调整系数。

表 6-6　单位造价指标调整系数表

工　期	系　数	工　期	系　数
2 年之内	0.25	5～8 年	0.70
2～3 年	0.40	8～11 年	0.80
3～5 年	0.55		

2）引水工程按一至四部分建安工作量的百分率计算（表 6-7）。

表 6-7　引水工程施工房屋建筑工程费费率表

工　期	百 分 率	工　期	百 分 率
≤3 年	1.5%～2.0%	＞3 年	1.0%～1.5%

一般引水工程取中上限，大型引水工程取下限。

掘进机施工隧洞工程按表中费率乘 0.5 调整系数。

3）河道工程按一至四部分建安工作量的百分率计算（表 6-8）。

表 6-8　河道工程施工房屋建筑工程费费率表

工　期	百 分 率	工　期	百 分 率
≤3 年	1.5%～2.0%	＞3 年	1.0%～1.5%

5. 其他施工临时工程

其他施工临时工程指除施工导流、施工交通、施工场外供电、施工房屋建筑、缆机平台、掘进机泥水处理系统和管片预制系统土建设施以外的施工临时工程。主要包括施工供水（大型泵房及干管）、砂石料系统、混凝土拌和浇筑系统、大型机械安装拆卸、防汛、防冰、施工排水、施工通信等工程，其投资按第一至第四部分建安工作量（不包括其他施工临时工程）之和的百分率计算。

（1）枢纽工程为3.0%～4.0%。

（2）引水工程为2.5%～3.0%。一般引水工程取下限，隧洞、渡槽等大型建筑物较多的引水工程、施工条件复杂的引水工程取上限。

（3）河道工程为0.5%～1.5%。灌溉田间工程取下限，建筑物较多、施工排水量大或施工条件复杂的河道工程取上限。

【例6-4】 某水利枢纽工程一至三部分工程投资：建筑工程173243.33万元；机电设备费16788.86万元，机电设备安装费2167.68万元；金属结构设备费2810.09万元，金属结构设备安装费308.72万元。施工临时工程概算表相关项目及投资费用见表6-9，试计算办公、生活及文化福利建筑投资费用并完成施工临时工程概算表的编制。

表6-9　　施工临时工程概算表

序号	项目名称	单位	数量	单价/元	合价/万元
Ⅳ	施工临时工程				
一	导流工程				
(一)	导流明渠工程				
1	土方开挖	m^3	243000	13.18	
(二)	围堰工程				
1	堰体填筑	m^3	54000	28.34	
2	堰体拆除	m^3	40000	4.68	
二	施工交通工程				45.00
三	施工供电工程				18.35
四	房屋建筑工程				
1	施工仓库	m^2	1500	350	
2	办公、生活及文化福利建筑				
五	其他施工临时工程				

说明：办公、生活及文化福利建筑及其他临时工程计算时，工期取3年，所有区间取值除可以根据条件确定数值以外，其余均取区间的中值计算，$P=1000$ 元/m^2。

解： $A=(173243.33+2167.68+308.72+492.03+45.00+18.35+52.5)\times(1+3.5\%)=182499.08$(万元)

$U=13.5m^2$/人，$P=1000$ 元/m^2，$N=3$ 年，$L=100000$ 元/(人·年)，$K_1=1.10$，$K_2=1.125$，$K_3=0.4$，则有

$$I=\frac{AUP}{NL}K_1K_2K_3=\frac{182499.08\times13.5\times1000}{3\times100000}\times1.10\times1.125\times0.4=4065.17(\text{万元})$$

计算结果见表6-10。

表 6-10 施工临时工程概算表

序号	项目名称	单位	数量	单价/元	合价/万元
Ⅳ	施工临时工程				10986.80
一	导流工程				492.03
(一)	导流明渠工程				320.27
1	土方开挖	m^3	243000	13.18	320.27
(二)	围堰工程				171.76
1	堰体填筑	m^3	54000	28.34	153.04
2	堰体拆除	m^3	40000	4.68	18.72
二	施工交通工程				45.00
三	施工供电工程				18.35
四	房屋建筑工程				4117.67
1	施工仓库	m^2	1500	350	52.50
2	办公、生活及文化福利建筑				4065.17
五	其他施工临时工程	%	3.5	1803927800	6313.75

说明：办公、生活及文化福利建筑及其他临时工程计算时，工期取 3 年，所有区间取值除可以根据条件确定数值以外，其余均取区间的中值计算，$P=1000$ 元/m^2。

五、独立费用

1. 建设管理费

(1) 枢纽工程。枢纽工程建设管理费以一至四部分建安工作量为计算基数，按表 6-11 所列费率，以超额累进方法计算。

表 6-11 枢纽工程建设管理费费率表

一至四部分建安工作量/万元	费率/%	辅助参数/万元
50000 及以内	4.5	0
50000～100000	3.5	500
100000～200000	2.5	1500
200000～500000	1.8	2900
500000 以上	0.6	8900

简化计算公式：一至四部分建安工作量×该档费率＋辅助参数（下同）。

(2) 引水工程。引水工程建设管理费以一至四部分建安工作量为计算基数，按表 6-12 所列费率，以超额累进方法计算。原则上应按整体工程投资统一计算，工程规模较大时可分段计算。

表 6-12　　引水工程建设管理费费率表

一至四部分建安工作量/万元	费率/%	辅助参数/万元
50000 及以内	4.2	0
50000～100000	3.1	550
100000～200000	2.2	1450
200000～500000	1.6	2650
500000 以上	0.5	8150

(3) 河道工程。河道工程建设管理费以一至四部分建安工作量为计算基数，按表 6-13 所列费率，以超额累进方法计算。原则上应按整体工程投资统一计算，工程规模较大时可分段计算。

表 6-13　　河道工程建设管理费费率表

一至四部分建安工作量/万元	费率/%	辅助参数/万元
10000 及以内	3.5	0
10000～50000	2.4	110
50000～100000	1.7	460
100000～200000	0.9	1260
200000～500000	0.4	2260
500000 以上	0.2	3260

2. 工程建设监理费

按照国家发改委发改价格〔2007〕670 号文颁发的《建设工程监理与相关服务收费管理规定》及其他相关规定执行。

3. 联合试运转费

费用指标见表 6-14。

表 6-14　　联合试运转费用指标

水电站工程	单机容量/万 kW	≤1	≤2	≤3	≤4	≤5	≤6	≤10	≤20	≤30	≤40	>40
	费用/(万元/台)	6	8	10	12	14	16	18	22	24	32	44
泵站工程	电力泵站	50～60 元/kW										

4. 生产准备费

(1) 生产及管理单位提前进厂费。枢纽工程按一至四部分建安工程量的 0.15%～0.35%计算，大 (1) 型工程取小值，大 (2) 型工程取大值；引水工程视工程规模参照枢纽工程计算；河道工程、除险加固工程、田间工程原则上不计此项费用。

(2) 生产职工培训费。按一至四部分建安工作量的 0.35%～0.55%计算。枢纽工程、引水工程取中上限，河道工程取下限。

(3) 管理用具购置费。枢纽工程按一至四部分建安工作量的 0.04%～0.06%计算，大 (1) 型工程取小值，大 (2) 型工程取大值；引水工程按建安工作量的 0.03%计算；

河道工程按建安工作量的0.02%计算。

(4) 备品备件购置费。按占设备费的0.4%～0.6%计算。大(1)型工程取下限，其他工程取中、上限。设备费应包括机电设备、金属结构设备以及运杂费等全部设备费；电站、泵站同容量、同型号机组超过一台时，只计算一台的设备费。

(5) 工器具及生产家具购置费。按占设备费的0.1%～0.2%计算。枢纽工程取下限，其他工程取中、上限。

5. 科研勘测设计费

(1) 工程科学研究试验费。按工程建安工作量的百分率计算。其中：枢纽和引水工程取0.7%，河道工程取0.3%。

灌溉田间工程一般不计此项费用。

(2) 工程勘测设计费。项目建议书、可行性研究阶段的勘测设计费及报告编制费：执行国家发展改革委发改价格〔2006〕1352号文颁布的《水利水电工程建设项目前期工作工程勘察收费标准》和原国家计委计价格〔1999〕1283号文颁布的《建设项目前期工作咨询收费暂行规定》。

初步设计、招标设计及施工图设计阶段的勘测设计费：执行原国家计委、建设部计价格〔2002〕10号文件颁布的《工程勘察设计收费标准》。

应根据所完成相应勘测设计工作阶段确定工程勘测设计费，未发生的工作阶段不计相应阶段勘测设计费。

6. 其他

(1) 工程保险费。按工程一至四部分投资合计的4.5‰～5.0‰计算，田间工程原则上不计此项费用。

(2) 其他税费。按国家有关规定计取。

【例6-5】 某大(1)型水利枢纽工程一至四部分工程投资计算如下：建筑工程53982万元；机电设备费892.33万元，机电设备安装费329.12万元；金属结构设备费519.23万元，金属结构设备安装费178.34万元；施工临时工程(建筑)600.12万元；水电站水轮机单机容量10万kW，配备5台，每台50万元。

试完成独立费用概算表(表6-15)。

表6-15 独立费用概算表

序号	工程或费用名称	单位	数量	单价/元	合计/万元
一	建设管理费				
二	工程建设监理费				890.44
三	联合试运转费				
四	生产准备费				
1	生产及管理单位提前进厂费				
2	生产职工培训费				
3	管理用具购置费				
4	备品备件购置费				

续表

序号	工程或费用名称	单位	数量	单价/元	合计/万元
5	工器具及生产家具购置费				
五	科研勘测设计费				
1	工程科学研究试验费				
2	工程勘测设计费				1550.22
六	其他				
1	工程保险费				
2	其他税费				0
	合　　计				

解： 计算结果见表 6-16。

表 6-16　　　　**独立费用概算表**

序号	工程或费用名称	单位	数量	单价/元	合计/万元
一	建设管理费	%	3.50	550895800	2428.14
二	工程建设监理费	项			890.44
三	联合试运转费	台	5	18	90
四	生产准备费				413.92
1	生产及管理单位提前进厂费	%	0.15	550895800	82.63
2	生产职工培训费	%	0.55	550895800	302.99
3	管理用具购置费	%	0.04	550895800	22.04
4	备品备件购置费	%	0.40	12115600	4.85
5	工器具及生产家具购置费	%	0.10	14115600	1.41
五	科研勘测设计费				1935.85
1	工程科学研究试验费	%	0.70	550895800	385.63
2	工程勘测设计费	项			1550.22
六	其他				254.26
1	工程保险费	%	0.45	565011400	254.26
2	其他税费				0
	合　　计				6012.61

第四节　分年度投资及资金流量

一、分年度投资

分年度投资是根据施工组织设计确定的施工进度和合理工期而计算出的工程各年度预计完成的投资额。

1. 建筑工程

(1) 建筑工程分年度投资表应根据施工进度的安排，对主要工程按各单项工程分年度完成的工程量和相应的工程单价计算。对于次要的和其他工程，可根据施工进度，按各年所占完成投资的比例，摊入分年度投资表。

(2) 建筑工程分年度投资的编制可视不同情况按项目划分列至一级项目或二级项目，分别反映各自的建筑工作量。

2. 设备及安装工程

设备及安装工程分年度投资应根据施工组织设计确定的设备安装进度计算各年预计完成的设备费和安装费。

3. 费用

根据费用的性质和费用发生的时段，按相应年度分别进行计算。

二、资金流量

资金流量是为满足工程项目在建设过程中各时段的资金需求，按工程建设所需资金投入时间计算的各年度使用的资金量。资金流量表的编制以分年度投资表为依据，按建筑安装工程、永久设备购置费和独立费用三种类型分别计算。本资金流量计算办法主要用于初步设计概算。

1. 建筑及安装工程资金流量

(1) 建筑工程可根据分年度投资表的项目划分，以各年度建筑工作量作为资金流量的依据。

(2) 资金流量是在原分年度投资的基础上，考虑预付款、预付款的扣回、保留金和保留金的偿还等编制出的分年度资金安排。

(3) 预付款一般可划分工程预付款和工程材料预付款两部分。

1) 工程预付款按划分的单个工程项目的建安工作量的10%～20%计算，工期在3年以内的工程全部安排在第一年，工期在3年以上的可安排在前两年。工程预付款的扣回从完成建安工作量的30%起开始，按完成建安工作量的20%～30%扣回至预付款全部回收完毕为止。

对于需要购置特殊施工机械设备或施工难度较大的项目，工程预付款可取大值，其他项目取中值或小值。

2) 工程材料预付款。水利工程一般规模较大，所需材料的种类及数量较多，提前备料所需资金较大，因此考虑向施工企业支付一定数量的材料预付款。可按分年度投资中次年完成建安工作量的20%在本年提前支付，并于次年扣回，依此类推，直至本项目竣工。

(4) 保留金。水利工程的保留金，按建安工作量的2.5%计算。在计算概算资金流量时，按分项工程分年度完成建安工作量的5%扣留至该项工程全部建安工作量的2.5%时终止（即完成建安工作量的50%时），并将所扣的保留金100%计入该项工程终止后一年（如该年已超出总工期，则此项保留金计入工程的最后一年）的资金流量表内。

2. 永久设备购置费资金流量

永久设备购置费资金流量计算，划分为主要设备和一般设备两种类型分别计算。

(1) 主要设备的资金流量计算。按设备到货周期确定各年资金流量比例，具体比例见表6-17。

表 6-17 主要设备资金流量比例表

到货周期	第1年	第2年	第3年	第4年	第5年	第6年
1年	15%	75%*	10%			
2年	15%	25%	50%*	10%		
3年	15%	25%	10%	40%*	10%	
4年	15%	25%	10%	10%	30%*	10%

注 1. 表中带*号的年份为设备到货年份。
2. 主要设备为水轮发电机组、大型水泵、大型电机、主阀、主变压器、桥机、门机、高压断路器或高压组合电器、金属结构闸门启闭设备等。

(2) 其他设备的资金流量计算。按到货前一年预付15%定金，到货年支付85%的剩余价款。

3. 独立费用资金流量

独立费用资金流量主要是勘测设计费的支付方式应考虑质量保证金的要求，其他项目均按分年度投资表中的资金安排计算。

(1) 可行性研究和初步设计阶段的勘测设计费按合理工期分年平均计算。

(2) 施工图设计阶段勘测设计费的95%按合理工期分年平均计算，其余5%的勘测设计费用作为设计保证金计入最后一年的资金流量表内。

第五节 总概算编制

在各部分概算完成后，即可进行总概算表的编制。总概算表是工程设计概算文件的总表，反映了整个工程项目的全部投资。

一、预备费

预备费包括基本预备费和价差预备费。

1. 基本预备费

基本预备费主要为解决在工程建设过程中，设计变更和有关技术标准调整增加的投资以及工程遭受一般自然灾害所造成的损失和为预防自然灾害所采取的措施费用。

计算方法：根据工程规模、施工年限和地质条件等不同情况，按工程一至五部分投资合计（依据分年度投资表）的百分率计算。

初步设计阶段为5.0%～8.0%。

技术复杂、建设难度大的工程项目取大值，其他工程取中小值。

2. 价差预备费

价差预备费主要为解决在工程建设过程中，因人工工资、材料和设备价格上涨以及费用标准调整而增加的投资。

计算方法：根据施工年限，以资金流量表的静态投资为计算基数。按照有关部门适时发布的年物价指数计算。计算公式如下：

$$E=\sum_{n=1}^{N}F_n[(1+p)^n-1] \tag{6-3}$$

式中 E——价差预备费；

N——合理建设工期；

n——施工年度；

F_n——建设期间资金流量表内第 n 年的投资；

p——年物价指数。

二、建设期融资利息

根据国家财政金融政策规定，工程在建设期内需偿还并应计入工程投资的融资利息。计算公式如下：

$$S = \sum_{n=1}^{N}\left[\left(\sum_{m=1}^{n}F_m b_m - \frac{1}{2}F_n b_n\right) + \sum_{m=0}^{n-1}S_m\right]i \qquad (6-4)$$

式中 S——建设期融资利息；

N——合理建设工期；

n——施工年度；

m——还息年度；

F_n、F_m——建设期间资金流量表内第 n、m 年的投资；

b_n、b_m——各施工年份融资额占当年投资比例；

i——建设期融资利率；

S_m——第 m 年的付息额度。

三、静态总投资

一至五部分投资与基本预备费之和构成工程部分静态投资。编制工程部分总概算表时，在第五部分独立费用之后，应顺序计列一至五部分投资合计、基本预备费、静态投资。

工程部分、建设征地移民补偿、环境保护工程、水土保持工程的静态投资之和构成静态总投资。

四、总投资

静态总投资、价差预备费、建设期融资利息之和构成总投资。

编制工程概算总表时，在工程投资总计中应顺序计列静态总投资（汇总各部分静态投资）、价差预备费、建设期融资利息、总投资。

五、建设征地移民补偿概（估）算编制

1. 编制依据

《水利工程设计概（估）算编制规定》（水总〔2014〕429 号）——建设征地移民补偿。

2. 项目组成

征地移民补偿投资概算应包括农村部分、城（集）镇部分、工业企业、专业项目、防护工程、库底清理、其他费用，以及预备费、有关税费。农村部分、城（集）镇部分、工

业企业、专业项目、防护工程、库底清理、其他费用等应根据具体工程情况分别设置一级、二级、三级、四级、五级项目。

（1）农村部分。包括征地补偿补助，房屋及附属建筑物补偿，居民点新征地及基础设施建设，农副业设施补偿，小型水利水电设施补偿，农村工商企业补偿，文化、教育、医疗卫生等单位迁建补偿，搬迁补助，其他补偿补助，过渡期补助。

（2）城（集）镇部分。城（集）镇部分均应包括房屋及附属建筑物补偿、新征地及基础设施建设、搬迁补助、工商企业补偿、机关事业单位迁建补偿、其他补偿补助等。

（3）工业企业。工业企业迁建补偿包括用地补偿和场地平整、房屋及附属建筑物补偿、基础设施和生产设施补偿、设备搬迁补偿、搬迁补助、停产损失、零星林（果）木补偿等。

（4）专业项目。专业项目恢复改建补偿包括铁路工程、公路工程、库周交通工程、航运工程、输变电工程、电信工程、广播电视工程、水利水电工程、国有农（林、牧、渔）场、文物古迹和其他项目等。

（5）防护工程。防护工程包括建筑工程、机电设备及安装工程、金属结构设备及安装工程、施工临时工程、独立费用和基本预备费。

（6）库底清理。库底清理包括建（构）筑物清理、林木清理、易漂浮物清理、卫生清理、固体废物清理等。

（7）其他费用。其他费用包括前期工作费、综合勘测设计科研费、实施管理费、实施机构开办费、技术培训费、监督评估费等。

（8）预备费。预备费包括基本预备费和价差预备费。

（9）有关税费。有关税费包括与征地有关的国家规定的税费。如耕地占用税、耕地开垦费、森林植被恢复费和草原植被恢复费等。

表 6－18 为建设征地移民补偿投资概算总表见表 6－18。

表 6－18　　建设征地移民补偿投资概算总表

序　号	项　　目	投资/万元	比重/%	备　注
1	农村移民安置补偿费			
2	城（集）镇迁建补偿费			
3	工业企业迁建补偿费			
4	专业项目恢复改建补偿费			
5	防护工程费			
6	库底清理费			
	一至六项小计			
7	其他费用			
8	预备费			
	其中：基本预备费			
	价差预备费			
9	有关税费			
10	总投资			

六、水土保持工程概（估）算编制

1. 编制依据

《水土保持工程概（估）算编制规定》和《水土保持工程概算定额》(水总〔2003〕67号)。

2. 项目组成

水土保持工程项目可划分为工程措施、植物措施、施工临时工程、独立费用共四部分。

(1) 工程措施。指为减轻或避免因开发建设造成植被破坏和水土流失而兴建的永久性水土保持工程。包括拦渣工程、护坡工程、土地整治工程、防洪工程、机械固沙工程、泥石流防治工程、设备及安装工程等。

(2) 植物措施。指为防治水土流失而采取的植物防护工程、植物恢复工程及绿化美化工程（植草、种树）。

(3) 施工临时工程。施工临时工程包括临时防护工程、其他临时工程。临时防护工程指为防止施工期水土流失而采取的各项临时防护措施。其他临时工程指施工期的临时仓库、生活用房、架设输电线路、施工道路等。

(4) 独立费用。独立费用由建设管理费、工程建设监理费、科研勘测设计费、水土流失监测费、工程质量监督费共五项组成。

水土保持工程总概算表见表6-19。

表6-19　水土保持工程总概算表

序号	工程或费用名称	建安工程费	植物措施费		设备费	独立费用	合计
			栽（种）植费	苗木、草、种子费			
	第一部分工程措施						
	⋮						
	第二部分植物措施						
	⋮						
	第三部分临时工程						
	⋮						
	第四部分独立费用						
	⋮						
	一至四部分合计						
	基本预备费						
	静态总投资						
	价差预备费						
	建设期融资利息						
	工程总投资						
	水土保持设施补偿费①						

① 水土保持设施补偿费属行政性收费项目，计算办法按有关规定执行。

七、环境保护工程概（估）算编制

1. 编制依据

《水利水电工程环境保护概估算编制规程》（SL 359—2006）（附条文说明）。

2. 项目组成

水利水电工程环境保护项目划分：第一部分环境保护措施；第二部分环境监测措施；第三部分环境保护仪器设备及安装；第四部分环境保护临时措施；第五部分环境保护独立费用；以及这五部分之外的环境保护预备费和建设期贷款利息。环境保护措施、环境监测措施、环境保护仪器设备及安装、环境保护临时措施、独立费用等五部分分别设置一、二、三级项目。编制概算时，二、三级项目可根据具体工程的实际情况取舍。

（1）环境保护措施应包括防止、减免或减缓指工程对环境不利影响和满足工程环境功能要求而兴建的环境保护措施。主要有水环境（水质、水温）保护、土壤环境保护、陆生植物保护、陆生动物保护、水生生物保护、景观保护及绿化、人群健康保护、生态需水以及其他如移民安置环境保护措施等。概（估）算应按设计工程量（或工作量）乘以工程单价进行编制。

（2）环境监测措施指在施工期开展的环境监测和运行期需要建设的环境监测设施。施工期环境监测措施应包括水质监测、大气监测、噪声监测、卫生防疫监测、生态监测等。运行期环境监测措施可包括监测站（点）等环境监测设施，不包括环境监测费用。概（估）算可按环境保护设计确定的监测工作量和国家或省（自治区、直辖市）有关部门规定的收费标准计算。对建设监测设施的项目，应计算监测设施费用。监测设施费用按设计工程量乘以工程单价或单位造价指标进行计算。

（3）环境保护仪器设备及安装指为保护环境和开展监测工作所需的仪器设备及安装等。主要有环境保护设备、环境监测仪器设备。环境保护设备主要包括污水处理、噪声防治、粉尘防治、垃圾收集处理及卫生防疫等设备。环境监测仪器设备主要包括水环境监测、大气监测、噪声监测、卫生防疫监测、生态监测等仪器设备。概（估）算仪器设备费按仪器设备数量乘以仪器设备预算价格编制；安装费按仪器设备数量乘以仪器设备安装费率编制。

（4）环境保护临时措施指工程施工过程中，为保护施工区及其周围环境和人群健康所采取的临时措施。包括废（污）水处理、噪声防治、固体废物处置、环境空气质量控制、人群健康保护等临时措施。概（估）算按设计工程量（工作量）乘以工程单价计算。

（5）环境保护独立费用包括建设管理费、环境监理费、科研勘测设计咨询费和工程质量监督费等。环境保护工程概（估）算表见表 6 - 20。

八、总概（估）算编制

工程概算总表是由工程部分的总概算表与建设征地移民补偿、环境保护工程、水土保持工程的总概算表汇总并计算而成，见表 6 - 21。

表中Ⅰ是工程部分总概算表，按项目划分的五部分填表并列示至一级项目。

表中Ⅱ是建设征地移民补偿总概算表，列示至一级项目。

表 6-20 环境保护工程总概（估）算表

工程和费用名称	建筑工程措施费/元	植物工程措施费/元	仪器设备及安装费/元	非工程措施费/元	独立费用/元	合计/元	所占比例/%
第一部分环境保护措施							
×××（一级项目）							
第二部分环境监测措施							
×××（一级项目）							
第三部分环境保护仪器设备及安装							
×××（一级项目）							
第四部分环境保护临时措施							
×××（一级项目）							
第五部分环境保护独立费用							
×××（一级项目）							
第一至第五部分合计							
基本预备费							
价差预备费							
建设期贷款利息							
静态总投资							
环境保护总投资							

表中Ⅲ是环境保护工程总概算表。

表中Ⅳ是水土保持总概算表。

表中Ⅴ包括Ⅰ～Ⅳ项合计静态总投资、价差预备费、建设期融资利息、总投资。

表 6-21 工程概算总表 单位：万元

序号	工程或费用名称	建安工程费	设备购置费	独立费用	合计
Ⅰ	工程部分投资 第一部分　建筑工程 ⋮ 第二部分　机电设备及安装工程 ⋮ 第三部分　金属结构设备及安装工程 ⋮ 第四部分　临时工程 ⋮ 第五部分　独立费用 ⋮ 一至五部分投资合计 基本预备费 静态投资				

续表

序号	工程或费用名称	建安工程费	设备购置费	独立费用	合 计
Ⅱ	建设征地移民补偿投资				
	一、农村部分补偿费				
	二、城（集）镇部分补偿费				
	三、工业企业补偿费				
	四、专业项目补偿费				
	五、防护工程费				
	六、库底清理费				
	七、其他费用				
	一至七小计				
	基本预备费				
	有关税费				
	静态投资				
Ⅲ	环境保护工程投资				
	静态投资				
Ⅳ	水土保持工程投资				
	静态投资				
Ⅴ	工程投资总计（Ⅰ～Ⅳ合计）				
	静态总投资				
	价差预备费				
	建设期融资利息				
	总投资				

九、总概算编制示例

【例 6－6】 某枢纽工程第一至第五部分的资金流量见表 6－22，试按给定条件，计算并填写枢纽工程总概算表，其中施工临时工程部分投资为 300 万元，机电设备及安装工程部分安装工程费为 50 万元，设备购置费为 500 万元。

解： 计算结果见表 6－23。

表 6－22　　资 金 流 量 表　　单位：万元

工程或费用名称	第一年	第二年	第三年	合 计
一、建筑工程	5150.00	8100.00	2050.00	15300.00
二、安装工程	10.00	50.00	40.00	100.00
三、设备购置费	140.00	300.00	360.00	800.00
四、独立费用	400.00	300.00	200.00	900.00
一至四部分合计	5700.00	8750.00	2650.00	17100.00
基本预备费	285.00	437.50	132.50	855.00
静态总投资	5985.00	9187.50	2782.50	17955.00
价差预备费	359.10	1135.58	531.50	2026.18
建设期融资利息	177.63	658.53	1093.05	1929.21
总投资	6521.73	10981.61	4407.05	21910.39

注　基本预备费率 5%，物价指数 6%，贷款利率 8%，贷款比例 70%。

表 6-23　　　　　　　　　　　　**总　概　算　表**　　　　　　　　　　　单位：万元

序号	工程或费用名称	建安工程费	设备购置费	其他费用	合　计
1	第一部分　建筑工程	15000.00			15000.00
2	第二部分　机电设备及安装工程	50.00	500.00		550.00
3	第三部分　金属结构设备及安装工程	50.00	300.00		350.00
4	第四部分　施工临时工程	300.00			300.00
5	第五部分　独立费用			900.00	900.00
6	第一至第五部分合计	15400.00	800.00	900.00	17100.00
7	基本预备费				855.00
8	静态总投资				17955.00
9	介差预备费				2026.18
10	建设期融资利息				1929.20
11	总投资				21910.38

【例 6-7】 某中型拦河水闸工程属于引水工程，其设计工程量和工程单价见表 6-24～表 6-29，试编制设计概算。

解： 设计概算编制结果见表 6-24～表 6-29。

表 6-24　　　　　　　　　　　　**工程部分总概算表**　　　　　　　　　　　单位：万元

序号	工程或费用名称	建安工程费	设备购置费	独立费用	合计	所占比例/%
第一部分	建筑工程	1009.08			1009.08	61.31
一	主体建筑工程	950.72			950.72	57.77
二	房屋建筑工程	43.36			43.36	2.63
三	供电线路工程	15.00			15.00	0.91
第二部分	机电设备及安装工程	22.59	58.80		81.39	4.95
一	电气设备及安装工程	22.59	58.80		81.39	4.95
第三部分	金属结构设备及安装工程	32.12	228.59		260.71	15.84
一	闸门设备及安装	19.56	144.85		164.41	9.99
二	启闭设备及安装	12.56	83.74		96.30	5.85
第四部分	施工临时工程	78.80			78.80	4.79
一	导流工程	17.57			17.57	1.07
二	施工交通工程	1.50			1.50	0.09
三	施工房屋建筑工程	31.86			31.86	1.94
四	其他施工临时工程	27.87			27.87	1.69
第五部分	独立费用			215.72	215.72	13.11
一	建设管理费			47.99	47.99	2.92
二	工程建设监理费			30.42	30.42	1.85

续表

序号	工程或费用名称	建安工程费	设备购置费	独立费用	合计	所占比例/%
三	生产准备费			8.91	8.91	0.54
四	科研勘测设计费			121.97	121.97	7.41
五	其他			6.43	6.43	0.39
	一至五部分投资合计	1142.59	287.39	215.72	1645.70	100
	基本预备费（基本预备费率5%）				82.29	
	静态总投资				1727.99	
	价差预备费（资金流量按两年均分 $P=6\%$）				158.63	
	建设期融资利息（$b=70\%$，$i=8\%$）				80.52	
	总投资				1967.14	

表6-25　　　建筑工程概算表

序号	工程或费用名称	单位	数量	单价/元	合计/万元
壹	第一部分　建筑工程				1009.08
一	主体建筑工程				950.72
1	上游护坡				10.79
	土方开挖（运输1km）	m^3	1172.97	9.24	1.08
	土方开挖（利用）	m^3	1645.34	5.49	0.90
	土方回填	m^3	1394.36	7.68	1.07
	C20混凝土齿墙	m^3	20.92	307.18	0.64
	C20混凝土护坡	m^3	174.76	300.26	5.25
	粗砂垫层	m^3	86.03	101.34	0.87
	模板	m^3	240.35	40.84	0.98
2	上游翼墙				117.20
	土方开挖（运输1km）	m^3	1766.35	9.24	1.63
	土方开挖（利用）	m^3	6476.91	5.49	3.56
	土方回填	m^3	5488.91	7.03	3.86
	C25混凝土翼墙	m^3	658.48	315.04	20.74
	钢筋制安	t	36.75	5049.57	18.56
	沥青杉板伸缩缝	m^2	83.86	112.18	0.94
	橡胶止水	m	41.84	87.46	0.37
	模板	m^2	1478.38	40.84	6.04
	造灌注桩孔（ϕ80cm）	m	860.00	269.56	23.18
	灌C25混凝土桩	m	860.00	190.61	16.39
	灌注桩钢筋	t	42.41	5170.15	21.93

续表

序号	工程或费用名称	单位	数量	单价/元	合计/万元
3	上游铺盖				38.32
	C25 混凝土底板	m^3	888.69	302.21	26.86
	钢筋制安	t	14.97	5049.57	7.56
	沥青杉板伸缩缝	m^2	141.38	112.18	1.59
	橡胶止水	m	130.99	87.46	1.15
	模板	m^2	234.92	40.84	0.96
	原闸底板拆除运输 1km	m^3	20.12	98.36	0.20
4	闸室				194.75
	土方开挖（运输 1km）	m^3	5502.72	9.24	5.08
	土方开挖（利用）	m^3	4932.24	5.49	2.71
	土方回填	m^3	4179.86	7.03	2.94
	C15 混凝土垫层	m^3	99.37	282.25	2.80
	C25 闸底板	m^3	1529.37	289.63	44.30
	C25 闸墩	m^3	1361.26	289.80	39.45
	钢筋制安	t	158.91	5049.57	80.24
	沥青杉板伸缩缝	m^2	245.65	112.18	2.76
	橡胶止水	m	61.15	87.46	0.53
	模板	m^2	3413.43	40.84	13.94
5	启闭平台				26.12
	C25 混凝土板梁柱	m^3	264.45	317.86	8.41
	钢筋制安	t	19.60	5049.57	9.90
	模板	m^2	1912.49	40.84	7.81
6	陡坡、消力池				83.97
	土方开挖（运输 1km）	m^3	4107.18	9.24	3.80
	C25 混凝土底板	m^3	1633.99	293.96	48.03
	C15 混凝土垫层	m^3	171.06	282.25	4.83
	PVC 排水管（ϕ80mm）	m	402.00	16.25	0.65
	钢筋制安	t	30.16	5049.57	15.23
	粗砂垫层	m^3	171.06	101.34	1.73
	针刺无纺布	m^2	1647.08	11.34	1.87
	沥青杉板伸缩缝	m^2	350.36	112.18	3.93
	橡胶止水	m	230.26	87.46	2.01
	模板	m^2	463.00	40.84	1.89
7	消力池两侧扶壁挡墙				179.35
	土方开挖（运输 1km）	m^3	551.88	9.24	0.51

续表

序号	工程或费用名称	单位	数量	单价/元	合计/万元
	土方开挖（利用）	m^3	11183.80	5.49	6.14
	土方回填	m^3	9477.79	7.03	6.66
	C25 混凝土墙	m^3	1203.90	311.04	37.45
	钢筋制安	t	66.97	5049.57	33.82
	沥青杉板伸缩缝	m^3	111.64	112.18	1.25
	橡胶止水	m	99.83	87.46	0.87
	模板	m^2	2039.73	40.84	8.33
	PVC 排水管（ϕ80mm）	m	80.16	16.25	0.13
	土工反滤布	m^2	24.46	11.34	0.03
	碎石反滤层	m^3	2.62	93.29	0.02
	造灌注板孔（ϕ80cm）	m	1180.00	269.56	31.81
	灌 C25 混凝土桩	m	1180.00	190.61	22.49
	灌注桩钢筋	t	57.72	5170.15	29.84
8	海漫				26.43
	浆砌石海漫	m^3	705.96	181.38	12.80
	碎石垫层	m^3	133.11	93.29	1.24
	格宾垫	m^3	784.30	142.44	11.17
	针刺无纺布	m^3	1072.61	11.34	1.22
9	海漫两侧翼墙				112.37
	土方开挖（利用）	m^3	7630.72	5.49	4.19
	土方回填	m^3	6845.08	7.03	4.81
	C25 混凝土翼墙	m^3	359.40	315.04	11.32
	钢筋制安	t	32.40	5049.57	16.36
	沥青杉板伸缩缝	m^2	40.25	112.18	0.45
	橡胶止水	m	42.88	87.46	0.38
	模板	m^2	1341.35	40.84	5.48
	造灌注桩孔（ϕ80cm）	m	970.00	269.56	26.15
	灌 C25 混凝土桩	m	970.00	190.61	18.49
	灌注桩钢筋	t	47.86	5170.15	24.74
10	下游护坡				24.37
	土方开挖（运输 1km）	m^3	6818.43	9.24	6.30
	土方开挖（利用）	m^3	548.27	5.49	0.30
	土方回填	m^3	464.64	7.68	0.36
	C20 混凝土齿墙	m^3	52.08	307.18	1.60
	C20 混凝土护坡	m^3	390.38	300.26	11.72

续表

序号	工程或费用名称	单位	数量	单价/元	合计/万元
	粗砂垫层	m^3	193.91	101.34	1.97
	沥青杉板伸缩缝	m^2	14.63	112.18	0.16
	橡胶止水	m	76.23	87.46	0.67
	模板	m^2	314.84	40.84	1.29
11	抛石防冲槽				13.87
	土方开挖（运输 1km）	m^3	1795.83	9.24	1.66
	抛石防冲槽	m^3	1411.40	86.51	12.21
12	原水闸拆除				45.27
	浆砌石拆除（运输 1km）	m^3	5627.11	44.73	25.17
	钢筋混凝土拆除（运输 1km）	m^3	1209.90	98.36	11.90
	混凝土拆除（运输 1km）	m^3	696.44	79.87	5.56
	原管理房拆除	m^2	100.00	50.00	0.50
	原启闭机房拆除	m^2	240.00	50.00	1.20
	原桥头堡拆除	m^2	187.00	50.00	0.94
13	启闭机房及桥头堡工程				78.00
	新建启闭机房及桥头堡	m^2	650.00	1200.00	78.00
二	房屋建筑工程				43.36
	管理房	m^2	100.00	1200.00	12.00
	防汛仓库	m^2	200.00	1000.00	20.00
	值班宿舍及文化福利建筑工程	%	950.72	0.60	5.70
	室外工程投资	%	37.70	15.00	5.66
三	供电线路工程				15.00
	10kV 架空线	km	1.00	150000.00	15.00

表 6-26　　机电设备及安装工程概算表

序号	项目名称	单位	数量	单价/元		合价/万元	
				设备费	安装费	设备费	安装费
贰	第二部分　机电设备及安装工程					58.80	22.59
一	电气设备及安装工程					58.80	22.59
	组合箱变 ZBW-10	套	1	200000	30000	20.00	3.00
	柴油发电机 120GF，120kW，含发电机控制柜	套	1	80000	12000	8.00	1.20
	闸门 LCU 现地控制柜	面	3	40000	6000	12.00	1.80
	电力电缆 YJV22-8.7/10kV-3×50	m	50		245		1.23
	电力电缆 YJV-0.6/1kV-3×150+1×70	m	50		429		2.15
	电力电缆 YJV22-0.6/1kV-3×50+1×25	m	50		147		0.74
	电力电缆 YJV-0.6/1kV-3×35+1×16	m	530		145		7.69

续表

序号	项　目　名　称	单位	数量	单价/元		合价/万元	
				设备费	安装费	设备费	安装费
	电力电缆 YJV-0.6/1kV-4×16	m	340		49		1.67
	电力电缆 YJV-0.6/1kV-3×16	m	70		40		0.28
	电缆桥架（组合式电缆桥架）	项	1	15000	2250	1.50	0.23
	闸门监控系统（含公用LCU柜、工作站、打印机、UPS、管线等）	项	1	150000	22500	15.00	2.25
	室内照明（含配电箱、灯具及管线等）	项	1	20000	3000	2.00	0.30
	防雷接地（含扁钢、圆钢等）	项	1	3000	450	0.30	0.05

表 6-27　　金属结构设备及安装工程概算表

序号	项 目 名 称	单位	数量	单价/元		合价/万元	
				设备费	安装费	设备费	安装费
叁	第三部分金属结构设备及安装工程					228.59	32.12
一	闸门设备及安装					144.85	19.56
	检修闸门	t	13.20	11000		14.52	
	检修闸门埋件	t	18.20	9000	1350	16.38	2.46
	工作闸门	t	88.70	11000	1650	97.57	14.64
	工作闸门埋件	t	18.20	9000	1350	16.38	2.46
二	启闭设备及安装					83.74	12.56
	100t共用电动葫芦及自动抓梁	台	1	130000	19500	13.00	1.95
	固定卷扬启闭机 2×16t	台	6	94000	14100	56.40	8.46
	钢盖板	t	19.12	7500	1125	14.34	2.15

表 6-28　　施工临时工程概算表

序号	项目或费用名称	单位	数量	单价/元	合价/万元
肆	第四部分 施工临时工程				78.80
一	导流工程				17.57
	土围堰	m^3	13086	4.19	5.48
	拆除外运	m^3	13086	9.24	12.09
二	施工交通工程				1.50
	临时道路	km	0.30	50000	1.50
三	施工房屋建筑工程				31.86
1	施工仓库	m^2	500	200	10.00
2	办公、生活及文化福利建筑	%	2.0	10928600	21.86
四	其他施工临时工程	%	2.5	11147200	27.87

表 6-29　　独立费用概算表

序号	项目或费用名称	单位	数量	单价/元	合价/万元
伍	第五部分 独立费用				215.72
一	建设管理费	%	4.2	11425900	47.99
二	工程建设监理费	项			30.42
三	生产准备费				8.91
1	生产职工培训费	%	0.55	11425900	6.28
2	管理用具购置费	%	0.03	11425900	0.34
3	备品备件购置费	%	0.6	2873900	1.72
4	工器具及生产家具购置费	%	0.2	2873900	0.57
四	科研勘测设计费				121.97
1	工程科学研究试验费	%	0.70	11425900	8.00
2	工程勘测设计费				113.97
	勘测费	项			41.61
	设计费	项			72.36
五	其他				6.43
1	工程保险费	‰	4.5	14299800	6.43

本章复习题

一、思考题

1. 名词解释：基本预备费、价差预备费、建设期融资利息、静态总投资、总投资。
2. 设计概算的工程量计算应注意哪些问题？
3. 各部分概算如何编制？
4. 设计概算文件的组成包括哪些内容？
5. 设计概算的编制程序？

二、计算题

某水利枢纽工程一至四部分的资金流量见表 6-30。已知：基本预备费费率为 5%，年物价指数为 5%，融资利率为 6%，各施工年份融资额占当年投资比例的 20%。按给定条件完成该枢纽工程的资金流量表和总概算表。

表 6-30　　资金流量表　　单位：万元

工程或费用名称	合计	建设工期/年		
		1	2	3
一、建筑工程	15300	5150	8100	2050
二、安装工程	200	50	50	100
三、设备工程	700	100	300	300
四、独立费用	900	400	300	200

第七章　其他工程造价文件编制

第一节　投　资　估　算

一、综述

投资估算是项目建议书和可行性研究报告的重要组成部分。

投资估算与初步设计概算在组成内容、项目划分和费用构成上基本相同，但两者设计深度不同，投资估算可根据《水利水电工程项目建议书编制规程》或《水利水电工程可行性研究报告编制规程》的有关规定，对初步设计概算编制规定中部分内容进行适当简化、合并或调整。

设计阶段和设计深度决定了两者编制方法及计算标准有所不同。

二、编制方法及计算标准

1. 基础单价

基础单价编制与设计概算相同。

2. 建筑、安装工程单价

主要建筑、安装工程单价编制与设计概算相同，一般采用概算定额，但考虑投资估算工作深度和精度，应乘以扩大系数。扩大系数见表 7-1。

表 7-1　　建筑、安装工程单价扩大系数表

序号	工　程　类　别	单价扩大系数/%
一	建筑工程	
1	土方工程	10
2	石方工程	10
3	砂石备料工程（自采）	0
4	模板工程	5
5	混凝土浇筑工程	10
6	钢筋制安工程	5
7	钻孔灌浆及锚固工程	10
8	疏浚工程	10
9	掘进机施工隧洞工程	10
10	其他工程	10
二	机电、金属结构设备安装工程	
1	水力机械设备、通信设备	10
2	电气设备、变电站设备安装工程	10

3. 分部工程估算编制

(1) 建筑工程。主体建筑工程、交通工程、房屋建筑工程编制方法与设计概算基本相同。其他建筑工程可视工程具体情况和规模按主体建筑工程投资的3%～5%计算。

(2) 机电设备及安装工程。主要机电设备及安装工程编制方法基本与设计概算相同。其他机电设备及安装工程原则上根据工程项目计算投资，若设计深度不满足要求，可根据装机规模按占主要机电设备费的百分率或单位千瓦指标计算。

(3) 金属结构设备及安装工程。编制方法基本与设计概算相同。

(4) 施工临时工程。编制方法及计算标准与设计概算相同。

(5) 独立费用。编制方法及计算标准与设计概算相同。

4. 分年度投资及资金流量

投资估算由于工作深度仅计算分年度投资而不计算资金流量。

5. 预备费、建设期融资利息、静态总投资、总投资

可行性研究投资估算基本预备费率取10%～12%；项目建议书阶段基本预备费率取15%～18%。价差预备费率同初步设计概算。

三、估算表格及其他

参照设计概算格式。

第二节 项目管理预算

水利部《水利工程建设实施阶段造价管理办法》中明确指出，水利工程建设实施阶段造价管理的基本原则是：静态控制，动态管理，各负其责。

水利工程项目管理预算是工程建设实施阶段造价管理工作的重要组成部分，是静态控制的有力措施。

一、项目管理预算的概念

工程项目实施过程中项目法人不仅要了解总投资，更要系统了解各个标段的投资。由于初步设计阶段分标方案尚未明确，因而设计概算是无法按照标段反映投资的。因此，在批准的设计概算静态总投资额度之内，不同的建设阶段编制不同形式的投资文件很有必要。项目管理预算是在国家批准的初步设计概算基础上，以有利于投资人和项目法人对投资进行有效的管理为目的，根据工程分标方案和招标文件的工程量清单进行编制的投资文件。

二、项目管理预算的作用

设计概算是前期工作中向主管部门及投资人提供投资规模的重要文件，设计概算作为项目的总控目标，其作用毋容置疑，但它不是工程实施过程控制投资的唯一文件。在项目实施过程中，仍然用设计概算来控制投资则操作困难，具体表现在设计概算的项目划分与

实际的标段划分完全不同，设计概算按照五部分划分投资，而实施过程是依据标段划分项目的；设计概算的设计深度有局限，在实施过程中设计方案、施工方案以及工程量等变更在所难免；设计概算采用的定额整体水平及计费标准是全国的平均水平，这与不同标段承包商的投标报价水平及施工实际存在较大出入，难以体现个性。例如，按照定额计算的砂石料单价与实际差别很大。

为了有效控制静态投资，就要解决工程量、中标价及风险预留金等关键问题。根据分标方案的标段划分项目和招标文件，按照“实事求是、合理调整、留出空间”的原则来编制项目管理预算，以此作为项目法人控制各招标工程项目、各独立费用项目投资限额的主要依据。静态投资是项目法人制订年度投资计划、编报统计报表、考核造价盈亏、项目法人绩效评价的重要依据。这样的投资文件与工程施工的标段一致，在控制投资方面可操作性强，也有利于计划、统计、财务、审计、稽查统一尺度和标准。

目前，多数项目法人委托有相应资质的工程造价咨询单位编制项目管理预算。项目管理预算价与合同价两种价格体系相抵的预算盈余额是考核造价管理水平的重要指标。

三、项目管理预算的编制

根据项目分标方案和招标文件编制项目管理预算。编制项目管理预算一般在主体工程招标完成后，按照招标文件提供的工程量清单，以批准的设计概算编制年价格水平进行编制，允许在批准的静态投资额度内进行合理调整，预留风险费用，总投资控制在批准的设计概算总投资之内。

（一）项目管理预算的项目划分

项目管理预算原则上划分为三到四个层次，第一层次一般划分为建安工程采购、设备采购、专项工程采购、技术服务采购、地方政府包干项目、项目法人管理费用、预留风险费用以及价差预备费和建设期融资利息等部分，前七部分构成工程静态总投资，后两部分构成工程动态投资。

上述项目划分也可以根据投资管理的要求和工程的具体情况增删调整；每个部分一般可再划分二到三个层次，二、三层次的项目划分，可参照水利部（水总〔2014〕429号）颁发的《水利工程设计概（估）算编制规定》（工程部分）的工程项目划分。工程招标标段划分、招标工程量清单等结合工程的具体情况设置。

第一部分　建安工程采购

主体建安工程和大型临时建安工程按照工程分标项目分别独立列项；一般招标工程项目，可参照设计概算采用的项目划分方法适度合并。

第二部分　设备采购

机电主要设备按照招标项目独立列项；水力机械辅助设备、电气设备等可按招标项目合并为系统列项；公用设备按通信、通风采暖、机修等分类列项。金属结构设备按闸门设备、启闭设备和拦污设备分类列项。

第三部分　专项工程采购

专业工程采购指专业技术相对独立的工程项目，列入专项工程采购部分。

第四部分 技术服务采购

技术服务采购指科学研究试验等技术服务项目，列入技术服务采购部分。

第五部分 地方政府包干项目

地方政府包干项目指水库淹没处理补偿费、水土保持工程、环境保护工程等项目。若这些项目中有不由地方政府包干的工程，可列入专项工程采购项下。

第六部分 项目法人管理费用

项目法人管理费用项目指项目法人自身开支和管理的费用项目，如项目建设管理费、联合试运转费及生产准备费等。

第七部分 预留风险费用

预留风险费用指可调剂预留费、基本预留费和建设期融资利息。

（二）编制方法

1. 工程量

（1）已完工的工程项目，按结算工程量编制。

（2）已完成招标设计的工程项目，按招标设计工程量编制。

（3）未完成招标设计的一般工程项目，按初步设计工程量编制。

2. 工程单价

（1）基础价格。编制工程单价所依据的人工、电、风、水、砂石料、主要材料预算价格和施工机械台时费用，应与设计概算所采用的价格水平保持一致。

（2）定额依据。编制工程单价所选取的人工、机械效率，应根据该工程实际情况或施工企业可能达到的效率，在留有余地的基础上，对设计概算中相应工程单价所采用定额的人工和机械的效率予以提高；编制工程单价所选取的材料消耗量，在取得试验资料和有准确定量的前提下，可对设计概算中相应工程单价所采用定额的材料消耗量适当降低（如混凝土水泥用量、石方开挖炸药用量等）。总之，其调整幅度，应视其招标工程的风险程度，予以区别对待。

（3）其他直接费。可直接采用设计概算采用的费率计算，也可按各招标工程的具体情况，适当降低费率。如部分临时工程摊入工程单价的，应增列临时工程摊销费。同时，相应降低其他临时工程费用。

（4）税金。直接按设计概算的税率计算。如设计概算采用的税率与国家现行税率有出入时，应执行国家现行税率。

（5）施工组织设计。可根据招标工程的施工组织设计方案，修改设计概算中相应单价采用的施工条件和施工方法。

上述工程单价的编制方法，适用于项目管理预算中需编制工程单价的所有项目。

3. 设备价格

（1）已招标的设备采用中标价。

（2）未招标的设备采用设计概算价。

4. 费用项目

费用项目包括技术服务采购、项目法人管理费用和预留风险费用。

（1）技术服务采购项目不得突破设计概算相应额度，可根据项目的招标价和国家有关规定分别编制。

（2）项目法人管理费用项目原则上按设计概算相应值计列。

（3）预留风险费用项目。基本预备费，按设计概算值计列；可调剂预留费用，根据工程可能存在的风险预测分析计列。

5. 地方政府包干项目

按设计概算值计列。

6. 建设期融资利息

按设计概算值计列。

7. 价差预备费

可按设计概算规定计算，作为投资动态管理的依据。

第三节　施工图预算

施工图预算（又称设计预算）是依据施工图设计文件、施工组织设计、现行的水利水电工程预算定额及费用标准等文件编制的。

一、施工图预算的作用

施工图预算是在施工图设计阶段，在批准的概算范围内，根据国家现行规定，按施工图纸和施工组织设计综合计算的造价。其主要作用如下：

（1）是确定单位工程项目造价的依据。施工图预算比主要起控制造价作用的概算更为具体和详细，因而可以起确定造价的作用。对工业与民用建筑而言尤为突出。如果施工图预算超过了设计概算，应由建设单位会同设计部门报请上级主管部门核准，并对原设计概算进行修改。

（2）是签订工程承包合同，实行投资包干和办理工程价款结算的依据。因施工图预算确定的投资较概算准确，故对于不进行招投标的特殊或紧急工程项目等，常采用预算包干。按照规定程序，经过工程量增减、价差调整后的预算作为结算依据。

（3）是施工企业内部进行经济核算和考核工程成本的依据。施工图预算确定的工程造价是工程项目的预算成本，其与实际成本的差额即为施工利润，是企业利润总额的主要组成部分。这就促使施工企业必须加强经济核算，提高经营管理水平，以降低成本，提高经济效益。同时也是编制各种人工、材料、半成品、成品、机具供应计划的依据。

（4）是进一步考核设计方案经济合理性的依据。施工图预算更详尽和切合实际，可以进一步考核设计方案的技术先进性和经济合理程度。施工图预算，也是编制固定资产的依据。

二、施工图预算编制方法

施工图预算与设计概算的项目划分、编制程序、费用构成、计算方法等基本相同。施工图是工程实施的蓝图，建筑物的细部结构构造、尺寸，设备及装置性材料的型号、规格都已明确，所以据此编制的施工图预算，较概算编制要精细。编制施工图预算的方法与设计概算的不同之处具体表现在以下几个方面。

1. 主体工程

施工图预算与设计概算都采用工程量乘以单价的方法计算投资，但深度不同。

设计概算根据概算定额和初步设计工程量编制，其三级项目经综合扩大，概括性强，而施工图预算则依据预算定额和施工图设计工程量编制，其三级项目较为详细。如概算的闸、坝工程，一般只需套用定额中的综合项目计算其综合单价；而施工图预算需根据预算定额将各部位划分为更详细的三级项目，分别计算单价。

2. 非主体工程

设计概算中的非主体工程以及主体工程中的细部结构采用综合指标（如铁路单价以元/km计、遥测水位站单价以元/座计等）或百分率乘二级项目工程量的方法估算投资；而施工图预算则均要求按三级项目乘以工程单价的方法计算投资。

3. 造价文件形成和组成

概算是初步设计报告的组成部分，在初步设计阶段一次完成，概算完整地反映整个建设项目所需的投资。由于施工图的设计工作量大、历时长，故施工图设计大多以满足施工为前提，陆续出图。因此，施工图预算通常以单项工程为单位，陆续编制，各单项工程单独成册，最后汇总形成总预算投资。

第四节 施 工 预 算

施工预算是施工企业根据施工图纸、施工措施及企业施工定额编制的建筑安装工程在单位工程或分部分项工程上的人工、材料、施工机械台班（时）消耗数和直接费标准，是建筑安装产品及企业基层成本考核的计划文件。施工预算、施工图预算、竣工结算是施工企业进行施工管理的“三算”。

一、施工预算的作用

施工预算的作用主要有以下几个方面：

（1）施工预算是施工企业进行经济活动分析的依据。进行经济活动分析是企业加强经营管理，提高经济效益的有效手段。经济活动分析，主要是应用施工预算的人工、材料和机械台时数量等与实际消耗量对比，同时与施工图预算的人工、材料和机械台时数量进行对比，分析超支、节约的原因，改进操作技术和管理手段，以有效地控制施工中的消耗，节约开支。

（2）施工预算是编制施工作业计划的依据。施工作业计划是施工企业计划管理的中心环节，也是计划管理的基础和具体化。编制施工作业计划，必须依据施工预算计算单位工程或分部分项工程的工程量、材料构配件数量、劳力数量等。

（3）施工预算是计算超额奖和计算计件工资、实行按劳分配的依据。社会主义应当体现按劳分配的原则，施工预算所确定的人工、材料、机械使用量与工程量的关系是衡量工人劳动成果、计算应得报酬的依据，它把工人的劳动成果与劳动报酬联系起来，很好地体现了多劳多得、少劳少得的按劳分配原则。

（4）施工预算是施工单位向施工班组签发施工任务单和限额领料的依据。施工任务单是把施工作业计划落实到班组的计划文件，也是记录班组完成任务情况和结算班组工人工资的凭证。施工任务单的内容可以分为两部分：第一部分是下达给班组的工程任务，包括工程名称、工作内容、质量要求、开工日期和竣工日期、计量单位、工程量、定额指标、计件单价和平均技术等级；第二部分是实际任务完成的情况记载和工资结算，包括实际开工日期和竣工日期、完成工程量、实际工日数、实际平均技术等级、完成工程的工资额、工人工时记录表和每人工资分配额等。其主要工程量、工日消耗量、材料品种和数量均来自施工预算。

二、施工预算的编制依据

编制施工预算的主要依据包括施工图纸、施工定额及补充定额、施工组织设计和实施方案、有关的手册资料等。

1. 施工图纸

施工图纸和说明书必须是经过建设单位、设计单位和施工单位会审通过的，不能采用未经会审通过的图纸，以免返工。

2. 施工定额

施工定额包括全国建筑安装工程统一劳动定额和各部、各地区颁发的专业施工定额。凡是已有施工定额可以参照使用的，应参照施工定额编制施工预算中的人工、材料及机械使用费。在缺乏施工定额作为依据的情况下，可按有关规定自行编制补充定额。施工定额是编制施工预算的基础，这是施工预算与施工图预算的主要差别之一。

3. 施工组织设计

由施工单位编制详细的施工组织设计，所确定的施工方法、施工进度以及所需的人工、材料和施工机械的数量作为编制施工预算的基础。例如，混凝土浇筑工程，应根据设计施工图，结合工程具体的施工条件，确定拌和、运输和浇筑机械的数量，具体的施工方法和运输距离等。

4. 其他资料

诸如建筑材料手册，人工、材料、机械台时费用标准，施工机械手册等。

三、施工预算的编制步骤和方法

1. 编制步骤

编制施工预算和编制施工图预算的步骤相似。首先应熟悉设计图纸及施工定额，对施工单位的人员、劳力、施工技术等有大致了解；对工程的现场情况、施工方式方法要比较清楚；对施工定额的内容、所包括的范围应了解。为了便于与施工图预算相比较，编制施工预算时，应尽可能与施工图预算的分部分项工程相对应。在计算工程量时所采用的计算单位要与定额的计量单位相适应。具备施工预算所需的资料，在已熟悉了基础资料和施工定额的内容后，就可以按以下步骤编制施工预算。

(1) 计算工程量。工程实物量的计算是编制施工预算的基本工作，要认真、细致、准确，不得错算、漏算和重算。凡是能够利用施工图预算的工程量，就不必再算，但工程项目、名称和单位一定要符合施工定额。工程量计算应仔细核对无误后，再根据施工定额的内容和要求，按工程项目的划分逐项汇总。

(2) 按施工图纸内容进行分项工程计算。套用的施工定额必须与施工图纸的内容相一致。分项工程的名称、规格、计量单位必须与施工定额所列的内容相一致，逐项计算分部分项工程所需的人工、材料、机械台时使用量。

(3) 工料分析和汇总。有了工程量后，按照工程的分项名称顺序，套用施工定额的单位人工、材料和机械台时消耗量，逐一计算出各个工程项目的人工、材料和机械台时的用工用料量，最后同类项目工料相加予以汇总，便成为一个完整的分部分项工料汇总表。

(4) 编写编制说明。编制说明包括的内容有：编制依据，包括采用的图纸名称及编号，采用的施工定额，施工组织设计或施工方案；遗留项目或暂估项目的原因和存在的问题以及处理的办法等。

2. 编制方法

编制施工预算的方法有两种：一是实物法，二是实物金额法。

(1) 实物法。实物法的应用比较普遍。它是根据施工图和说明书，按照劳动定额或施工定额规定计算工程量，汇总、分析人工和材料数量，向施工班组签发施工任务单和限额领料单。实行班组核算，与施工图预算的人工和主要材料进行对比，分析超支、节约原因，以加强企业管理。

(2) 实物金额法。实物金额法即根据实物法编制施工预算的人工和材料数量分别乘以人工和材料单价，求得直接费，或根据施工定额规定计算工程量，套用施工定额单价计算直接费。其实物量用于向施工班组签发施工任务单和限额领料单，实行班组核算。直接费与施工图预算的直接费进行对比，以改进企业管理。

四、施工预算和施工图预算对比

施工预算和施工图预算对比是建筑企业加强经营管理的手段，通过对比分析，找出节约、超支的原因，研究解决措施，防止人工、材料和机械使用费的超支，避免发生计划成本亏损。

施工预算和施工图预算对比是将施工预算计算的工程量，套用施工定额中的人工定额、材料定额，分析出人工和主要材料数量，然后按施工图预算计算的工程量套用预算定额中的人工、材料定额，得出人工和主要材料数量，对两者人工和主要材料数量进行对比，对机械台时数量也应进行对比，这种对比称为实物对比法。

将施工预算的人工和主要材料、机械台时数量分别乘以单价，汇总成人工、材料和机械使用费，与施工图预算相应的人工、材料和机械使用费进行对比。这种对比法称为实物金额对比法。

由于施工图预算与施工预算的定额水平不一样，施工预算的人工、材料、机械使用量及其相应的费用一般应低于施工图预算。当出现相反情况时，要调查分析原因，必要时要改变施工方案。

本章复习题

1. 投资估算与设计概算有什么区别?

2. 项目管理预算的项目划分有什么特点?

3. 施工图预算与施工预算的区别是什么?

4. 投资估算、设计概算、施工图预算、施工预算造价文件编制的方法和步骤主要有哪些?

第八章　水利工程招标文件编制

第一节　概　述

一、招投标概念

所谓招标，是招标人（业主或发包人）就拟建工程准备招标文件，发布招标广告或信函以吸引或邀请投标人（潜在承包商）来购买招标文件进行投标，通过评标择优选择承包商，并与之签订施工承包合同的过程。所谓投标，是投标人根据业主的招标条件，以递交投标文件的形式争取承包工程项目的过程。

二、招投标依据

（1）《中华人民共和国招标投标法》（2000 年 1 月 1 日实施）。

（2）《中华人民共和国招标投标法实施条例》（2012 年 2 月 1 日起施行）。

（3）《水利工程建设项目招标投标管理规定》（水利部令第 14 号）。

（4）《水利水电工程标准施工招标文件》（2009 年版，2010 年 2 月 1 日施行）。

（5）《水利工程工程量清单计价规范》（GB 50501—2007）。

（6）其他（评标、监督等）。

三、招标具体范围和规模标准

《水利工程建设项目招标投标管理规定》（水利部令第 14 号）第三条规定，符合下列具体范围并达到规模标准之一的水利工程建设项目必须进行招标：

（1）具体范围：

1）关系社会公共利益、公共安全的防洪、排涝、灌溉、水力发电、引（供）水、滩涂治理、水土保持、水资源保护等水利工程建设项目。

2）使用国有资金投资或者国家融资的水利工程建设项目。

3）使用国际组织或者外国政府贷款、援助资金的水利工程建设项目。

（2）规模标准：

1）施工单项合同估算价在 200 万元人民币以上的。

2）重要设备、材料等货物的采购，单项合同估算价在 100 万元人民币以上的。

3）勘察设计、监理等服务的采购，单项合同估算价在 50 万元人民币以上的。

4）项目总投资额在 3000 万元人民币以上，但分标单项合同估算价低于本项第 1）、2）、3）规定的标准的项目原则上都必须招标。

可以不进行招标的项目：

根据《中华人民共和国招标投标法》第六十六条：涉及国家安全国家秘密抢险救灾或者属于利用扶贫资金实行以工代账需要使用农民工等特殊情况不适宜进行招标的项目按照国家有关规定可以不进行招标。

四、招标原则

根据《中华人民共和国招标投标法》，招标投标的原则是公开、公平、公正和诚实信用。

其中，公开包括招标公告，评标办法等，但不是所有的信息都公开，也就是说有的信息不能公开。下列内容是不能公开的：

（1）通过资格预审的潜在投标人名单。

（2）若设有标底，标底应保密。

（3）评标委员会人员名单应保密。评标委员会名单应在开标截止日期前48小时确定名单，从专家库随机抽取，2/3以上是专业、经济方面专家；人数5人以上单数（招投标法规定）；7人以上单数（14号文规定）；经水行政主管部门批准，招标人可以指定部分评标专家，但不得超过专家人数的1/3。

（4）评标过程。

五、招标方式

招标方式包括公开招标和邀请招标。

1. 公开招标

公开招标，是指招标人以招标公告的方式邀请不特定的法人或者其他组织投标。

招标公告必须发布在《中国日报》《中国建设报》《中国经济导报》《中国采购与招标网》媒体之一。地方大型项目，重点项目、中央投资地方重点同时还应在《中国水利报》上发布。国家重点水利项目、地方重点水利项目及全部使用国有资金投资或者国有资金投资占控股或者主导地位的项目应当公开招标。

2. 邀请招标

邀请招标，是指招标人以投标邀请书的方式邀请特定的法人或者其他组织投标。

有下列情况之一，按规定经批准后可邀标：

（1）工程建设项目施工招标投标办法（国家发改委等七部委第30号令）。

（2）项目技术复杂或有特殊要求，只有少量几家潜在投标人可供选择的。

（3）受自然地域环境限制的。

（4）涉及国家安全、国家秘密或者抢险救灾，适宜招标但不宜公开招标的。

（5）拟公开招标的费用与项目的价值相比，不值得的。

（6）法律、法规规定不宜公开招标的。

六、施工招标应当具备的条件

（1）初步设计已经批准。

（2）建设资金来源已落实，年度投资计划已经安排。

（3）监理单位已确定。

（4）具有能满足招标要求的设计文件，已与设计单位签订适应施工进度要求的图纸交付合同或协议。

（5）有关建设项目永久征地、临时征地和移民搬迁的实施、安置工作已经落实或已有明确安排。

七、招投标程序

根据《中华人民共和国招标投标法》《中华人民共和国招标投标法实施条例》《水利工程建设项目招标投标管理规定》（水利部令第14号），水利工程招标的基本程序如下：

（1）水利工程施工招标报告备案。

（2）编制招标文件。

（3）发布招标信息（招标公告或投标邀请书）。

（4）组织资格预审（若进行资格预审）。

（5）组织踏勘现场和投标预备会（若组织）。

（6）对问题进行澄清。

（7）组织成立评标委员会。

（8）组织开标、评标。依法必须进行招标的项目，自招标文件开始发出之日起至投标人提交投标文件截止之日止，最短不应当少于20日。

（9）确定中标人。

（10）提交招标投标情况的书面总结报告。

（11）发中标通知书。

（12）订立书面合同。招标人与中标人签订合同后5个工作日内，应当退还投标保证金。

八、投标人资格要求

根据《水利水电工程标准施工招标资格预审文件》（2009年版）及《水利水电工程标准施工招标文件》（2009年版），投标人的资格要求包括很多方面，具体见表8-1。

表8-1　　投标人资格要求

要　求	具　体　要　求
1. 资质条件	资质证书有效性和资质等级符合性
2. 财务要求	近3年财务状况表
3. 业绩要求	近5年完成类似项目情况表
4. 信誉要求	近3年发生的诉讼及仲裁情况
5. 项目经理资格要求	本单位的水利水电工程专业注册建造师
6. 营业执照	营业执照承揽范围和有效期符合性
7. 安全生产许可证	有效性
8. 技术负责人资格要求	本单位人员，有一定数量类似工程业绩
9. 其他主要人员要求	委托代理人、安全管理人员、质量管理人员、财务负责人还必须是本单位人员，企业负责人、技术安全管理人员具备有效的安全生产考核合格证书
10. 设备要求	不宜作为资格审查因素
11. 认证体系要求	质量、环境保护和职业健康、安全等管理体系认证等方面的要求
12. 有效生产能力要求	通过"正在施工和新承接的项目情况表"判断

下面对资质等级、信誉等级和项目经理资格要求等进行详细说明。

(一) 资质等级

水利工程建设项目施工招标时，投标人应具有相应的企业资质。国家对建筑业企业实行资质管理。建筑业企业资质等级分为总承包、专业承包和劳务分包三个序列。

1. 施工总承包企业资质等级的划分和承包范围

根据《建筑业企业资质管理规定》(建设部令 159 号)，水利水电工程施工总承包企业资质等级分为特级、一级、二级、三级，相应承包范围是：

(1) 特级企业可承担各种类型的水利水电工程及辅助生产设施的建筑、安装和基础工程的施工。

(2) 一级企业可承担单项合同额不超过企业注册资本金 5 倍的各种类型水利水电工程及辅助生产设施的建筑、安装和基础工程的施工。

(3) 二级企业可承担单项合同额不超过企业注册资本金 5 倍的下列工程的施工：库容 1 亿 m^3、装机容量 100MW 及以下水利水电工程及辅助生产设施的建筑、安装和基础工程施工。

(4) 三级企业可承担单项合同额不超过企业注册资本金 5 倍的下列工程的施工：库容 1000 万 m^3、装机容量 10MW 及以下水利水电工程及辅助生产设施的建筑、安装和基础工程施工。

2. 施工专业承包企业资质等级的划分和承包范围

水利水电工程施工专业承包企业资质划分为水工建筑物基础处理工程、水工金属结构制作与安装工程、水利水电机电设备安装工程、河湖整治工程、堤防工程、水工大坝工程和水工隧洞工程 7 个专业，每个专业分为一级、二级、三级。

(1) 水工建筑物基础处理工程专业承包范围：

1) 一级企业可承担各类水工建筑物基础处理工程的施工。

2) 二级企业可承担单项合同额 1500 万元以下的水工建筑物基础处理工程的施工。

3) 三级企业可承担单项合同额 500 万元以下的水工建筑物基础处理工程的施工。

(2) 水利水电机电设备安装工程专业承包范围：

1) 一级企业可承担各类水电站、泵站主机(各类水轮发电机组、水泵机组)及其附属设备和水电(泵)站电气设备的安装工程。

2) 二级企业可承担单项合同额不超过企业注册资本金 5 倍的单机容量 100MW 及以下的水电站、单机容量 1000kW 及以下的泵站主机及其附属设备和水电(泵)站电气设备的安装工程。

3) 三级企业可承担单项合同额不超过企业注册资本金 5 倍的单机容量 25MW 及以下的水电站、单机容量 500kW 及以下的泵站主机及其附属设备和水电(泵)站电气设备的安装工程。

(3) 河湖整治工程专业承包范围：

1) 一级企业可承担各类河道、湖泊的河势控导、险工处理、疏浚、填塘固基工程的施工。

2) 二级企业可承担单项合同额不超过企业注册资本金 5 倍的 2 级及以下堤防相对应的河道、湖泊的河势控导、险工处理、疏浚、填塘固基工程的施工。

3）三级企业可承担单项合同额不超过企业注册资本金5倍的3级及以下堤防相对应的河湖疏浚整治工程及一般吹填工程的施工。

（4）堤防工程专业承包范围：

1）一级企业可承担各类堤防的堤身填筑、堤身整险加固、防渗导渗、填塘固基、堤防水下工程、护坡护岸、堤顶硬化、堤防绿化、生物防治和穿堤、跨堤建筑物（不含单独立项的分洪闸、进水闸、排水闸、挡潮闸等）工程的施工。

2）二级企业可承担单项合同额不超过企业注册资本金5倍的2级及以下堤防的堤身填筑、堤身整险加固、防渗导渗、填塘固基、堤防水下工程、护坡护岸、堤顶硬化、堤防绿化、生物防治和穿堤、跨堤建筑物（不含单独立项的分洪闸、进水闸、排水闸、挡潮闸等）工程的施工。

3）三级企业可承担单项合同额不超过企业注册资本金5倍的3级及以下堤防的堤身填筑、堤身整险加固、防渗导渗、填塘固基、堤防水下工程、护坡护岸、堤顶硬化、堤防绿化、生物防治和穿堤、跨堤建筑物（不含单独立项的分洪闸、进水闸、排水闸、挡潮闸等）工程的施工。

（5）水工大坝工程专业承包范围：

1）一级企业可承担各类坝型的坝基处理、永久和临时水工建筑物及其辅助生产设施的施工。

2）二级企业可承担单项合同额不超过企业注册资本金5倍、70m及以下各类坝型坝基处理、永久和临时水工建筑物及其辅助生产设施的施工。

3）三级企业可承担单项合同额不超过企业注册资本金5倍、50m及以下各类坝型坝基处理、永久和临时水工建筑物及其辅助生产设施的施工。

（二）水利建设市场主体信誉等级

根据《水利建设市场主体信用评价暂行办法》（中水协〔2009〕39号）第八条至第十条规定：

水利建设市场主体信用等级分为诚信（AAA级、AA级、A级）、守信（BBB级）、失信（CCC级）三等五级。AAA级表示为信用很好，AA级表示为信用好，A级表示为信用较好，BBB级表示为信用一般，CCC级表示为信用差。水利建设市场主体信用评价标准由基础管理、经营效益、市场行为、工程服务、品牌形象和信用记录六个指标体系30项指标组成，按权重分别赋分，合计100分。信用等级评价分值为91～100分的为AAA级，81～90分的为AA级，71～80分的为A级，61～70分的为BBB级，60分以下的为CCC级。

（三）项目经理资格要求

项目经理应当由本单位的水利水电工程专业注册建造师担任。除执业资格要求外，项目经理还必须有一定数量类似工程业绩，且具备有效的安全生产考核合格证书。资格预审申请文件应提交项目经理属于本单位人员的相关证明材料。

九、投标文件格式要求

（1）投标文件签字盖章要求是：投标文件正本除封面、封底、目录、分隔页外的其他每一页必须加盖投标人单位章并由投标人的法定代表人或其委托代理人签字，已标价的工程量清单还应由注册水利工程造价工程师加盖执业印章。

（2）投标文件份数要求是正本1份，副本4份。

（3）投标文件用A4纸（图表页除外）装订成册，编制目录和页码，并不得采用活页夹装订。

十、无效标和废标

根据《评标委员会和评标办法暂行规定》第二十五条规定：

（1）出现下列情况之一的被称为无效标：

1）未按招标文件要求密封。

2）逾期送达。

3）法定代表人或授权委托人未参加开标会。

（2）出现下列情况之一的被列为废标：

1）未按招标文件要求盖章、签字。

2）招标文件要求不得标明名称、标记或有透漏标记。

3）未按要求编写或字迹模糊造成实质性问题无法确认。

4）未按要求交纳投标保证金。

5）提供虚假材料。

6）超出招标文件规定，违反强制性条文。

7）联合体未附共同协议。

8）投标人名称或组织机构与资格预审不一致。

十一、投标人纪律要求

投标人不得以他人名义投标或允许他人以本单位名义承揽工程或串通投标报价。

1. 以他人名义投标

（1）投标人挂靠其他施工单位。

（2）投标人从其他施工单位通过转让或租借的方式获取资格或资质证书。

（3）由其他单位及法定代表人在自己编制的投标文件上加盖印章或签字的行为。

2. 允许他人以本单位名义承揽工程

（1）投标人的法定代表人的委托代理人不是投标人本单位人员。

（2）投标人拟在施工现场所设项目管理机构的项目负责人、技术负责人、财务负责人、质量管理人员、安全管理人员不是本单位人员。

投标人为本单位人员，必须同时满足以下条件：

1）聘任合同必须由投标人单位与之签订。

2）与投标人单位有合法的工资关系。

3）投标人单位为其办理社会保险关系，或具有其他有效证明其为本单位人员身份的文件。

3. 投标人串通投标报价

(1) 投标人之间相互约定抬高或压低投标报价。

(2) 投标人之间相互约定，在招标项目中分别以高、中、低价位报价。

(3) 投标人之间先进行内部竞价，内定中标人，然后再参加投标。

(4) 投标人之间其他串通投标报价的行为。

第二节 招标文件组成

一、招标文件编制依据

(1)《水利水电工程标准施工招标资格预审文件》(2009 年版)。

(2)《水利水电工程标准施工招标文件》(2009 年版)(以上两个文件简称《水利水电工程标准文件》)。

(3)《水利工程工程量清单计价规范》(GB 50010—2007)。

二、招标文件的主要内容

根据《水利水电工程标准施工招标文件》(2009 年版)，招标文件包括四卷八章的内容：

第一卷包括第 1 章～第 5 章：招标公告（投标邀请书）、投标人须知、评标办法、合同条款及格式和工程量清单等内容。

第二卷由第 6 章图纸（招标图纸）组成。

第三卷由第 7 章技术标准和要求组成。

第四卷由第 8 章投标文件格式组成。

三、招标文件的解读

随着水利工程建设市场招投标工作逐步规范化，原《水利水电工程施工合同和招标文件示范文本》(GF 2000—0208)(以下简称《范本》)同时废止。《水利水电工程标准施工招标文件》(2009 年版)(以下简称《标准》)颁布，并于 2010 年 2 月 1 日起实施。《标准》的共有四卷八章的内容，第一卷（第 1 章～第 5 章）包括：招标公告（投标邀请书）、投标人须知、评标办法、合同条款及格式和工程量清单等内容；第二卷（第 6 章）为图纸（招标图纸）；第三卷（第 7 章）为技术标准和要求；第四卷（第 8 章）为投标文件格式。《范本》包括三卷内容：第一卷商务文件包括投标邀请书，投标须知，合同条款，协议书，履约担保证件和工程预付款保函，投标报价书、投标保函和授权委托书，工程量清单，投标辅助资料，资格审查资料；第二卷为技术条款；第三卷为招标图纸。目前一些招标文件的编制存在许多问题，甚至有的仍还按照老规范编制。因此，有必要针对新旧规范进行对比，剖析其区别，为以后编制招标文件提供帮助，也为投标人理解招标文件提供参考。通过比较，《范本》和《标准》在评标办法、工程量清单、技术标准和要求等内容及格式要求有较大变化，下面从这三个方面分别解读。

（一）评标办法解读

《标准》第三章增加评标办法，分为经评审的最低投标价法和综合评估法两种，招标人可以根据招标项目具体特点和实际需要，进行选择。

1. 经评审的最低投标价法

采用经评审的最低投标价法的，评标委员会根据招标文件规定的量化因素及量化标准，对满足招标文件实质要求的投标文件进行价格折算，并按照评审投标价由低到高的顺序推荐中标候选人，但投标报价低于其成本的除外。经评审的投标价相等时，投标报价低的优先；投标报价也相等的，由招标人自行在招标文件中确定。

2. 综合评估法

综合评估法是指评标委员会按照招标文件规定的评分标准，对满足招标文件实质性要求的投标文件进行打分，并按得分由高到低顺序推荐中标候选人，投标报价低于其成本的除外。综合评分相等时，以投标报价低的优先；投标报价也相等的，由招标人自行确定。

3. 两种评标办法的比较

两种评标办法的区别见表 8-2。

表 8-2　　经评审的最低投标价法与综合评估法区别

评标办法	初步评审因素	详细评审
经评审的最低投标价法	形式评审、资格评审、响应性评审、施工组织设计和项目管理机构评审	根据量化因素（单价遗漏、付款条件等）进行价格折算，计算评标价
综合评估法	形式评审、资格评审、响应性评审	根据施工组织设计、项目管理机构、投标报价等评分标准进行打分，计算综合评估得分

由表得出，两种评标办法的不同点在于施工组织设计、项目管理机构和投标报价等评审因素的评审标准不同。通过研读评标办法，投标人可以更好的编制投标文件，针对评审指标做到有的放矢，避免废标。

（二）工程量清单解读

《标准》第五章编印了两种格式的工程量清单，包括水利工程工程量清单计价格式和工程量清单分组计价格式，招标人可根据招标项目具体特点选择使用。第一种格式的编制基础是《水利工程工程量清单计价规范》（GB 50501—2007）（以下简称《计价规范》），第二种格式的编制基础是《范本》。

1. 水利工程工程量清单计价格式

该清单计价格式是参考《计价规范》编制而成的。正是由于该规范的出台，使工程量清单编制和工程量清单计价编制更加标准化和规范化。水利工程工程量清单计价表包括：①投标总价；②工程项目总价表；③分类分项工程量清单计价表；④措施项目清单计价表；⑤其他项目清单计价表；⑥计日工项目计价表；⑦工程单价汇总表；⑧工程单价费（税）率汇总表；⑨投标人生产电、风、水、砂石基础单价汇总表；⑩投标人生产混凝土配合比材料费表；⑪招标人供应材料价格汇总表（若招标人提供）；⑫投标人自行采购主要材料预算价格汇总表；⑬招标人提供施工机械台时（班）费汇总表（若招标人提供）；

⑭投标人自备施工机械台时（班）费汇总表；⑮总价项目分类分项工程分解表；⑯工程单价计算表；⑰人工费单价汇总表。

2. 工程量清单分组计价格式

该清单计价格式是参考《范本》编制而成的，其工程量清单计价表包括：①投标总价；②工程项目总价表；③分组工程量清单报价表；④计日工项目报价表；⑤工程单价汇总表；⑥工程单价费（税）率汇总表；⑦投标人生产电、风、水、砂石基础单价汇总表；⑧投标人生产混凝土配合比材料费表；⑨招标人供应材料价格汇总表（若招标人提供）；⑩投标人自行采购主要材料预算价格汇总表；⑪招标人提供施工机械台时（班）费汇总表（若招标人提供）；⑫投标人自备施工机械台时（班）费汇总表；⑬总价项目分解表；⑭工程单价计算表；⑮人工费单价汇总表。

3. 两种清单计价格式的比较

两种清单计价格式区别表现在两个方面：工程量清单报价表格和工程单价计价模式。

（1）工程量清单报价表格式有所不同。水利工程工程量清单计价格式工程量清单由分类分项工程量清单、措施项目清单、其他项目清单和零星工作项目清单组成。分类分项工程量清单应根据《计价规范》规定的项目编码，按12位编码严格进行分类。工程量清单分组计价格式按《范本》要求按单位工程或专项工程模式进行分组。

（2）工程单价计价模式不同。《计价规范》指出工程单价包括直接费、施工管理费、企业利润和税金；《范本》工程单价费用构成包括直接工程费、间接费、企业利润和税金。

因此，投标人在报价时应严格按照招标文件给出的格式编制工程量清单报价表。

（三）技术标准和要求解读

《范本》“技术条款”颁发以来已在水利水电工程建设领域广泛应用。它对水利水电工程的施工招标、工程合同管理以及施工质量控制起到了良好的作用。随着我国建设管理体制的改革、科学技术进步、施工装备水平的提高、国外先进技术的引进，以及我国很多大中型水利水电工程的建设和投入运行，积累了极其丰富的施工技术经验，提供了新的科学数据。再加上近几年来，原颁布的许多国家与行业标准及规程规范的修订再版，迫切需要更新技术标准和要求（技术条款）的出台。

《标准》第七章技术标准和要求（以下简称新技术条款）将《范本》技术条款（以下简称老技术条款）第1章分解为“一般规定”“施工临时设施”“施工安全措施”“环境保护和水土保持”四章。第1章“一般规定”除具体划分发包人和承包人各自的工作责任外，还详细说明发包人进行合同管理的工作内容、工程验收程序和合同的计量支付规则；第2章“施工临时设施”说明发包人与承包人对建设施工临时设施的分工，以及施工临时设施的工作内容；第3章“施工安全措施”提出承包人应承担的施工安全责任和应采取的安全措施；第4章“环境保护和水土保持”强调承包人应遵守的国家法律、法规，以及要求承包人采取的环境保护和水土保持措施；第5章～第24章则按专业工程的施工顺序和不同的施工技术内容，以大型水利水电工程各类建筑物的施工为基本目标，并按各专业工程技术独立成章的方式，根据国家与行业新颁布的标准及规程规范，修编各章的施工技术内容。

新技术条款是针对发包人将整个工程的施工作业交由一个承包人进行总承包的模式编写的。若发包人根据其建设管理和招投标工作安排的需要进行分标时，则应由编制单位针对各分标项目的承包内容，参照本技术条款的格式和内容，另行编制各分标项目的技术条款。

特别值得注意的是《标准》技术标准和要求每章都有相应的计量与支付要求，为编制清单项目和投标报价费用分摊提供了参考，更为施工合同工程计量与支付提供依据。

《标准》与《范本》相比，编制招标文件更加清晰，更加标准化。尤其在评标办法、工程量清单、技术标准和要求等方面提出了更加明确的要求和格式。

《标准》不仅有利于招标人编制招标文件，并且由于引入了《计价规范》为投标人编制投标文件参与投标竞价提供了公平的竞争平台。

第三节　工程量清单编制

《水利水电标准施工招标文件》（2009 年版）提供了两种工程量清单编制格式，招标人可根据招标项目具体特点选择使用。第一种格式的编制基础是《水利工程工程量清单计价规范》（GB 50501—2007）；第二种格式的编制基础是《水利水电工程施工合同和招标文件示范文本》（GF—2000—0208）。

一、水利工程工程量清单格式

工程量清单由分类分项工程量清单、措施项目清单、其他项目清单和零星工作项目清单组成。

1. 分类分项工程量清单

分类分项工程量清单应包括序号、项目编码、项目名称、计量单位、工程数量、主要技术条款编码和备注。分类分项工程量清单应根据《水利工程工程量清单计价规范》（GB 50501—2007）规定的项目编码、项目名称、主要项目特征、计量单位、工程量计算规则、主要工作内容和一般适用范围进行编制。具体要求如下。

（1）项目编码。项目编码采用十二位阿拉伯数字表示（由左至右计位）。一至九位为统一编码，其中，一、二位为水利工程顺序码，三、四位为专业工程顺序码，五、六位为分类工程顺序码，七、八、九位为分项工程顺序码，十至十二位为清单项目名称顺序码（十至十二位应根据招标工程的工程量清单项目名称由编制人设置，并应自 001 起顺序编码）。例如一般石方开挖的项目编号为 500102001001。

（2）分项目名称。项目名称应根据主要项目特征并结合招标工程的实际确定。

（3）计量单位。应按规定的计量单位确定。

（4）工程数量。工程数量应根据合同技术条款计量和支付规定计算。工程数量的有效位数应遵守下列规定：

以“立方米（m^3）”“平方米（m^2）”“米（m）”“千克（kg）”“个”“项”“根”“块”“组”“面”“只”“相”“站”“孔”“束”为单位的，应取整数；以“吨（t）”“公里（km）”为单位的，应保留小数点后 2 位数字，第 3 位数字四舍五入。

南水北调某分类分项工程清单见表8-3。

表8-3　　南水北调某分类分项工程量清单表

合同编号：HNJ-2010/×××

工程名称：南水北调中线一期工程总干渠×××

序号	项目编码	项目名称	计量单位	工程数量	单价/元	合价/元	备注
1		建筑工程					
1.1		渠道建筑工程					
1.1.1		渠道土方工程					
1.1.1.1	500101002001	土方开挖	m^3	1634824			
1.1.1.2	500103001001	渠堤土方填筑	m^3	159205			
⋮							

2. 措施项目清单

措施项目指为完成工程项目施工，发生于该工程施工前和施工过程中招标人不要求列示工程量的施工措施项目。措施项目清单，主要包括环境保护、文明施工、安全防护措施、小型临时工程、施工企业进退场费、大型施工设备安拆费等，应根据招标工程的具体情况参考表8-4编制。

表8-4　　措施项目一览表

序号	项目名称	序号	项目名称
1	环境保护措施	4	小型临时工程
2	文明施工措施	5	施工企业进退场费
3	安全防护措施	6	大型施工设备安拆费

3. 其他项目清单

其他项目指为完成工程项目施工，发生于该工程施工过程中招标人要求计列的费用项目。其他项目清单列暂列金额一项，指招标人为暂定项目和可能发生的合同变更而预留的金额，一般可取分类分项工程项目和措施项目合价的5%。

4. 零星工作项目清单

零星工作项目指完成招标人提出的零星工作项目所需的人工、材料、机械单价，也称“计日工”。

零星工作项目清单，编制人应根据招标工程具体情况，对工程实施过程中可能发生的变更或新增加的零星项目，列出人工（按工种）、材料（按名称和规格型号）、机械（按名称和规格型号）的计量单位，并随工程量清单发至投标人。

5. 工程量清单格式

工程量清单根据规范《水利工程工程量清单计价规范》（GB 50501—2007）应采用统一格式。工程量清单格式应由下列内容组成：

（1）封面。

（2）填表须知。

（3）总说明。

（4）分类分项工程量清单。

（5）措施项目清单。

（6）其他项目清单。

（7）零星工作项目清单。

（8）其他辅助表格。

1）招标人供应材料价格表。

2）招标人提供施工设备表。

3）招标人提供施工设施表。

6. 工程量清单格式填写规定

工程量清单格式的填写应符合下列规定：

（1）工程量清单应由招标人编制。

（2）填表须知除本规范内容，招标人可根据具体情况进行补充。

（3）总说明填写。

1）招标工程概况；

2）工程招标范围；

3）招标人供应的材料、施工设备、施工设施简要说明；

4）其他需要说明的问题。

（4）分类分项工程量清单填写：

1）项目编码，按规范《水利工程工程量清单计划规范》（GB 50501—2007）规定填写，规范附录A和附录B中项目编码以×××表示的十至十二位由编制人自001起顺序编码。

2）项目名称，根据招标项目规模和范围，附录A和附录B的项目名称，参照行业有关规定，并结合工程实际情况设置。

3）计量单位的选用和工程量的计算应符合规范附录A和附录B的规定。

4）主要技术条款编码，按招标文件中相应技术条款的编码填写。

（5）措施项目清单填写。按招标文件确定的措施项目名称填写。凡能列出工程数量并按单价结算的措施项目，均应列入分类分项工程量清单。

（6）其他项目清单填写。按招标文件确定的其他项目名称、金额填写。

（7）零星工作项目清单填写：

1）名称及规格型号，人工按工种，材料按名称和规格型号，机械按名称和规格型号，分别填写。

2）计量单位，人工以工日或工时，材料以t、m^3等，机械以台时或台班，分别填写。

（8）招标人供应材料价格表填写。按表中材料名称、型号规格、计量单位和供应价填写，并在供应条件和备注栏内说明材料供应的边界条件。

（9）招标人提供施工设备表填写。按表中设备名称、型号规格、设备状况、设备所在地点、计量单位、数量和折旧费填写，并在备注栏内说明对投标人使用施工设备的要求。

（10）招标人提供施工设施表填写。按表中项目名称、计量单位和数量填写，并在备注栏内说明对投标人使用施工设施的要求。

二、工程量清单分组格式

工程量清单分组计价格式按 GF—2000—0208 进行工程量清单的项目分组。工程量清单按单位工程或专项工程模式进行分组。

(1) 按单位工程分组。分组工程量清单报价表中的序号分为四段数字：

□第一段—□第二段—□第三段—□第四段

其分段含意为：第一段数字为分组号，代表单位工程序号；第二段数字为专业工程序号，与技术标准和要求（合同技术条款）的章号相一致；第三段数字为该专业工程下属的子项序号；第四段数字为第三段数字所指工程子项的下属孙项序号。

(2) 按技术标准和要求（合同技术条款）各章的专项工程进行分组。

分组工程量清单报价表中的序号分为四段数字：

□第一段—□第二段—□第三段—□第四段

其分段含意为：第一段数字为分组号，代表专项工程序号，与技术标准和要求（合同技术条款）中各章的章号一致；第二段数字为单位工程序号，同一单位工程在各分组工程量清单报价表中序号的第二段数字相同；第三段数字为该单位工程下属的子项序号；第四段数字为第三段数字所指工程子项的下属孙项序号。

第四节　施工招标文件编制案例

南水北调中线一期工程总干渠×××段招标文件，见附录五。

本 章 复 习 题

1. 招标的基本原则是什么？
2. 招标的基本程序是什么？
3. 招标文件的基本内容包括什么？
4. 工程量清单包括哪些内容？

第九章 水利工程投标文件编制

第一节 投标文件组成

一、投标文件编制依据

(1)《水利水电工程标准施工招标文件》(2009 年版)。

(2)《水利工程工程量清单计价规范》(GB 50501—2007)。

二、投标文件的组成

根据《水利水电工程标准施工招标文件》(2009 年版)第八章投标文件格式，投标文件包括如下 11 部分：

(1) 投标函及投标函附录。

(2) 法定代表人身份证明/授权委托书。

(3) 联合体协议书。

(4) 投标保证金。

(5) 已标价工程量清单。

(6) 施工组织设计。

(7) 项目管理机构表。

(8) 拟分包项目情况表。

(9) 资格审查资料。

(10) 原件的复印件。

(11) 其他材料。

第二节 工程量清单报价编制

一、水利工程工程量清单计价编制要求

工程量清单计价应包括按招标文件规定完成工程量清单所列项目的全部费用，包括分类分项工程费、措施项目费和其他项目费。

分类分项工程量清单计价应采用工程单价计价。分类分项工程量清单的工程单价，应根据《水利工程工程量清单计价规范》(GB 50501—2007) 规定的工程单价组成内容，按招标设计文件、图纸、附录 A 和附录 B 中的“主要工作内容”确定，除另有规定外，对有效工程量以外的超挖、超填工程量，施工附加量，加工、运输损耗量等所消耗的人工、

材料和机械费用，均应摊入相应有效工程量的工程单价之内。

措施项目清单的金额，应根据招标文件的要求以及工程的施工方案或施工组织设计，以每一项措施项目为单位，按项计价。

其他项目清单由招标人按估算金额确定。零星工作项目清单的单价由投标人确定。

按照招标文件的规定，根据招标项目涵盖的内容，投标人一般应编制以下基础单价，作为编制分类分项工程单价的依据：

(1) 人工费单价。

(2) 主要材料预算价格。

(3) 电、风、水单价。

(4) 砂石料单价。

(5) 块石、料石单价。

(6) 混凝土配合比材料费。

(7) 施工机械台时（班）费。

招标工程如设标底，标底应根据招标文件中的工程量清单和有关要求，施工现场情况，合理的施工方案，工程单价组成内容，社会平均生产力水平，按市场价格进行编制。

投标报价应根据招标文件中的工程量清单和有关要求，施工现场情况，以及拟定的施工方案，依据企业定额，按市场价格进行编制。

工程量清单的合同结算工程量，除另有约定外，应按《水利工程工程量清单计价规范》(GB 50501—2007) 及合同文件约定的有效工程量进行计算。合同履行过程中需要变更工程单价时，按该规范和合同约定的变更处理程序办理。

二、水利工程工程量清单报价表组成

工程量清单报价表由以下表格组成：

(1) 投标总价。

(2) 工程项目总价表。

(3) 分类分项工程量清单计价表。

(4) 措施项目清单计价表。

(5) 其他项目清单计价表。

(6) 计日工项目计价表。

(7) 工程单价汇总表。

(8) 工程单价费（税）率汇总表。

(9) 投标人生产电、风、水、砂石基础单价汇总表。

(10) 投标人生产混凝土配合比材料费表。

(11) 招标人供应材料价格汇总表（若招标人提供）。

(12) 投标人自行采购主要材料预算价格汇总表。

(13) 招标人提供施工机械台时（班）费汇总表（若招标人提供）。

(14) 投标人自备施工机械台时（班）费汇总表。

(15) 总价项目分类分项工程分解表。

(16) 工程单价计算表。

(17) 人工费单价汇总表。

具体表格格式见《水利工程工程量清单计价规范》(GB 50501—2007)。

三、工程量清单报价表填写规定

(1) 除招标文件另有规定外，投标人不得随意增加、删除或涂改招标文件工程量清单中的任何内容。工程量清单中列明的所有需要填写的单价和合价，投标人均应填写；未填写的单价和合价，视为已包括在工程量清单的其他单价和合价中。

(2) 工程量清单中的工程单价是完成工程量清单中一个质量合格的规定计量单位项目所需的直接费（包括人工费、材料费、机械使用费和季节、夜间、高原、风沙等原因增加的直接费）、施工管理费、企业利润和税金，并考虑到风险因素。投标人应根据规定的工程单价组成内容，按招标文件和《水利工程工程量清单计价规范》(GB 50501—2007) 的“主要工作内容”确定工程单价。除另有规定外，对有效工程量以外的超挖、超填工程量，施工附加量，加工、运输损耗量等，所消耗的人工、材料和机械费用，均应摊人相应有效工程量的工程单价内。

(3) 投标金额（价格）均应以人民币表示。

(4) 投标总价应按工程项目总价表合计金额填写。

(5) 工程项目总价表中一级项目名称按招标文件工程项目总价表中的相应名称填写，并按分类分项工程量清单计价表中相应项目合计金额填写。

(6) 分类分项工程量清单计价表中的序号、项目编码、项目名称、计量单位、工程数量和合同技术条款章节号，按招标文件分类分项工程量清单计价表中的相应内容填写，并填写相应项目的单价和合价。

(7) 措施项目清单计价表中的序号、项目名称按招标文件措施项目清单计价表中的相应内容填写，并填写相应措施项目的金额和合计金额。

(8) 其他项目清单计价表中的序号、项目名称、金额，按招标文件其他项目清单计价表中的相应内容填写。

(9) 计日工项目计价表的序号、人工、材料、机械的名称、型号规格以及计量单位，按招标文件计日工项目计价表中的相应内容填写，并填写相应项目单价。

(10) 工程单价汇总表，按工程单价计算表中的相应内容、价格（费率）填写。

(11) 工程单价费（税）率汇总表，按工程单价计算表中的相应内容、费（税）率填写。

(12) 投标人生产电、风、水、砂石基础单价汇总表，按基础单价分析计算成果的相应内容、价格填写，并附相应基础单价的分析计算书。

(13) 投标人生产混凝土配合比材料费表，按表中工程部位、混凝土强度等级（附抗渗、抗冻等级）、水泥强度等级、级配、水灰比、相应材料用量和单价填写，填写的单价必须与工程单价计算表中采用的相应混凝土材料单价一致。

(14) 招标人供应材料价格汇总表，按招标人供应的材料名称、型号规格、计量单位和供应价填写，并填写经分析计算后的相应材料预算价格，填写的预算价格必须与工程单价计算表中采用的相应材料预算价格一致（若招标人提供）。

（15）投标人自行采购主要材料预算价格汇总表，按表中的序号、材料名称、型号规格、计量单位和预算价填写，填写的预算价必须与工程单价计算表中采用的相应材料预算价格一致。

（16）招标人提供施工机械台时（班）费汇总表，按招标人提供的机械名称、型号规格和招标人收取的台时（班）折旧费填写；投标人填写的台时（班）费用合计金额必须与工程单价计算表中相应的施工机械台时（班）费单价一致（若招标人提供）。

（17）投标人自备施工机械台时（班）费汇总表，按表中的序号、机械名称、型号规格、一类费用和二类费用填写，填写的台时（班）费合计金额必须与工程单价计算表中相应的施工机械台时（班）费单价一致。

（18）投标人应参照分类分项工程量清单计价表格式编制总价项目分类分项工程分解表，每个总价项目分类分项工程一份。

（19）投标金额大于或等于投标总标价万分之五的工程项目，必须编报工程单价计算表。工程单价计算表，按表中的施工方法、序号、名称、型号规格、计量单位、数量、单价、合价填写，填写的人工、材料和机械等基础价格，必须与人工费价汇总表、基础材料单价汇总表、主要材料预算价格汇总表及施工机械台时（班）费汇总表中的单价相一致，填写的施工管理费、企业利润和税金等费（税）率必须与工程单价费（税）率汇总表中的费（税）率相一致。

（20）人工费单价相应的人工费单价计算表。汇总表应按人工费单价计算表的内容、价格填写，并附相应的人工费单价计算表。

四、工程量清单分组计价格式

根据规范《水利水电工程施工合同和招标文件示范文本》（GF—2000—0208）工程量清单报价表由以下表格组成：

（1）投标总价。

（2）工程项目总价表。

（3）分组工程量清单报价表。

（4）计日工项目报价表。

（5）工程单价汇总表。

（6）工程单价费（税）率汇总表。

（7）投标人生产电、风、水、砂石基础单价汇总表。

（8）投标人生产混凝土配合比材料费表。

（9）招标人供应材料价格汇总表（若招标人提供）。

（10）投标人自行采购主要材料预算价格汇总表。

（11）招标人提供施工机械台时（班）费汇总表（若招标人提供）。

（12）投标人自备施工机械台时（班）费汇总表。

（13）总价项目分解表。

（14）工程单价计算表。

（15）人工费单价汇总表。

第三节　投　标　策　略

投标技巧是指在投标报价中采用一些策略与方法，使投标者的报价既让业主可以接受，而且中标后又能获得更多的利润。因此，投标技巧的首要目标是确定一个最具有竞争力的总价以求中标。第二目标则是在总价确定以后，如何调整内部各个项目的报价，以期既不提高总价，不影响中标，又能在结算时得到更理想的经济效益。

一、实现第一个目标的主要技巧

（1）增加建议方案，降低总造价。有时招标文件中规定，可以修改原设计方案，提出建议方案。投标者应对原招标文件的设计和施工方案仔细研究，提出更合理的方案以吸引业主，促成自己的方案中标。这种新的建议方案可以降低总造价，或者提前竣工，或者使工程运用更合理。但要注意的是对原招标方案一定也要报价，以供业主比较，否则将成为废标。

（2）采用多方案报价。对于一些招标文件，如果发现工程范围不很明确，条款不清楚或很不公正，或技术规范要求过于苛刻时，则要在充分估计投标风险的基础上，按原招标文件报一个价，然后再提出："如某条款作某些变动，报价可降低多少……"，报一个较低的价。这样可以降低总价，以吸引业主。

（3）采用突然降价法报价。报价是一件保密的工作，但是竞争对手有时通过各种渠道、手段来刺探情况，因此在报价时可以采取迷惑对方的手法。即先按一种情况报价或表现出自己对该工程兴趣不大，到快投标截止时，再突然降价。

（4）采用先亏后盈法报价。有的承包商，为了打进某一地区，或对一些大型工程中的第一期工程，采取一种不惜代价，只求中标的低价报价方案。这样在后续工程或第二期工程招标时，凭借经验、临时设施及创立的信誉等因素，比较容易中标，并争取获利。

二、实现第二个目标的主要技巧

（1）采用不平衡报价法，也叫前重后轻法。一般可以在以下几个方面考虑采用不平衡报价法：

1）能够早日结账的项目（如基础工程、土方开挖等），其单价适当提高，有利于增加早期收入、减少贷款利息或增加存款利息，对后期施工项目，其单价可低些。

2）经过工程量核算，预计今后工程量会增加的项目，其单价适当提高；估计以后工程量会减少的项目，其单价适当降低。

3）设计图纸不明确，估计修改后工程量要增加的，可以提高单价。

4）在单价包干混合制合同中，有某些项目业主要求采用包干报价时，宜报高价。一则这类项目多半有风险，二则这类项目在完成后可全部按报价结账，即可以全部结算回来。而其余单价项目则可适当降低。

5）暂定项目。对这类项目要具体分析，因这一类项目要开工后再由业主研究是否实施，由哪一家承包商实施。如果工程不分标，只由一家承包商施工，则其中肯定要施工的单价可高些，不一定施工的则应低些。如果工程分标，该暂定项目也可能由其他承包商施工时，则不宜报高价，以免提高总报价。

(2) 计日工人工单价和施工机械使用费单价可高一些，以便在日后业主用工或使用机械时可以多盈利。

(3) 有的招标文件要求投标者报“单价分析表”。投标时可将单价分析表中的人工费及机械设备费报得较高，而材料费算得较低，这主要是为了在今后补充项目报价时可以参考选用“单价分析表”中较高的人工费和机械设备费，而材料则往往采用市场价，因而可以获得较高的收益。

第四节 施工投标文件编制案例

投标文件的组成在本章第一节中已经讲过，对于造价来说其中最重要的是已标价工程量清单，下面是南水北调某施工标段的投标文件已标价工程量清单部分内容，仅供参考。

1 投 标 总 价

工 程 名 称：南水北调中线一期工程总干渠×××段

合 同 编 号：HNJ-2010/×××

投标总价(小写)：220597959

(大写)：贰亿贰仟零伍拾玖万柒仟玖佰伍拾玖

投 标 人：中国水利水电第×××工程局（单位盖章）

法 定 代 表 人
(或委托代理人)：×××（签字盖章）

编 制 时 间：2010-11-8

2 工程项目总价表

合同编号：HNJ-2010/×××

工程名称：南水北调中线一期工程总干渠×××段

序号	工程项目名称	金额/元
一	分类分项工程	207195460
1	建筑工程	206941335
2	水力机械设备工程	254125
二	措施项目	11345888
三	其他措施项目	2056611
	合计	220597959

3 分类分项工程量清单计价表

合同编号：HNJ-2010/×××

工程名称：南水北调中线一期工程总干渠×××段

序号	项目编码	项目名称	单位	工程数量	单价/元	合计/元	备注
1		建筑工程				206941335	
1.1		渠道工程				123822163	
1.1.1		渠道土石方工程				81152693	
1.1.1.1	50010103001	表土清除	m^3	297450	12.53	3727049	
1.1.1.2	50010103002	土方开挖	m^3	832144	11.79	9810978	
1.1.1.3	50010103003	硬岩开挖	m^3	62916	43.95	2765158	
1.1.1.4	50010103004	换土挖方	m^3	260570	12.73	3317056	
1.1.1.5	500103001001	土方填筑	m^3	824940	13.91	11474915	
1.1.1.6	500103001002	改性土换土填筑	m^3	143313.5	88.33	12658881	
1.1.1.7	500103001003	非膨胀土换土填筑	m^3	117256.5	62.04	7274593	
1.1.1.8	500103001004	水泥改性土填筑	m^3	341040	88.33	30124063	
1.1.2		渠道衬砌工程				27502374	
1.1.2.1	500109001001	C20W6F150 渠坡混凝土衬砌	m^3	27025	443.90	11996398	
1.1.2.2	500109001002	C20W6F150 渠底混凝土衬砌	m^3	9752	417.26	4069120	
1.1.2.3	500109001003	C20W6F150 封顶板混凝土	m^3	458	403.66	184876	
1.1.2.4	500109001004	C20W6F150 坡脚齿墙混凝土	m^3	5755	372.05	2141148	
1.1.2.5	500109001005	C20W6F150 下渠台阶混凝土	m^3	121	445.20	53869	
1.1.2.6	500114001001	密封胶填缝	m^3	46.55	48120.40	2240005	
1.1.2.7	500114001002	聚乙烯闭孔泡沫板	m^2	11697.8	22.60	264370	
1.1.2.8	500103014001	复合土工膜（两布一膜，576g/m^2）	m^2	427994	15.31	6552588	
	⋮						

4 措施项目清单计价表

合同编号：HNJ-2010/×××

工程名称：南水北调中线一期工程总干渠×××段

序号	项目名称	金额/元	备注
1	临时工程	6139541	
1.1	施工导流工程	851100	总价承包
1.2	施工交通	1769421	总价承包
1.3	施工供电系统	1109520	总价承包
1.4	施工供水系统	151000	总价承包
1.5	施工通信系统	35000	总价承包
1.6	混凝土系统	416000	总价承包
1.7	仓库	434600	总价承包
1.8	办公及生活福利房屋	1122900	
1.8.1	监理及其他有关单位用房	42000	总价承包
1.8.2	施工办公及生活福利房屋	1080900	总价承包
1.9	其他施工临时工程	250000	总价承包
2	施工期环境保护	377010	总价承包
3	安全与文明施工措施费	350000	总价承包
4	质量、进度、安全、文明措施费	4370837	不低于分类分项工程量清单报价与措施项目费用中临时工程报价之和的2%，其中0.9%用于激励考核，发包人控制使用
5	施工期安全监测	108500	总价承包
	合计	11345888	

5 其他项目清单计价表

合同编号：HNJ-2010/×××

工程名称：南水北调中线一期工程总干渠×××段

序号	项目名称	金额/元	备注
1	施工控制网基准点施测费	337000	
2	施工区围挡费	1719611	暂定金额
	合计	2056611	

6　计日工项目计价表

合同编号：HNJ－2010/×××

工程名称：南水北调中线一期工程总干渠×××段

序号	名　　称	型号规格	计量单位	单价/元	备　注
1	人工				
	工长		工时	10.80	
	高级工		工时	10.12	
	中级工		工时	8.74	
	初级工		工时	4.64	
2	材料				
	水泥	42.5	t	459.00	
	水泥	52.5	t	533.25	
	柴油	0号	t	9450.00	
	汽油	90号	t	11772.00	
	块石		m^3	62.10	
	碎石		m^3	60.75	
	钢筋	综合	t	5832.00	
	密封胶		m^3	43065.00	
	砂子	垫层用砂	m^3	70.20	
	砂子	混凝土骨料用砂	m^3	78.30	
	土工膜	两布一膜，576g/m^2	m^2	14.31	
3	机械				
	单斗挖掘机	1.0m^3 液压	台时	242.15	
	单斗挖掘机	2.0m^3 液压	台时	405.68	
	装载机	3.0m^3	台时	352.49	
	推土机	74kW	台时	171.94	
	推土机	103kW	台时	248.32	
	⋮				

7 工程单价汇总表

合同编号：HNJ－2010/×××

工程名称：南水北调中线一期工程总干渠×××段

序号	项目编码	项目名称	计量单位	人工费	材料费	机械使用费	施工管理费	企业利润	其他	税金	合计
1		建筑工程									
1.1		渠道工程									
1.1.1		渠道土石方工程									
1.1.1.1	50010103001	表土清除	m^3	0.09	0.20	9.93	1.10	0.79	0.02	0.39	12.53
1.1.1.2	50010103002	土方开挖	m^3	0.09	0.19	9.34	1.03	0.75	0.02	0.37	11.79
1.1.1.3	50010103003	硬岩开挖	m^3	1.99	9.96	22.58	5.18	2.78	0.09	1.37	43.95
1.1.1.4	50010103004	换土挖方	m^3	0.09	0.40	9.90	1.12	0.81	0.02	0.40	12.73
1.1.1.5	500103001001	土方填筑	m^3	0.60	0.22	10.53	1.22	0.88	0.03	0.43	13.91
1.1.1.6	500103001002	改性土换土填筑	m^3	5.52	30.03	36.51	7.75	5.59	0.17	2.76	88.33
1.1.1.7	500103001003	非膨胀土换土填筑	m^3	0.60	0.99	49.02	5.45	3.92	0.12	1.94	62.04
1.1.1.8	500103001004	水泥改性土填筑	m^3	5.52	30.03	36.51	7.75	5.59	0.17	2.76	88.33
1.1.2		渠道衬砌工程									
1.1.2.1	500109001001	C20W6F150 渠坡混凝土衬砌	m^3	26.53	184.12	144.82	45.64	28.08	0.86	13.85	443.90
1.1.2.2	500109001002	C20W6F150 渠底混凝土衬砌	m^3	26.53	184.12	123.49	42.90	26.39	0.81	13.02	417.26
	⋮										

8 工程单价费（税）率汇总表

合同编号：HNJ－2010/×××

工程名称：南水北调中线一期工程总干渠×××段

序号	工程类别	工程单价费（税）率/%			备注
		施工管理费	企业利润	税金	
一	建筑工程				
1	土方工程	10.76	7	3.22	施工管理费以直接费为取费基数
2	石方工程	15.01	7	3.22	施工管理费以直接费为取费基数
3	混凝土工程	12.84	7	3.22	施工管理费以直接费为取费基数
4	模板工程	15.01	7	3.22	施工管理费以直接费为取费基数
5	钻孔灌浆及锚固工程	17.17	7	3.22	施工管理费以直接费为取费基数
6	其他工程	12.88	7	3.22	施工管理费以直接费为取费基数
二	安装工程	95.00	7	3.22	施工管理费以人工费为取费基数

9　投标人生产电、风、水、砂石基础单价汇总表

合同编号：HNJ－2010/×××

工程名称：南水北调中线一期工程总干渠×××段

序号	名称	规格型号	计量单位	人工费	材料费	机械使用费	合计	备注
1、	电		kW·h				0.75	
2	风		m^3				0.13	
3	水		m^3				0.53	

10　投标人生产混凝土配合比材料费表

合同编号：HNJ－2010/×××

工程名称：南水北调中线一期工程总干渠×××段

序号	工程部位	混凝土强度等级	水泥强度等级	级配	水灰比	预算材料量/(kg/m^3)					单价	备注
						水泥	砂	石	水	外加剂		
1	建筑物垫层；植草混凝土	C10	42.5	2	0.75	210.54	882.88	1412.77	176.55		145.55	
2	截流沟、马道路缘石	C15	42.5	1	0.65	273.30	919.53	1252.79	200.09		163.82	
3	防护网基座	C20	42.5	1	0.60	346.04	891.51	1265.26	200.09		187.82	
4	坡面防护、倒虹吸进出口挡墙、通信管道包封	C20	42.5	2	0.60	307.20	816.05	1429.39	176.55		176.30	
5	渠道衬砌	C20W6F150	42.5	2	0.60	307.20	816.05	1429.39	176.55		176.30	
6	倒虹吸进出口挡墙、管身	C25	42.5	2	0.55	340.15	790.17	1435.62	176.55		186.68	
7	桥梁灌注桩	C25	42.5	2	0.55	342.28	690.00	1344.00	176.55		180.95	
8	桥梁预制混凝土附属结构	C30	42.5	1	0.50	415.48	802.03	1208.50	200.09		208.90	
9	桥梁帽梁、墩柱、台身	C30	42.5	2	0.50	364.87	753.52	1442.89	176.55		193.87	
10	桥梁垫石	C40	42.5	1	0.50	513.17	0.50	0.75	0.20		237.00	
11	桥面铺装	C40	42.5	2	0.50	505.00	735.00	1056.00	150.00		229.90	
12	桥梁预应力混凝土上部结构	C50	42.5	2	0.50	487.00	645.00	1264.00	176.55		252.95	

11　投标人自行采购主要材料预算价格汇总表

合同编号：HNJ-2010/×××

工程名称：南水北调中线一期工程总干渠×××段

序号	材料名称	规格型号	计量单位	预算价格/元	备注
1	水泥	52.5	t	395.00	
2	钢筋	综合	t	4320.00	
3	砂子	垫层用砂	m^3	52.00	
4	碎石		m^3	45.00	
5	块石		m^3	46.00	
6	柴油		t	7000.00	
7	汽油		t	8720.00	
8	水泥	42.5	t	340.00	
9	土工膜	两布一膜，$576g/m^2$	m^2	10.60	
10	密封胶填缝		m^3	31900.00	
11	聚乙烯闭孔泡沫板	$90kg/m^3$	m^2	17.00	
12	聚乙烯闭孔泡沫板	$120kg/m^3$	m^2	52.00	
13	紫铜片止水	厚1mm，宽50cm	kg	60.00	
14	透水软管	$\phi 250$	m	38.00	
15	砂子	混凝土骨料用砂	m^3	58.00	

12　投标人自备施工机械台时（班）费汇总表

合同编号：HNJ-2010/×××

工程名称：南水北调中线一期工程总干渠×××段

单位：元/台时（班）

序号	机械名称	规格型号	一类费用				二类费用							合计
			折旧费	维修费	安折费	小计	人工	柴油	电	汽油	风	水	小计	
1	单斗挖掘机	$1.0m^3$ 液压	35.63	25.46	2.18	63.27	11.80	104.30	0	0	0	0	116.10	179.37
2	单斗挖掘机	$2.0m^3$ 液压	89.06	54.68	3.56	147.3	11.80	141.40	0	0	0	0	153.20	300.50
3	装载机	$3.0m^3$	51.15	38.37		89.52	5.68	165.90	0	0	0	0	171.58	261.10
4	推土机	59kW	10.80	13.02	0.49	24.31	10.49	58.80	0	0	0	0	69.29	93.60
5	推土机	74kW	19.00	22.81	0.86	42.67	10.49	74.20	0	0	0	0	84.69	127.36
6	推土机	88kW	26.72	29.07	1.06	56.85	10.49	88.20	0	0	0	0	98.69	155.54
7	凸块振动碾	13～14t	74.35	33.46	0	107.81	11.80	114.10	0	0	0	0	125.90	233.71
8	凸块振动碾	20t	84.00	36.01	0	120.01	11.80	127.40	0	0	0	0	139.20	259.21
9	自行式振动碾	18t	80.13	34.35	0	114.48	11.80	104.30	0	0	0	0	116.10	230.58
10	拖式斜坡振动碾	10t	17.27	6.91	0	24.18	0	59.50	0	0	0	0	59.50	83.68
11	蛙式打夯机	2.8kW	0.17	1.01	0	1.18	8.74	0	1.88	0	0	0	10.62	11.80
12	刨毛机		13.73	5.89	0	19.62	10.49	51.80	0	0	0	0	62.29	81.91
13	渠道衬砌机		510.86	200.13	17.6	728.59	34.96	215.60	46.73	0	0	0	297.29	1025.88

13　工程单价计算表

单价编号：1.1.1.1　表土清除　工程名称

定额单位：$100m^3$

施工方法：挖装、运输、自卸、空回等

序号	名　称	规格型号	计量单位	数量	单价/元	合计/元
1	直接费		元			1022.38
1.1	人工费					9.07
	工长		工时		5.40	0.00
	高级工		工时		5.06	0.00
	中级工		工时		4.37	0.00
	初级工		工时	3.91	2.32	9.07
1.2	材料费		元			20.05
	零星材料费		元	2.00%	1002.33	20.05
1.3	机械使用费		元			993.26
	单斗挖掘机	$2.0m^3$ 液压	台时	0.58	300.50	174.29
	推土机	59kW	台时	0.29	93.60	27.14
	自卸汽车	15t	台时	4.66	169.92	791.83
2	施工管理费		元	10.76%	1022.38	110.01
3	企业利润		元	7.00%	1132.39	79.27
4	其他					2.42
5	税金		元	3.22%	1214.08	39.09
	合计		元			1253.17

单价编号：1.1.1.2　　土方开挖　　工程名称

定额单位：$100m^3$

施工方法：挖装、运输、自卸、空回等

序号	名　称	规格型号	计量单位	数量	单价/元	合计/元
1	直接费		元			961.72
1.1	人工费					9.07
	工长		工时		5.40	0.00
	高级工		工时		5.06	0.00
	中级工		工时		4.37	0.00
	初级工		工时	3.91	2.32	9.07
1.2	材料费		元			18.86
	零星材料费		元	2.00%	942.86	18.86
1.3	机械使用费		元			933.79
	单斗挖掘机	$2.0m^3$ 液压	台时	0.58	300.50	174.29
	推土机	59kW	台时	0.29	93.60	27.14
	自卸汽车	15t	台时	4.31	169.92	732.36
2	施工管理费		元	10.76%	961.72	103.48
3	企业利润		元	7.00%	1065.20	74.56
4	其他					2.28
5	税金		元	3.22%	1142.04	36.77
	合计		元			1178.81

14 人工费单价汇总表

合同编号：HNJ-2010/×××

工程名称：南水北调中线一期工程总干渠×××段

序号	工　　种	单位	单价/元	备注
1	工长	工时	5.40	
2	高级工	工时	5.06	
3	中级工	工时	4.37	
4	初级工	工时	2.32	

本章复习题

1. 投标文件的基本组成包括哪几部分？
2. 水利工程工程量清单报价表由哪几部分组成？
3. 工程量清单分组计价表格包括哪些内容？

第十章　竣工结算与项目竣工决算

第一节　竣　工　结　算

工程竣工结算是指工程项目或单项工程竣工验收后，施工单位向建设单位结算工程价款的过程，通常通过编制竣工结算书来办理。而施工过程中的结算属于中间结算，这里不再赘述。

单位工程或工程项目竣工验收后，施工单位应及时整理交工技术资料，绘制主要工程竣工图，编制竣工结算书，经建设单位审查确认后，由建设银行办理工程价款拨付。因此，竣工结算是施工单位确定建筑安装工程施工产值和实物工程完成情况的依据，是建设单位落实投资额，拨付工程价款的依据，是施工单位确定工程的最终收入，进行经济考核及考核工程成本的依据。

一、竣工结算资料

竣工结算资料如下：

(1) 工程竣工报告及工程竣工验收单。

(2) 施工单位与建设单位签订的工程合同或双方协议书。

(3) 施工图纸、设计变更通知书、现场变更签证及现场记录。

(4) 预算定额、材料价格、基础单价及其他费用标准。

(5) 施工图预算、施工预算。

(6) 其他有关资料。

二、竣工结算书的编制

竣工结算书的编制内容、项目划分与施工图预算基本相同。其编制步骤如下：

(1) 以单位工程为基础，根据现场施工情况，对施工图预算的主要内容逐项检查和核对，尤其应注意以下三方面的核对：

1) 施工图预算所列工程量与实际完成工程量不符合时应作调整，其中包括：设计修改和增漏项而需要增减的工程量，应根据设计修改通知单进行调整；现场工程的变更，例如基础开挖后遇到古墓，施工方法发生某些变更等应根据现场记录按合同规定调整；施工图预算发生的某些错误，应作调整。

2) 材料预算价格与实际价格不符合时应作调整。其中包括：因材料供应或其他原因，发生材料短缺时，需以大代小，以优代劣，这部分代用材料应根据工程材料代用通知单计算材料价差进行调整；材料价格发生较大变动而与预算价格不符时，应根据当地规定，对允许调整的进行调整。

3）间接费和其他费用，应根据具体的相关规定，由承担责任的一方负担。

（2）对单位工程增减预算查对核实后，按单位工程归口。

（3）对各单位工程结算分别按单项工程进行汇总，编出单项工程综合结算书。

（4）将各单项工程综合结算书汇编成整个建设项目的竣工结算书。

（5）编写竣工结算说明，其中包括编制依据、编制范围及其他情况。

工程竣工结算书编写好后，送业主（或主管部门）、建设单位等审批，并与建设单位办理工程价款的结算。

第二节　项目竣工决算

一、竣工决算的概念

竣工决算是反映建设项目实际工程造价的技术经济文件，应包括建设项目的投资使用情况和投资效果，以及项目从筹建到竣工验收的全部费用，即建筑工程费、安装工程费、设备费、临时工程费、独立费用、预备费、建设期融资利息和移民征地补偿费、水土保持费用及环境保护费用。竣工决算是竣工验收报告的重要组成部分。竣工决算的主要作用包括总结竣工项目设计概算和实际造价的情况，考核投资效益，经审定的竣工决算是正确核定新增资产价值、资产移交和投资核销的依据。竣工决算的时间段是项目建设的全过程，包括从筹建到竣工验收的全部时间，其范围是整个建设项目，包括主体工程、附属工程以及建设项目前期费用和相关的全部费用。

竣工决算应由项目法人（或建设单位）编制，项目法人应组织财务、计划、统计、工程技术和合同管理等专业人员，组成专门机构共同完成此项工作。设计、监理、施工等单位应积极配合，向项目法人提供有关资料。项目法人一般应在项目完成后规定的期限内完成竣工决算的编制工作，大中型项目的规定期限为 3 个月，小型项目的规定期限为 1 个月。竣工决算是建设项目重要的经济档案，内容和数据必须真实、可靠，项目法人应对竣工决算的真实性、完整性负责。编制完成的竣工决算必须按国家《会计档案管理办法》要求整理归档，永久保存。2000 年 7 月 15 日《国务院批转国家计委、财政部、水利部、建设部关于加强公益性水利工程建设管理若干意见的通知》（国发〔2000〕20 号）文件规定："财政部关于基本建设财务管理的规定提出工程竣工财务决算报告。"

竣工决算报告依据水利部颁发的《水利基本建设项目竣工财务决算编制规程》（SL 19—2008）执行，该规程要求所有水利基本建设竣工项目，不论投资来源、投资主体、规模大小，不论工程项目还是非工程项目，或利用外资的水利项目，只要列入国家基本建设投资计划都应按这一新规程编制竣工决算。

二、编制竣工决算的依据

编制竣工决算的依据如下：

（1）国家有关法律、法规。

（2）经批准的设计文件、项目概预算。

（3）主管部门下达的年度投资计划，基本建设支出预算。

（4）经主管部门批复的年度基本建设财务决算。

（5）项目合同（协议）。

（6）会计核算及财务管理资料。

（7）工程价款结算，物资消耗等有关资料。

（8）水库淹没处理、移民拆迁、补偿费的总结和验收文件，以及水土保持与环境保护工程的实施过程和总结。

（9）其他有关项目管理文件。

三、竣工决算的编制要求

竣工决算应按以下要求编制：

（1）水利基本建设项目竣工决算应严格按《水利基本建设项目竣工财务决算编制规程》（SL 19—2008）规定的内容、格式编制，除对非工程类项目可根据项目实际情况适当简化外，原则上不得改变《水利基本建设项目竣工财务决算编制规程》（SL 19—2008）规定的格式，不得减少应编报的内容。

（2）项目法人应从项目筹建之日起，应有专人分工负责竣工决算的编制工作，并与项目建设进度相适应，要求竣工决算的编制人员相对稳定。

（3）竣工决算应区分大中型、小型项目，并按项目的大小分别编制。建设项目包括两个或两个以上独立概算的单项工程，单项工程竣工并交付使用时，应编制单项工程竣工决算。建设项目是大中型项目而单项工程是小型的，应按大中型项目编制单项工程竣工决算，整个建设项目全部竣工后，还应汇总编制该项目的竣工决算。

（4）建设项目符合国家规定的竣工验收条件，若尚有少量未完工程及竣工验收等费用，可预计纳入竣工决算；预计未完工程及竣工验收等费用，大中型项目须控制在总概算的3%以内，小型项目须控制在总概算的5%以内。项目竣工验收时，项目法人应将未完工程及费用的清单提交项目竣工验收委员会确认。

四、竣工决算的编制内容

竣工决算应包括封面及目录、竣工项目的平面示意图及主体工程照片、竣工决算说明书及竣工决算报表四部分。

1. 竣工决算说明书

竣工决算说明书是竣工决算的重要文件，它是反映竣工项目建设过程、建设成果的书面文件，其主要内容包括以下方面：

（1）项目概况。主要包括项目建设历史沿革、原因、依据、项目设计、建设过程以及“三项制度”（项目法人责任制、招标投标制、建设监理制）的实施情况。

（2）概预算及计划执行情况。包括概预算批复、调整及执行，计划下达及执行情况。

（3）投资来源。包括投资构成、资本结构、投资性质、项目融资情况等。

（4）基建收入、基建结余资金的形成和分配等情况。

（5）移民及土地征用专项处理等情况。

（6）财务管理方面的情况。

（7）项目效益及主要技术经济指标的分析计算。

（8）交付使用财产情况。

（9）存在的主要问题及其处理意见。

（10）需要说明的其他问题。

（11）编表说明。

2. 竣工决算报表

竣工决算报表应包括 9 个报表，具体内容如下：

（1）水利基本建设竣工项目概况表。反映竣工项目主要特性、建设过程和建设成果等基本情况。

（2）水利基本建设项目竣工决算表。反映竣工项目的综合财务情况。

（3）水利基本建设项目年度财务决算表。反映竣工项目历年投资来源、基建支出、结余资金等情况。

（4）水利基本建设项目投资分析表。以单项工程、单位工程和费用项目的实际支出与相应的概预算费用相比较，用来反映竣工项目建设投资状况。

（5）水利基本建设项目成本表。反映竣工项目建设成本结构以及形成过程情况。

（6）水利基本建设项目预计未完工程及费用表。反映预计纳入竣工决算的未完工程及竣工验收等费用的明细情况。

（7）水利基本建设竣工项目待核销基建支出表。反映竣工项目发生的待核销基建支出明细情况。

（8）水利基本建设竣工项目转出投资表。反映竣工项目发生的转出投资明细情况。

（9）水利基本建设竣工项目交付使用资产表。反映竣工项目向不同资产接收单位交付使用资产情况，资产应包括固定资产（建筑物、房屋、设备及其他）、流动资产、无形资产及递延资产等。

五、竣工决算的编制步骤

竣工决算的编制拟分 3 个阶段进行。

1. 准备阶段

建设项目完成后，项目法人必须着手验收项目竣工决算工作，进入验收项目竣工决算准备阶段。这一阶段的重点是做好各项基础工作，主要内容包括以下方面：

（1）资金、计划的核实与核对工作。

（2）财产物资、已完工程的清查工作。

（3）合同清理工作。

（4）价款结算、债权债务的清理、包干结余及竣工结余资金的分配等清理工作。

（5）竣工年财务决算的编制工作。

（6）有关资料的收集、整理工作。

2. 编制阶段

各项基础资料收集整理后，即进入编制阶段。这个阶段的重点有 3 个方面：一是工程造价的比较分析，二是正确分摊待摊费用，三是合理分摊建设成本。

（1）工程造价的比较分析。经批准的概预算是考核实际建设工程造价的依据，在分析时，可将决算报表中所提供的实际数据和相关资料与批准的概预算指标进行对比，以反映竣工项目总造价和单位工程造价是节约还是超支，并找出节约或超支的具体内容和原因，总结经验，吸取教训，以利改进。

（2）正确分摊待摊费用。对能够确定由某项资产负担的待摊费用，直接计入该资产成本；不能确定负担对象的待摊费用，应根据项目特点采用合理的方法分摊计入受益的各项资产成本。目前，常用的方法有两种：按概算额的比例分摊和按实际数的比例分摊。

（3）合理分摊项目建设成本。一般水利工程均同时具有防洪、发电、灌溉、供水等多种效益，因此应根据项目实际，合理分摊建设成本，分摊的方法有以下 3 种：

1）采用受益项目效益比例进行分摊。

2）采用占用水量进行分摊。

3）采用剩余效益进行分摊。

3. 总结汇编阶段

在竣工决算说明书撰写及 9 个报表填写后，即可汇编，加上目录及附图，装订成册，即成为建设项目竣工决算，上报主管部门及验收委员会审批。

六、项目竣工决算审计

依据国家审计法和相关规定，国家审计机关对建设项目竣工决算要进行审计。工程竣工决算审计内容主要有以下方面：

（1）审查决算编制工作是否符合国家的有关规定，资料是否齐全，手续是否完备。

（2）审查项目建设概算执行情况。工程建设是否严格按批准的概算内容执行，是否超概算，有无概算外项目和提高建设标准、扩大基建规模的问题，有无重大质量事故和经济损失。

（3）审查交付使用财产是否真实、完整，是否符合交付条件，移交手续是否齐全、合规。核实在建工程投资完成额，有无挤占建设成本、提高造价、转移投资。查明未能全部建成、及时交付使用的原因。

（4）审查尾工工程的未完工程量的真实性，有无虚列建设成本。

（5）审查基建结余资金的真实性，有无隐瞒、转移、挪用、隐匿结余资金。

（6）审查基建收入是否真实、完整，有无隐瞒、转移收入。

（7）审查核实投资包干结余，是否按投资包干协议或合同有关规定计取、分配、上交投资包干结余。

（8）审查竣工决算报表的真实性、完整性、合规性。

（9）评价项目投资效益。

第三节 项目后评价

建设项目后评价是在项目已经建成，通过竣工验收，并经过一段时间的生产运行后进行，是对项目全过程进行总结和评价。为了保证后评价工作的“客观、公正、科学”，选择项目后评价工作人员，应独立于该项目的决策者和前期咨询评估者。水利项目后评价依据《水利建设项目后评价报告编制规程》（SL 489—2010）编制。

一、项目后评价的目的

水利项目后评价是水利工程基本建设程序中的一个重要阶段。水利项目后评价是在水利建设项目竣工验收经过 1～2 年的运行后，对项目决策、实施过程和运行等各阶段工作及其变化的原因与影响，通过全面系统的调查和客观的对比分析，总结并进行的综合评价。其目的是通过工程项目的后评价，总结经验，吸取教训，不断提高项目决策、工程实施和运营管理水平，为合理利用资金、提高投资效益、改进管理、制定相关政策等提供科学依据。

二、项目后评价的内容

项目后评价的内容大体上可以分为两种类型：一类是全过程评价，即从项目的立项决策、勘测设计等前期工作开始到项目建成投产运行若干年以后的全过程进行评价，包括过程评价、经济效益评价、影响评价和持续性评价等；另一类是阶段性评价或专项评价，可分为勘测设计和立项决策评价、施工监理评价、生产经营评价、经济后评价、管理后评价、防洪后评价、灌溉后评价、发电后评价、资金筹措使用和还贷情况后评价等。我国目前推行的后评价主要是全过程后评价，在某些特定条件下，也可进行阶段性或专项后评价。水利项目后评价的内容包括过程评价、经济评价、影响评价和目标及可持续性评价 4 个方面。

（一）过程评价

过程评价包括前期工作情况评价，项目建设实施评价，生产准备及运行情况评价，管理、配套、服务设施情况评价四部分。

1．前期工作情况评价

前期工作情况评价包括：工程建设的必要性和立项依据评价，项目建议书、可行性研究、初步设计等各阶段的主要工作内容及其评价，前期各阶段工作过程的评价三部分。

（1）工程建设的必要性和立项依据评价。从国家或整个社会角度评价修建本项目建设的必要性和合理性；评价提出项目开发的目标、任务和立项依据；评价项目综合开发（防洪、治涝、灌溉、城市供水、水力发电、开发养殖和保护环境等）的可行性和合理性。通过评价检验工程是否符合基本建设程序，有无盲目上项目、破坏环境、浪费资源、重复建设等现象的发生。

（2）项目建议书、可行性研究、初步设计等各阶段的主要工作内容及其评价。根据项目建议书、可行性研究、初步设计等各阶段的主要特点，简述其主要工作内容，并阐述和评价各阶段的主要成绩和存在的主要问题。对项目建议书阶段、可行性研究阶段和初步设计阶段工作的评价，首先要对各阶段工作的主要内容、各阶段相应的工作深度进行简明扼要的描述，对于各阶段工程方案、建设条件以及与工程有关的主要参数、指标和其他主要内容进行简述，对有重大变化的主要参数、指标和主要内容要有所侧重的交代。这是评价前期工作的重要依据，因此需要对各阶段的工作情况分别予以说明，并进行对比分析。可考虑以下内容：

1）根据评审的规划工作大纲，评估编制的规划报告是否满足工作大纲的要求，规划中是否最大限度地考虑国民经济各部门、上下游、左右岸各方面的要求，规划成果是否有相应的部门组织审查、评估和批复，以及存在的问题；简述审查、评估和批复意见。

2）根据项目建议书的编制依据、编制原则、工程建设条件、工程规模、任务和作用，评价工程立项决策的理由是否充分；对建设条件和必要的勘测工作深度是否满足要求，对选定的工程建设地点和建设时间是否合适。对工程主要技术指标与规划阶段进行比较，评价工程建设项目的必要性和合理性。

3）重点评价可行性研究报告的编制基础和编制工作内容的深度。对项目建议书审查或评估意见所提出的问题，是否进行复核和修改，对工程总体布置方案和主要建筑物是否进行了优化比选，对可行性研究阶段与项目建议书阶段的主要技术经济指标进行比较，并对比较结果和推荐方案的技术可行性进行评价。

4）初步设计阶段是否进一步到现场调查，补充勘察工作和试验研究工作，并对取得的基本资料可靠性是否进行了分析。对可行性研究报告的审查和评价意见是否进行了深入分析和比较论证。对工程布置、工程结构、设备、材料、施工工艺等是否进行了优化比选，对新工艺、新材料采用的可靠性及经济性是否进行了比选，并对比选结果进行评价。

（3）前期各阶段工作过程的评价。在对前期工作各阶段基本情况掌握的基础上，依据行业的有关法律法规和规程规范，对前期工作程序、勘察设计单位的资质等级及业务范围、勘察设计成果质量和深度进行全面评价。主要评价前期工作各阶段程序是否符合水利部水利工程建设有关程序管理规定的要求；勘察设计单位的资质等级及业务范围，是否严格按照建设部颁发的有关管理办法中水利行业承担工程勘察设计项目规模分级规定执行；前期工作各阶段勘察设计产品的质量情况。

对前期工作各阶段勘察设计产品的质量可从勘察设计产品的内容深度、工程总体方案论证、勘察设计依据的可靠性、基本资料的完整准确性和勘察设计文件审批手续是否健全以及归档情况等方面进行综合评价。其中，规划阶段重点评价规划方案的合理性和立项依据，项目建议书阶段重点评价工程建设的必要性和可行性，可行性研究阶段重点评价工程总布置方案的合理性和技术可行性，初步设计阶段重点评价工程建筑物的优化设计、新技术、新材料、新工艺和科研成果的采用及工程项目经济的可行性。勘察设计产品的质量情况具体包括以下内容：

1）勘察设计产品是否符合国家、水利行业建设法规、勘察设计规程规范以及有关合同规定，是否达到相应阶段规定的内容、深度和要求。

2）工程总体方案论证是否充分，布置是否合理，有利于节约土地和投资，有利于环境保护和维护生态平衡及方便施工等。

3）勘察设计依据是否充分可靠，基本资料是否完整、准确，勘察设计文件的审核会签、批准等手续是否健全等。

4）各阶段勘察设计完成后，是否按照有关规定，进行档案资料整理，并及时归档。

2. 项目建设实施评价

项目建设实施评价包括建设项目实施的准备评价、施工控制与管理评价、竣工验收评价、《工程建设标准强制性条文》的执行情况评价四部分。

（1）建设项目实施的准备评价。建设项目实施的准备评价的重点是项目法人的组建和项目法人应开展的各项工作；对项目法人应开展的工作内容中，重点是筹资、招标、合同、施工准备。项目实施的准备可从以下四方面进行评价：

1）评价项目法人的组建情况，主要评价项目法人的组建时间和工作过程、机构设置。

2）评价项目法人在建设资金筹措、外部配套条件和负责各项招标投标等过程中投入工作的情况。

3）评价项目法人在项目实施的招标和评标过程中，重点评价设计、监理、设备采购、施工等招标投标过程及其公平、公正和公开性，对招标投标程序、时机和过程等进行评价，简述中标单位的资质等级、法人资格和分包、转包情况，并对合同的签订等进行评价。

4）评价工程项目施工准备过程，重点是施工场地征用和占地赔偿、施工现场生产与生活设施和临时建筑、施工组织设计和施工图纸准备情况等。

（2）施工控制与管理评价。施工控制与管理评价的重点是工程项目的计划管理、工期、质量、建设资金使用、工程变更等，对于多种资金来源的工程，要分别评价不同资金的管理和使用情况；对重大设计变更应分析其原因并评价其影响程度。针对建设项目及各主要单项、单位工程的开竣工时间，与初步设计施工进度计划对比，评价项目计划管理、施工工期控制、保证措施执行等情况，分析引起变动的主要原因和影响；针对建设项目的质量评价工程项目质量情况和存在的问题；针对项目的主要工程量与设计工程量是否有出入及出入的原因，评价工程变更的合理性和必要性及其对工程建设工期、造价等方面的影响；针对建设资金的到位情况评价工程建设资金来源、到位、使用控制情况及其对工程建设工期、造价等方面的影响；针对项目建设在施工过程中采用的新技术、新工艺和科研成果，评价其影响；针对项目管理的其他情况，包括项目法人的管理及监理的管理过程，评价项目法人和施工监理对项目实施的管理情况。

（3）竣工验收评价。竣工验收评价的重点是评价工程验收程序、验收条件、验收质量评定报告、竣工验收鉴定书等。对于大型工程要尽可能全面地收集竣工验收的资料，如竣工验收报告、技术总结、单位工程质量评定报告等，对项目进行系统地分析整理，提出评价意见。具体评价内容包括：工程竣工验收所具备的条件和工程验收程序；施工中单项、单位、分部、隐蔽工程等各阶段历次验收的时间和结论；验收中所发现的问题和处理意见，施工单位对处理意见的执行情况；水利水电工程质量监督单位的工程质量评定报告；分析比较项目建议书、可行性研究、初步设计、调整概算等各阶段批准的概算投资和竣工决算的投资，评价项目的投资控制情况；竣工验收的主要结论和意见。以上评价可从工程建设是否按照批准的设计方案完成，已完工程在设计、施工、设备制造安装等方面质量是否满足要求，各单位工程是否都能正常运行，历次验收发现的问题和处理情况，归档资料是否符合档案管理的有关规定，工程建设和管理、征地及移民等问题是否已处理完毕和是否有遗留问题，竣工决算是否已完成并通过决算审计，工程项目是否有完整的竣工验收技术总结报告等方面进行评价。

(4)《工程建设标准强制性条文》的执行情况评价。检查并评价在工程设计和实施过程中，是否依据《工程建设标准强制性条文》实施监督检查并评价其效果。

3. 生产准备及运行情况评价

生产准备及运行情况评价的重点是建设单位在正式生产前的准备工作情况，评价该项目是否具备正式投产条件，对建筑物和设备运行的操作灵活、安全和可靠性作出安全性评价，通过对项目投入运行后的观测、维护、管理、运营、项目功能实现程度等进行系统的评价，并针对具体问题提出评价和建议，主要包括生产评价和功能评价；提出今后应注意的一些题，同时还要对工程初期运行效果进行评价。评价内容包括以下方面：

(1) 项目法人提供的"工程运行管理报告"，生产准备工作情况，运行条件。

(2) 根据运行观测资料及其分析成果、发现的问题及处理意见等，对工程运行情况作出评价。

(3) 分析比较工程运行的实际效果与批准的各项任务目标之间的差距，分析产生的原因并提出可能采取的补救措施。

(4) 评价建筑物和设备运行操作的灵活性、安全性、可靠性，并提出今后应注意的问题。

4. 管理、配套、服务设施情况评价

管理、配套、服务设施情况评价主要是对项目投入运行后的总体生产状态，主要管理办法、规章制度、操作规程，工程管理的操作、观测原始记录，交通、通信、安全防护等设施的适应性，管理单位的生产、生活区的建设现状和设施情况进行评价。具体评价内容包括以下方面：

(1) 评价工程任务和管理职能。诸如工程管理机构隶属关系、机构设置的层次、岗位及人员编制情况。

(2) 评价运行管理情况。诸如工程管理单位的各项主要管理办法、规章制度、操作规程。

(3) 评价观测系统设计方案的完整性、合理性和适应性。根据观测资料的成果分析，对观统设计方案的合理性和适应性与实际工程发生的情况进行分析对比，提出建议。

(4) 根据工程的位置和重要性，评价工程的内外交通、通信设施、安全防护设施等能否满足有关技术规定和工程安全管理的需要。

(5) 评价项目综合开发经营生产基地和必要的基础设施情况，提出建议。

(二) 经济评价

项目的经济评价主要包括项目的国民经济评价和项目的财务评价。在完成固定资产价值重估后，即可进行国民经济评价和财务评价。国民经济评价又称社会经济评价，其计算参数和计算方法同 SL 72，应以《建设项目经济评价方法与参数》(第 3 版) 和《水利建设项目经济评价规范》(SL 72—2013) 为依据。对综合利用水利工程，依据项目功能在盈利和公益上所占的比例，应该进行投资和年运行费分摊计算。在分摊前，应把重估投资和重估年运行费换算为影子投资和影子年运行费，效益也应按影子价格进行调整，并注意所有费用和效益均应采用相同的价格水平年。财务评价也应按《建设项目经济评价方法与参数》（第3版）和《水利建设项目经济评价规范》（SL 72—2013）为依据，对投资、年运行费和财务效益均采用历年实际支付的数字列表计算，但应考虑物价指数进行调整，调整计算时，要注意采用与国民经济评价相同的价格水平年。

1. 项目的国民经济评价

（1）投资和费用：

1）工程项目的投资是指竣工决算的实际投资值及实际分年度使用情况。对于建设时间较早的工程项目，其投资应采用重置成本法或其他固定资产评估方法重新计算，以反映项目的实际价值。根据经济评价的性质，工程投资应注意按影子价格进行调整，并剔除价差预备费和属于国民经济内部转移的支付。年运行管理费用采用分段计算的办法，实际运行期按实际发生值计算，预测运行期按一定的预测方法提出预测值，并说明预测方法。

投资和费用的计算要对工程项目的实际投资、分年度使用情况和年运行管理费用进行分析，正确选择基准年、基准点及价格水平年。由于资金的价值随时间而变，相同的资金，在不同的年份，其价值不相同。由于水利工程施工期较长，这个问题比其他建设项目更为突出。因此，在后评价中，需要选择一个标准年份，作为计算的基础，这个标准年份就叫做基准年。基准年可以选择在工程开工年份、工程竣工年份或者开始进行后评价的年份，一般以工程开工年份或开始进行后评价的年份为宜。基准点选择基准年的年初作为折算的基准点。以项目实际建设和已运行的年份为计算实际与预测的分界点，分别按实际运行期和预测运行期提出实际发生值和预测值。工程项目设计阶段的工程任务、规模、效益等指标，指该项目初步设计阶段批复的任务、规模和拟发挥的效益等；实际完成的指标及实际发生值，则指项目实施后至项目实际建设和已运行的年份实际承担的任务、建设规模和已经产生的效益和发生的费用；项目预测值是指在项目实际建设和已运行的年份之后预测的效益和费用，项目效益和费用预测值的计算方法应给予说明。

2）对于综合利用工程，说明投资和年运行费用分摊的原则、方法和分摊成果。

（2）效益计算：

1）简述工程项目的总经济效益、分部门效益和分年效益流程；以项目实际建设和已运行的年份为计算实际与预测的分界点，分别按实际运行期和预测运行期提出实际发生值和预测值，并说明预测值的计算方法。

2）简述工程项目的社会效益和环境效益。

（3）国民经济评价指标计算及评价。评价指标包括阶段性评价指标和全过程评价指标，经济评价时应注意同时计算阶段性评价指标和全过程评价指标，以尽量准确地反映项目整个经营期的经济状况。阶段性评价指标是指依据基本计算系列计算出的相应经济指标。基本计算系列指自建设起始年至评价年的实际发生系列，但这个系列仅包括相对于设计运行期很短的一段前期运行期，而且这段运行期的工程效益通常又相对较小，可是固定资产投资却是针对整个设计运行期的，因此阶段性指标不足以代表整个工程的经济特性，尚需设定更能相对正确表达整个工程经济特性的指标，即全过程评价指标，它是针对整个运行期进行评价所得出的经济指标。

对国民经济评价指标计算要说明国民经济评价指标的计算方法、参数选取，提出阶段性评价指标和全过程评价指标成果并作出国民经济评价结论。

2. 项目的财务评价

(1) 财务投资和费用：

1) 简述工程项目的实际投资及流程。

2) 同国民经济评价一样，分别按实际运行期和预测运行期提出工程项目的生产流动资金、年运行成本费用、税金、基金、保险费和贷款利息以及其他有关成本费用，并说明预测值的计算方法和参数。

3) 对综合利用工程，说明财务投资和年运行费分担的原则、方法和数额。

(2) 财务收益计算。简述工程项目的财务收益和分年收益，分别按实际运行期和预测运行期提出实际发生值和预测值，并说明预测值的计算方法和参数。

(3) 财务评价指标计算：

1) 说明财务评价指标计算的方法，说明财务盈利能力、清偿能力和外汇效果分析成果。

2) 计算产品成本，计算产品价格并和现行价格相比，作出评价，并进一步作出收费分析，提出还贷资金和贷款偿还期，明确贷款偿还能力。

(4) 进行财务评价。说明财务评价的方法和准则，提出阶段性评价指标和全过程评价指标，提出工程项目财务评价结论。

综合以上项目的国民经济评价和项目的财务评价提出本工程项目的综合经济评价结论。阐述本次经济后评价结论与前期工作阶段按预测数据进行的经济评价结论的异同，分析其差别和成因，如在运行、还贷或收费等其他方面存在的问题，则应提出措施和建议。同时，根据实际的建设资金来源及财务评价分析结论，对项目的资金筹措方式[资本金和贷款（债务）的比例]进行评价。

(三) 影响评价

影响评价是分析与评价项目对区域和行业的经济、社会、文化以及自然生态环境等方面所产生的影响。综合利用水利枢纽工程，尤其是大型水利项目，从建设实施到生产运营，将对项目周围社会和生态环境产生一定的影响，例如，将对一定范围内的气象、水文、地质、地下水、海河口以及动植物的繁衍等产生影响。在社会方面，将对相关地区的水资源和其他资源的开发、相关设施的建设、工农业生产、经济建设与发展、社会稳定等产生影响。在这些影响中，积极的影响将推进环境和社会的发展；而负面影响不仅对环境、社会产生不利作用，反过来又将影响项目本身的运行与发展，所以影响评价是一项非常重要的工作。对于积极影响，要进一步发扬，对于负面影响，要采取措施加以减少或避免，以利于项目持续运转和发挥更大的作用。

影响评价包含的内容较多，但针对水利建设项目，一般可仅就技术影响、社会影响、环境影响及水土保持影响作出评价，如项目在其他方面有较为突出的影响和作用，也可一并进行评价，以利于对项目的影响作出全面的评价。

1. 技术影响评价

技术影响评价主要是分析和评价项目所采用的技术水平和技术装备水平的先进性、

适用性、经济性、安全性等，对所采用的新技术和科研成果则应重点进行评价。技术先进性可从设计规范标准的使用、技术装备水平、工程质量等方面分析项目所采用的技术可以达到的水平，包括国际水平、国内先进水平、国内一般水平等。技术适用性可从技术难度、当地技术水平及配套条件、人员素质和技术掌握程度分析项目所采用技术的适应性。技术经济性可根据行业的主要技术经济指标，如单位工程投资、单位生产能力投资、单位运营成本、能耗及其他主要消耗指标、环境和社会代价等，说明项目技术经济指标处于国内同行业的水平，以及处于项目所在地的技术进步水平等。技术安全性是通过项目实际运营数据，分析所采用技术的可靠性、主要技术风险、安全运营水平等。

项目的技术影响评价要分析项目所采用技术对水利行业乃至国民经济发展有无影响等；分析项目所采用技术对水利行业和项目所在地的技术进步有无影响，是否值得并可能进行推广等。如项目所采用技术对水利行业乃至国民经济发展有影响，对项目所在地的技术进步有影响，并可能进行推广等，则应列举适当的例子予以说明。

2. 社会影响评价

社会影响评价应阐述项目对社会环境和社会经济发展所产生的影响，包括分析受益者群体、土地利用、生产力布局、征地搬迁、移民安置、就业、社会经济发展等方面的影响。根据项目情况和地区特点，必要时分析项目对当地社会稳定、城乡建设、教育卫生、妇女儿童、民族宗教习俗、自然资源等可能产生的影响。

社会影响评价可采用有无项目前后指标对比的方式，包括土地利用、搬迁移民、就业、地方社区发展、生产力布局、扶贫等方面的指标，主要对受益群体的影响，各个产业的影响，征地搬迁和移民的影响，社会经济发展的影响等进行分析。

(1) 受益群体的影响主要是分析项目已经或可能涉及的直接、间接人群和机构中的受益者群体，全面分析项目所产生的正负两方面影响。在分析过程中重点分析谁是真正的受益者群体，受益者群体的受益程度如何，受益者范围是否合理等，应对照原定的受益者目标作对比分析。

(2) 各个产业的影响主要是分析项目建设对项目所在地区的土地利用、调整农业产业结构、增加农业产值和农民收入方面，改变生产力布局等方面的影响。水利项目应注重分析项目对项目区调整农业产业结构、增加农业产值和农民收入方面的影响，同时要分析对发电、交通、旅游等与项目直接相关的产业发展的影响。

(3) 征地搬迁和移民的影响主要是分析项目征地搬迁和移民安置情况及其合理性。水利项目的重点是征地搬迁问题，要对项目征地情况及其合理性进行分析；应对搬迁户和被搬迁地的居民进行必要的调查，反映项目受损群体和影响地区的民众的意见；应对征地方案、过程、政策及实施进行调查，分析地方政府和居民的参与状况及程度。分析项目的移民安置情况，主要对移民安置后所产生的正负两方面影响进行分析。

(4) 社会经济发展的影响主要是分析项目在建设和运营过程中对社会经济发展所带来的影响。如主要社会经济指标的变化、工农业产值的增减情况、当地人民生活水平的变化、所创造的直接和间接就业机会等。水利项目的建设和运营过程可能为当地创造直接或间接的就业机会，同时对所在地经济和社会发展各个方面均会带来一定的影响，如主要社会经济指标的变化、扶贫方面的进展等，应进行定量或定性的评价。

3. 环境影响评价

环境影响评价是指建设项目的实施对环境的正面和负面的作用。工程建设与运行直接作用于环境的各项工程活动就是环境影响源。环境影响评价应指出工程建设和运行中的主要环境影响源，说明工程影响区存在的主要环境问题。诸如建水库大坝使有些鱼类生存环境改变，水库蓄水对航运、库区生态的影响，水库蓄水诱发的地震等。环境影响源对环境的影响包括自然环境、社会环境、生态环境和其他方面。

（1）对自然环境的影响包括对水文、泥沙情势的影响，对局部地区气候的影响，对水温、水质的影响，对环境地质的影响，对土壤环境与土地资源的影响。

（2）对社会环境的影响主要包括工程对库区或流域社会经济发展的影响，对施工区水质、大气、噪声的影响，对人群健康的影响，对景观与文物古迹的影响等。

（3）对生态环境的影响包括对陆生生物、水生生物的影响，对景观生态的影响，对区域生态的影响。

（4）其他方面应包括对自然保护区、重要政治文化设施等的影响。

环境影响评价应从项目建设及其运行过程所引起的或经过预测可能产生的自然环境、社会环境、生态环境和其他方面的变化着手，评价项目对环境所产生的主要的有利影响和不利影响，并对照项目前期评估时批准的《环境影响报告书》进行分析对比，分析和评价项目建成后环境监测、管理方面的情况。对减免不利影响或改善环境质量的对策、措施进行描述，包括为减少项目实施的不利影响所采取的相应预防、减免、恢复、补偿、管理、检测等对策和措施，说明所采取的措施实施后减免不利影响和改善环境状况的情况。对项目引起的各方面环境的变化和新出现的环境问题，分析其产生的原因并提出解决措施和意见。

4. 水土保持影响评价

水土保持是指对自然因素和人为活动造成水土流失所采取的预防和治理措施。依据《中华人民共和国水土保持法》的规定，在山区、丘陵区、风沙区修建铁路、公路、水利工程，开办矿山企业、电力企业和其他大中型工业企业，在建设项目环境影响报告书中，必须有水行政主管部门同意的水土保持方案。建设项目中的水土保持设施，必须与主体工程同时设计、同时施工、同时投产使用。建设工程竣工验收时，应当同时验收水土保持设施，并有水行政主管部门参加。

水土保持评价就是从水土保持方案实施后水土流失的治理情况，说明水土保持方案的实施，即采取水土保持措施所产生的主要有利影响和不利影响，并对照项目前评估时的结论进行分析对比。如水土流失治理程度，新增的水土流失及土地沙化得到有效控制的情况，项目区水土流失控制量，水土保持措施控制面积等；植被变化情况及其带来的影响，林草植被的覆盖率变化以及泄入下游河道的泥沙量的变化情况；土地整治及生产条件恢复情况等。

水土保持评价要对水土保持方案中减免不利影响的对策和措施及措施实施后减免不利影响的情况进行说明。对引起的新的水土流失问题要分析其产生的原因及提出解决的措施意见。

（四）目标及可持续性评价

目标及可持续性评价是对建设项目立项的开发目标和项目能否持续运转以及怎样实现持续运转所作的评价。

1. 项目目标评价

项目目标评价主要指对项目立项时所拟定的近期和远期开发目标的实现程度和原定目标的适应性进行分析，对照项目立项时确定的目标，从工程、技术、经济等方面分析项目的实施结果和作用，分析项目目标实现程度，评价其与原定目标的偏离程度；进一步分析项目原定目标是否适宜及其原因，评价项目决策的正确程度。

项目目标评价包括对项目原定目标的实现程度、适应性等进行分析。项目目标实现程度即通过分析项目的实施结果评价项目决策的正确程度。项目目标的适应性是指项目原定目标是否正确，是否符合全局和宏观利益，是否得到政府政策的支持，是否符合项目的性质，是否符合项目当地的条件等。

2. 项目可持续性评价

项目可持续性评价是对项目能否持续运转和怎样实现持续运转提出评价。项目可持续性是指在项目的建设资金投入完成之后，项目的既定目标是否还能继续，项目法人是否愿意和可能依靠自身的力量去继续实现项目的目标，项目是否有可重复性，及可以推广到其他地区和其他项目等。

项目可持续性评价一般从实现项目可持续发展的条件（包括项目的外部条件和项目的内部条件）对项目的可持续性进行分析。

（1）外部条件是指当项目持续运转时，项目所处的社会条件和环境条件，包括社会经济发展、国力支持、政策法规及宏观调控、资源调配、当地管理体制及部门协作情况、配套设施建设、生态环境保护要求、水土流失的控制情况等。

（2）内部条件是指当项目持续运转时，在项目本身的功能和运营管理方面所需具备的条件和程度，包括组织机构建设、技术水平及人员素质、内部运行管理制度及运行状况、财务运营能力、服务情况等。

由于水利项目的功能服务于社会、影响于社会，而社会中许多因素又是水利项目的外部条件，反过来影响项目的运转，所以水利项目具有社会性。研究水利项目的持续性，就应考察其所需的内部条件和外部条件是否得到满足，根据项目的内、外部条件对项目可持续发展进行分析，提出项目实施可持续发展的措施和建议。对项目内部条件引起的对可持续发展的不利影响提出应采取的措施；对项目外部条件引起的对可持续发展的不利影响提出应改进的建议。

三、项目后评价方法

项目后评价应依据国家现行的有关方针政策和法律、法规、规程、规范、项目各阶段的正式文件进行。项目各阶段的正式文件包括：项目建议书、可行性研究报告、初步设计报告、施工图设计及其审查意见、批复文件，概算调整报告，施工阶段重大问题的请示及批复，工程竣工报告，工程验收报告和审计后的工程竣工决算及主要图纸，项目自我评价报告等。

项目后评价应以通过各种调查取得的科学数据为基础，通过分析、对比，检验项目规划决策、设计、建设、运行管理各阶段主要技术、经济指标与预期指标的变化，分析其原因和对项目的影响，判断项目目标的持续性。

项目后评价采用综合比较法，即根据项目各阶段所预定的目标，从项目作用与影响、效果与效益、实施与管理、运营与服务等方面追踪对比，分析评价。

四、项目后评价报告

项目后评价报告编制应依据《水利工程建设项目后评价报告编制规程》和国家现行的有关标准和规定执行。项目后评价及其报告编制应由具有相应能力的独立咨询机构承担，该机构不得是该项目的项目建议书、可行性研究报告、初步设计文件的编制、审查或评估咨询单位。参与后评价及报告编制的人员不得是该项目的决策者和前期咨询、设计和评估者，报告的编制应遵循客观、公正、科学的原则，力求分析合理、评价公正。项目后评价工作所需费用应由项目法人单位承担，项目法人应提供项目后评价所需的必要外部条件和基础资料。后评价报告应反馈至项目投资决策部门、项目主管部门和各阶段参与该工程项目的各单位，以使项目的各个参建单位吸取经验和教训，从而提高项目决策和管理的水平。

项目后评价报告由主报告及附件两部分组成。

（一）主报告

项目后评价主报告的内容包括以下方面。

1. 综合说明

（1）项目后评价工作简述。简述项目后评价工作的委托单位、承担单位、协作单位，后评价的主要目的、内容、基准时点，后评价工作过程。

（2）项目概况。概述项目所在地区的行政区划和自然、地理、资源情况；项目建设在地区国民经济和社会发展规划及区域规划中的地位和作用，说明项目建设的目标、任务，项目的特点、建设标准、规模及主要技术经济指标；项目规划、项目建议书、可行性研究、初步设计、施工准备、建设实施、生产准备、竣工验收等关键环节的时间和基本过程。

（3）后评价主要结论和建议。简述后评价过程中发现的项目各阶段的主要成绩和存在的主要问题；从过程评价、效益评价、影响评价及目标和可持续性评价几个方面进行综合分析，得出本次后评价的综合评价结论；根据综合评价结论和项目存在的主要问题，提出评价者的建议，以及相关的实施措施。

2. 过程评价

（1）前期工作情况评价。工程建设的必要性和立项依据评价，项目建议书、可行性研究、初步设计等各阶段的主要工作内容及其评价，前期各阶段工作过程的评价。

（2）建设项目实施评价。建设项目实施的准备评价，施工控制与管理评价，竣工验收评价，《工程建设标准强制性条文》的执行情况评价。

（3）生产准备与运行情况评价。评价生产准备工作情况，评价是否具备正式运行条件；评价工程运行情况，评价建筑物和设备运行的操作灵活、安全、可靠性，并提出今后应注意的问题。

（4）管理配套服务设施情况评价。评价管理、配套、服务设施情况，根据工程任务和管理职能，评价工程管理机构隶属关系、机构设置的层次、岗位及人员编制情况；评价工程管理单位的各项主要管理办法、规章制度、操作规程；评价工程管理的操作、观测原始记录、情况；评价工程的位置和重要性，评价工程的内外交通、通信设施、安全防护设施等能否满足有关技术规定和工程安全管理的需要；评价综合开发经营生产基地、必要的基础设施建设情况，评价管理单位的生产、生活区的建设现状和设施，提出评价和建议。

3. 经济评价

（1）国民经济评价。

（2）财务评价。

（3）综合评价。

（4）资金筹措方式评价。

4. 影响评价

影响评价是分析与评价项目对影响区域和行业的经济、社会、文化以及自然环境等方面所产生的影响。可分为技术影响评价、社会影响评价、环境影响评价及水土保持影响评价等方面。

5. 项目目标和可持续性评价

项目目标评价包括对项目原定目标的实现程度、适应性等进行分析。项目可持续性评价是分析项目的外部条件和内部条件对项目可持续性的影响。

6. 结论

从过程评价、经济评价、影响评价和目标及可持续性评价几个方面进行综合分析，得出本次后评价的主要结论；分析总结项目的主要成功经验，总结项目需要引起重视和值得吸取的教训；根据综合评价结论和项目存在的主要问题，提出评价单位的建议，以及评价单位认为需要采取的措施。

（二）附件

项目评价报告附件的内容可根据项目的具体情况确定，一般应包括各专题报告、项目综合特性表及其他有关内容。专题报告可根据项目的特点对与项目相关的专题内容（诸如环境、可持续性、水土保持、移民、施工监理、生产经营等）进行专题评价。

本章复习题

1. 竣工结算的作用是什么？
2. 竣工结算的资料包括哪些？竣工结算书如何编制？
3. 竣工决算的主要内容有哪些？
4. 如何编制竣工决算？竣工决算报告有哪 9 个表格？
5. 项目后评价的主要内容有哪些？

第十一章　计算机编制水利工程造价

第一节　软件概况

一、软件编制依据

(1) 水利工程设计概（估）算编制规定（2014年版）。
(2) 水利水电工程概算定额（上、下册）（2002年）。
(3) 水利水电工程预算定额（上、下册）（2002年）。
(4) 水利水电安装定额（1992年）。
(5) 水利水电设备安装工程概算定额（1999年）。
(6) 水利水电设备安装工程预算定额（1999年）。
(7) 水力发电建筑工程概算定额（1997年）。
(8) 水利水电安装概预算定额（2003年）。
(9) 水电建筑工程预算定额（上、下册）（2004年）。
(10) 水利工程概预算补充定额（2005年）。
(11) 水利工程概算补充定额（水文设施工程专用）（2006年）。
(12) 水利工程施工机械台时费定额（2002年）。
(13) 水利工程概预算补充定额（掘进机施工隧洞工程）（2007年）。
(14) 水电概算定额（2007年）。
(15) 风力发电定额（2007年）。
(16) 黄河防洪工程预算定额。
(17) 水利工程工程量清单计价规范（GB 50501—2007）。
(18)《河南省水利水电工程概预算及设计概（估）算编制规定》及定额标准（共七册）。

二、适用单位

水利水电工程造价编制软件适用情况见表11-1。

表11-1　水利水电工程造价编制软件适用行业及单位

适用行业	适用单位
水利水电、农业综合开发、水土保持、土地开发整理	勘察设计单位、建设单位、施工单位、监理单位、审计单位、造价咨询公司及相关管理部门

三、软件的功能特点

水利水电工程造价编制软件功能特点见表 11－2。

表 11－2 水利水电工程造价编制软件功能特点

序号	功 能 特 点
1	软件界面简洁大方、向导式操作流程，易学易用
2	模拟 Excel 手工编制习惯，水利水电专业习惯体现在每一步细节操作中
3	与 Excel、Word 文档无缝连接，数据之间可以相互复制粘贴
4	数据导出 Excel 报表，带超级链接，检查、核对、校正有多种方式
5	定额数据全，行业之间可以相互嵌套定额标准进行组价
6	建安单价数据可以共享，不同的工程可以调用同一个做好的建安单价。不同的工程之间，单价可以相互套用，材料价格以本工程设置自动调整
7	提供各个地市材料价格信息参考价，一键完成整个项目材料预算价的录入，且自动关联计算到每个单价中
8	支持批量调整、批量换算项目数据
9	一键完成单价套用，根据项目名称是否相同，可以一键完成所有项目单价套用
10	支持多层单价计算模式
11	一键设置材料价差计算位置，任意切换
12	丰富完善的百分比计算费用功能
13	支持材料单价的自动计算、自采砂石料单价的自动计算、风水电的自动计算
14	强大格式转换功能，可以在一种格式下转换成多种编制格式
15	独立费用项目每一个费用均可根据文件自动计算，且自动生成计算报表输出
16	报表可以批量输出成 Excel \ Word \ PDF 格式
17	清单报表集合功能，让投标人可以同时编制多家单位的投标文件，一组报表格式可根据字体字号、行高、边框、页眉、页脚等条件设置成（一种格式下）多组不一样的报表组

四、软件的运行环境

系统：WindowsXP \ W7 \ W8 \ 。

硬盘：1GB 以上。

内存：256MB 以上。

五、软件的安装

第一步：双击软件安装程序。

第二步：弹出软件安装向导，点击“下一步”，如图 11－1 所示。

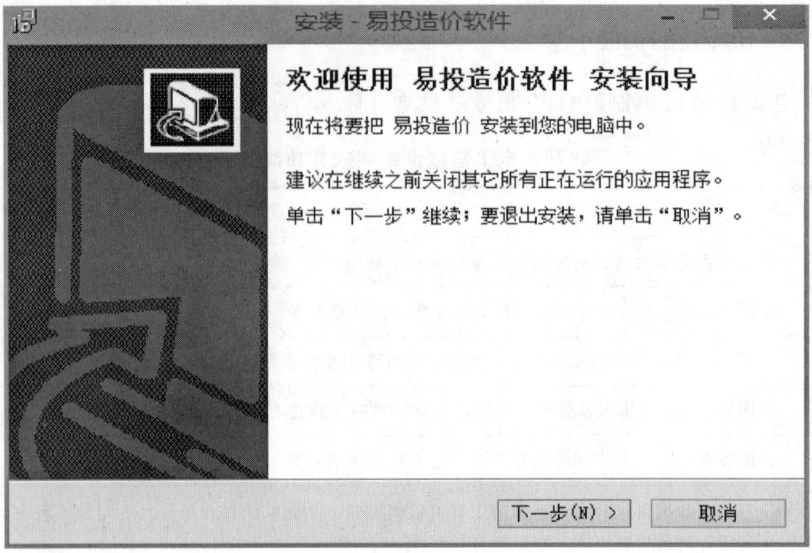

图 11-1

第三步：在安装向导窗口中选择软件安装路径，默认为安装到电脑“D”盘符。设置好路径，点击“下一步”，如图 11-2 所示。

第四步：依次点击“下一步”，直至安装完成，点击“完成”即可，如图 11-3 所示。

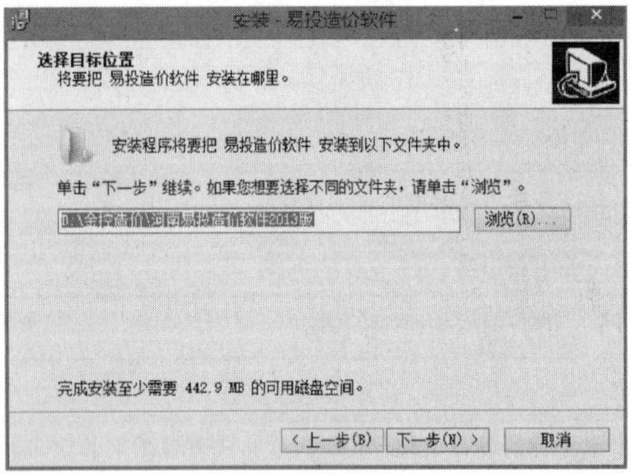

图 11-2

图 11-3

六、软件主界面菜单介绍

软件主界面菜单如图 11-4 所示，各菜单功能及说明见表 11-3。

图 11-4

表 11－3　　　软件主界面菜单功能及其说明

菜单	功　能	说　明
文件	新　建	点击可新建立项目工程文件
	打　开	点击可打开之前做过的工程文件
	保　存	保存当前的数据
	另　存	当前数据另存为另外的工程文件，需要录入文件名
	概预算转招投标 概预算转国标清单 招投标转国标清单 国标清单转招投标 更换主定额	工程文件格式之间的转换，概预算可以转换成招投标，概算转换成预算、清单格式之间的转换，但清单格式转换不成概预算格式
	从其他工程导入设置	从其他同样格式的工程文件，导入相关的设置。如下内容： ☐取费设置(需要同一个主定额) ☐人工单价 ☑材料单价 ☐备用金、安全文明施工费等设置 ☑页脚签字 ☑报表设置 ☑工程报表格式 ☐计日工
工具	整理备份文件夹	软件默认自动保存备份工程文件，时间长了，备份文件会很多，软件会自动按默认设置自动清除，这个按钮可以手工整理备份文件
	清单范本管理	水利等行业的项目划分，企业自定义项目划分，工程量清单规范项目划分，等等，都在这里编辑、修改、整理
	计算器 投标接口	计算器：辅助工具 投标接口：适用于地方实行电子评标的数据接口，点击这里直接生成电子招投标需要的数据格式
设置	系统设置	系统设置是软件默认的参数设置，软件界面的默认颜色设置等
	列位置设定	工程量清单界面主窗口的列位显示设置与位置排列设置
数据分析	人材机用量分析	工程的工料机分析，综合用量指标分析
	项目汇总分析	多个单位工程的项目汇总分析
工程属性	工程属性	设置工程数据计算的小数点保留位数，价差计算位置以及计算方法的系列设置
特殊字符	特殊字符	提供造价文件编制过程中用到的特殊字符，双击调用
在线服务	在线升级	软件提供在线升级
	加密锁增加定额库 加密锁增加模块	在线增加、扩展正版软件锁功能

续表

菜单	功　能	说　　明
窗口		显示多个工程文件在窗口的排列位置 显示当前打开的工程文件，与打开的工程文件之间相互切换
帮助	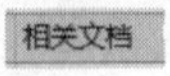	查看帮助文件，查看相关的定额说明与行业文件汇编
		查看正版软件锁信息

第二节　基础入门与提高

一、新建、打开、保存、另存工程文件

（一）新建工程文件

【操作】 在软件打开主界面，直接点击菜单栏中的“新建”按钮或者是“文件”菜单中的“新建”功能，即可弹出“新建项目”窗口，如图 11－5 所示。

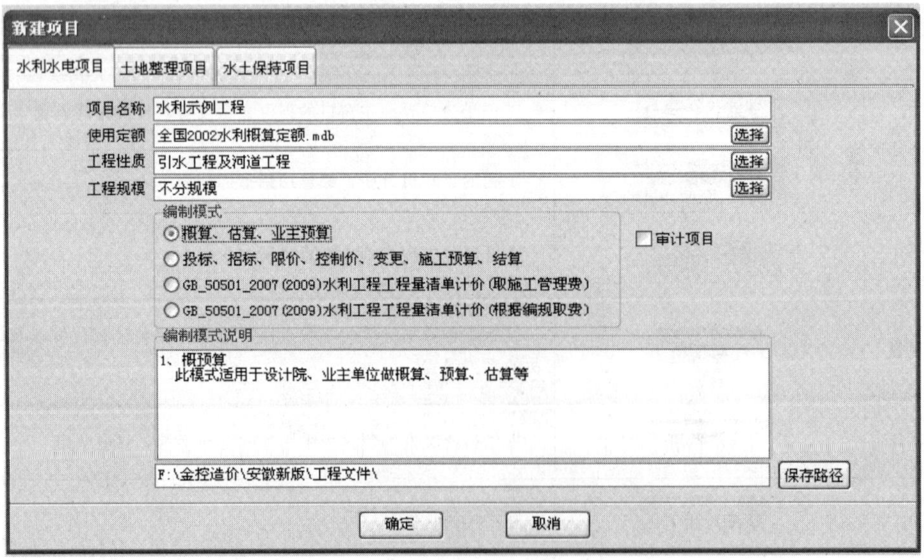

图 11－5

弹出〈新建项目〉窗口之后：

第一步：选择要做的项目所属的专业，是水利水电项目，或者是土地整理项目，或者水土保持项目。本说明以水利水电项目工程为例，软件默认选择水利水电项目。

第二步：输入“项目名称”。

项目名称：在“项目名称”框中填写工程的名称，在此填写的名称也是工程文件的保存名称。

第三步：选择“使用定额”。

使用定额：概预算工程文件编制的定额文件依据，点击“使用定额”框后边的“选择”按钮，在弹出的框中选择要使用的定额，确定即可。

第四步：设置“工程性质”。

工程性质：水利项目工程的性质划分为枢纽工程、引水工程及河道工程两大类，工程性质不同，取费也不同，软件默认设置为引水工程及河道工程，若实际的工程为枢纽工程，可以点击“选择”按钮，切换工程性质。

第五步：工程规模：软件默认水利水电项目部分规模。

第六步：选择“编制模式”。

编制模式：工程项目使用的模式，软件分 4 种，点击要使用的编制模式，下边编制模式说明中即可显示所选模式适用编制范围，用户可根据工程实际选择适用的编制模式。

第七步：保存路径：工程文件的保存位置，软件默认的保存路径为软件安装文件夹的工程文件中，如果想保存到用户想要的位置，可点击保存路径按钮，自行选择要保存的位置。

第八步：点击“确定”，工程文件新建成功，并自动打开。

（二）打开工程文件

【操作】 在软件打开主界面，点击菜单栏中“打开”按钮

或者选择“文件”菜单中“打开”功能

，在弹出的〈打开〉对话框中，如图 11－6 所示，

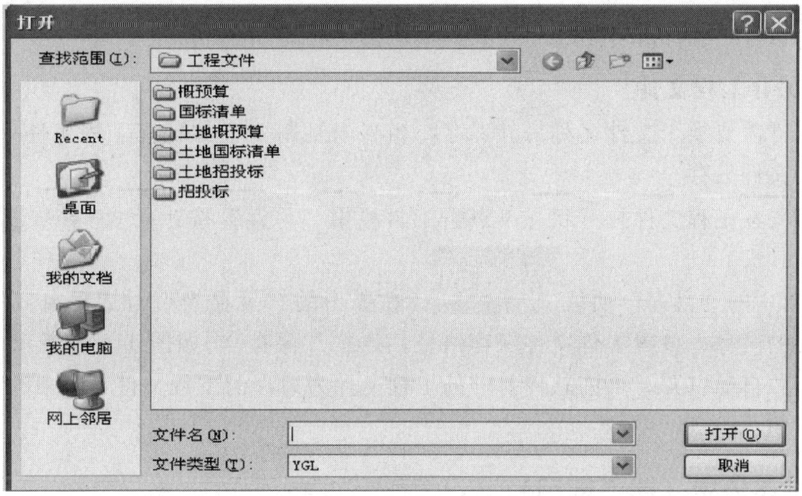

图 11－6

选择要打开的工程项目，点击打开即可。〈打开〉对话框窗口，工程文件根据项目专业以及编制模式的不同，自动分成不同的工程文件夹，如水利水电概预算、土地概预算等，在对应的文件夹查找工程项目，在〈打开〉对话框中默认出现的这些文件夹，是软件根目录下的工程，若工程另存在其他盘符，则需要通过系统路径进行查找。如打开保存在电脑桌面上的工程，操作如图 11-7 所示。

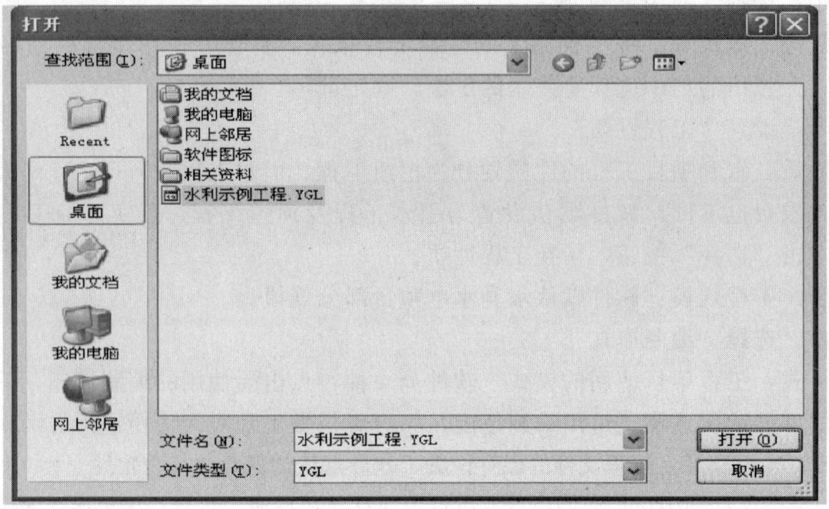

图 11-7

（三）保存工程文件

【操作】 在工程文件打开状态点击菜单栏中保存按钮

或者选择“文件”菜单中的“保存”功能，即可保存工程文件。软件根据系统设置，可以设置间隔几分钟或者更长时间，自动保存并备份工程文件数据。软件设置工程文件自动保存并备份时间为 5 分钟，用户可以自行修改。

（四）另存工程文件

工程文件需要换个文件名称另外保存，相当于复制一个与现有工程文件一致的文件，需要将工程文件另存。

【操作】 在工程文件打开状态下点击工具栏中“另存”按钮

或者是“文件”菜单中的“另存”功能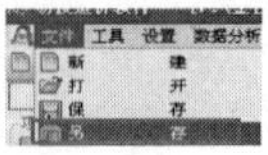，在弹出的〈另存为〉对话框窗口中，输入另存工程文件的名称，设置工程文件保存路径，点击“保存”，如图 11-8 所示。工程文件另存成功，并自动打开，当前软件打开的工程文件为另存的工程文件，原来的工程文件自动保存后关闭。

二、基本信息（插页窗口）

基本信息窗口的作用如图 11-9 所示。

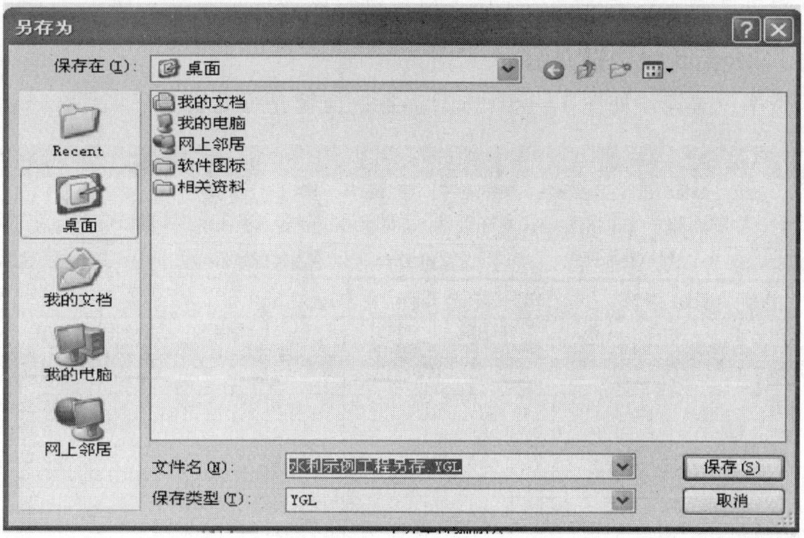

图 11-8

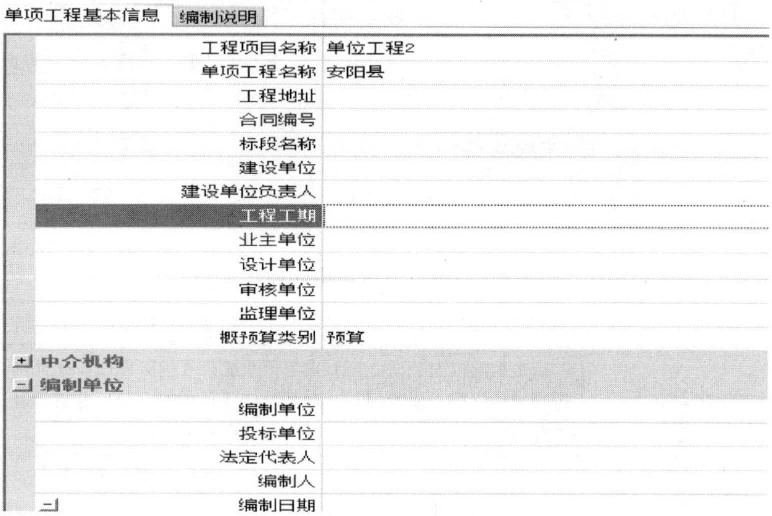

图 11-9

工程文件报表打印的相关参数数据，均从这个窗口调取，如工程项目名称、建设单位、编制日期、编制说明等，这些基本的信息数据称为“工程基本信息”。

基本信息页面左侧是工程项目的汇总，右侧是工程项目的相关信息，在此录入工程项目的相关基本信息后，后边报表将自动调用本页面的信息数据。

三、参数\费率设置（插页窗口）

（一）窗口的作用

参数\费率设置窗口，可以对工程的各项取费进行编辑设置。取费类别、独立费参数计算、工程单价计算表依据等，均在这个窗口进行设置。

（二）窗口介绍及快捷键介绍

参数\费率设置窗口如图 11-10 所示，各快捷键介绍见表 11-4。

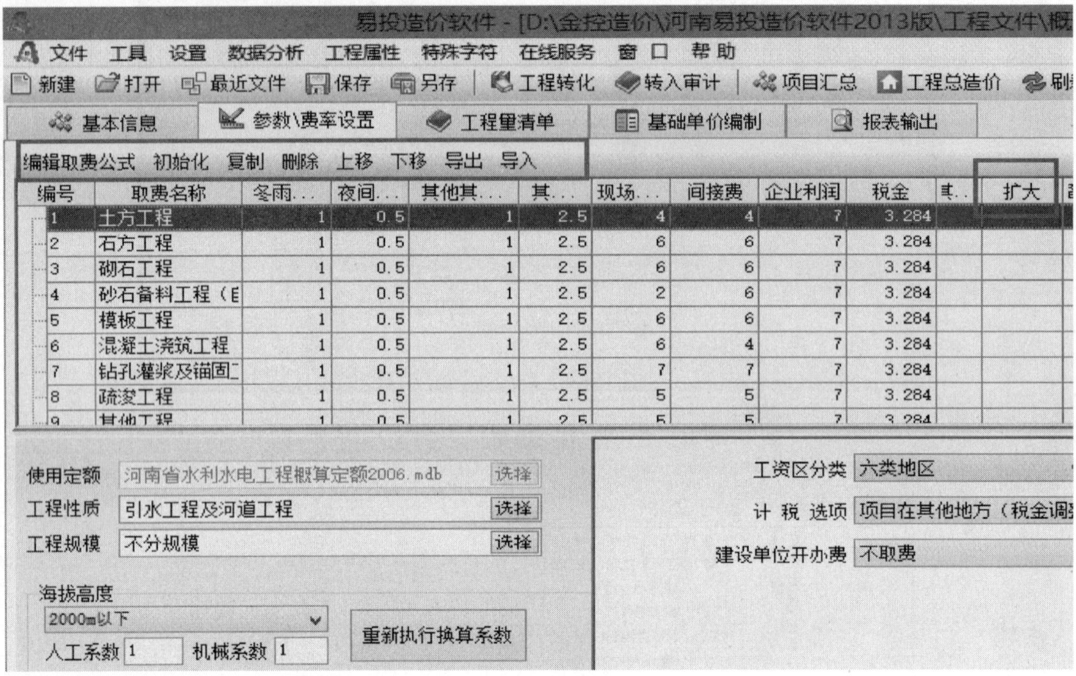

图 11-10

表 11-4　　　　参数\费率设置快捷键功能作用

序号	快捷按钮	功 能 作 用
1	编辑取费公式	点击编辑取费公式，可以对单价组成公式进行修改，此处的公式也是单价分析表中的名称、层次显示，如果一些项目不想在单价分析计算表中显示，可以进行打印设置，名称显示不符，可以在此进行修改
2	初始化	费率若修改后需要恢复到系统默认，可以使用初始化功能，将各项取费恢复到软件默认的费率
3	复制 删除	复制或者是删除一行取费，需要增加一行取费类别，可以复制一行类似的取费行进行修改，如果取费类别行不需要，可以点击删除去掉
4	导出 导入	修改好的取费如果其他工程也是同样的取费，可以使用导出功能，将取费导出取费文件（*.费率文件）保存，在其他工程中参数\费率设置窗口使用导入功能，把之前导出保存好的（*.费率文件）导入即可
5	扩大	投资估算与初设概算单价编制相同，一般均采用概算定额，但考虑投资估算工作深度和精度，应乘以扩大系数。若工程项目是投资估算，可以在参数\费率设置窗口"扩大"列中填写相应的扩大系数
6	工程性质	水利工程按工程性质划分为枢纽工程和引水工程及河道工程，工程性质不同则相应的工程范围以及取费都是不同的。新建工程时候设置过，此处仅起显示作用

续表

序号	快捷按钮	功 能 作 用
7	海拔高度	定额中海拔高度适用于≤2000m 地区的工程项目；>2000m 的地区，要根据水利枢纽工程所在地的海拔高程及规定的调整系数进行计算，软件中可以根据工程实际进行选择
8	计 税 选项	工程项目所在地区不同，税金也不相同，在实际工程中要根据工程所在地区以及适用的税金文件进行修改
9	建设单位开办费	设置水利独立费用中，建设单位开办费是根据建设单位人数进行确定的，选择过建设单位人数之后，软件可以自动进行计算

编辑取费公式如图 11－11 所示。

编号	取费名称	冬雨季施工增加费	夜间施工增加费	其他其他直接费	其他直接费	现场经费	间接费	企业利润
1	土方工程	1	0.5	1	2.5	4	4	7
2	石方工程	1	0.5	1	2.5	6	6	7
3	砌石工程	1	0.5	1	2.5	6	6	7
4	砂石备料工程（自	1	0.5	1	2.5	2	6	7
5	模板工程	1	0.5	1	2.5	6	6	7
6	混凝土浇筑工程	1	0.5	1	2.5	6	4	7
7	钻孔灌浆及锚固工	1	0.5	1	2.5	7	7	7
8	疏浚工程	1	0.5	1	2.5	5	5	7
9	其他工程	1	0.5	1	2.5	5	5	7

序号	名称	单位	费率	代号	计算公式	对应关系	打印设置
1	直接工程费	元	0	F1	F11+F12+F13		
1.1	直接费	元	0	F11	F111+F112+F113+F114+F115		
1.1.1	人工费	元	0	F111	人工	人工费	
1.1.2	材料费	元	0	F112	材料	材料费	
1.1.3	机械费	元	0	F113	机械	机械费	
1.1.4	其他费用	元	0	F114	其他	其他费用	为0不打印
1.1.5	中间单价	元	0	F115	中间单价	中间单价	为0不打印
1.2	其他直接费	%	2.5	F12	F11	其它直接费	
	冬雨季施工增加费	%	1	F121	F11	冬雨季施工增加	不打印
	夜间施工增加费	%	0.5	F122	F11	夜间施工增加费	不打印
	其他其他直接费	%	1	F123	F11	其他其他直接费	不打印
1.3	现场经费	%	4	F13	F11	现场经费	
2	间接费	%	4	F2	F1	间接费	
3	企业利润	%	7	F3	F1+F2	利润	
4	未计价装置性材料	元	0	F8	未计价材料	未计价装置性材	为0不打印
5	价差	元	0	F1001	价差	价差	为0不打印
6	税金	%	3.284	F4	F1+F2+F3+F8+F1001	税金	
7	其他摊销费	%		F1002	F1+F2+F3+F8+F1001+F4	其他摊销费	为0不打印
8	小计	元	0	F5	F1+F2+F3+F8+F1001+F4+F1002	小计	不打印
9	扩大	%		F6	F5	扩大	为0不打印
10	合计	元	0	F7	F5+F6	合计	

图 11－11

每一行取费类别如图“土方工程”，对应的取费计算工程如图中的计算表。

【操作一】添加同级或子级取费项。

【操作二】删除、上移、下移取费项的位置。

【操作三】升级、降级取费项。如图中人工费、材料费、机械费是直接费的子项，若需要修改为“直接工程费”的子项，则需要点击“升级”按钮，升级为与“直接费”项平行的直接工程费子项。升级后如图 11 - 12 所示。

同级　子级　删除　上移　下移　升级　降级　复制公式　粘贴公式　同步到其他取费类别

序号	名称	单位	费率	代号	计算公式	对应关系	打印设置
1	直接工程费	元	0	F1	F11+F12+F13		
1.1	直接费	元	0	F11	F111+F112+F113+F114+F115		
1.1.1	人工费	元	0	F111	人工	人工费	
1.1.2	材料费	元	0	F112	材料	材料费	
1.1.3	机械费	元	0	F113	机械	机械费	
1.1.4	其他费用	元	0	F114	其他	其他费用	为0不打印
1.1.5	中间单价	元	0	F115	中间单价	中间单价	为0不打印
1.2	其他直接费	%	2.5	F12	F11	其它直接费	
	冬雨季施工增加费	%	1	F121	F11	冬雨季施工增加	不打印
	夜间施工增加费	%	0.5	F122	F11	夜间施工增加费	不打印
	其他其他直接费	%	1	F123	F11	其他其他直接费	不打印
1.3	现场经费	%	4	F13	F11	现场经费	
2	间接费	%	4	F2	F1	间接费	

图 11 - 12

【操作四】同步到其他取费类别。相当于复制粘贴工程到其他的取费类别行。如“土方工程”的取费计算公式与“石方工程”“混凝土工程”等是一样的，可以直接点击“同步到其他取费类别”，则其他行取费类别不需要一一修改设置。

【操作五】打印设置。

单价计算中，某一项取费不需要计算（不打印），可以在打印设置栏标注。

不打印：单价分析表不打印这一项取费。

为 0 不打印：当这一项取费没有数据时（为 0 时），单价分析表不出这一项取费，否则显示输出。

四、工程量清单（插页窗口）

（一）窗口的作用

工程量清单界面主窗口，做项目划分、清单项目录入、组价、汇总、修改、编辑、汇总等操作，是软件应用的核心。

工程量清单界面设置多个辅助窗口，配合完成工程量清单主窗口一切操作，如图 11 - 13 所示。

（二）工程量清单主窗口的介绍

工程量清单主窗口如图 11 - 14 所示。

（1）窗楣上快捷按钮的介绍见表 11 - 5。

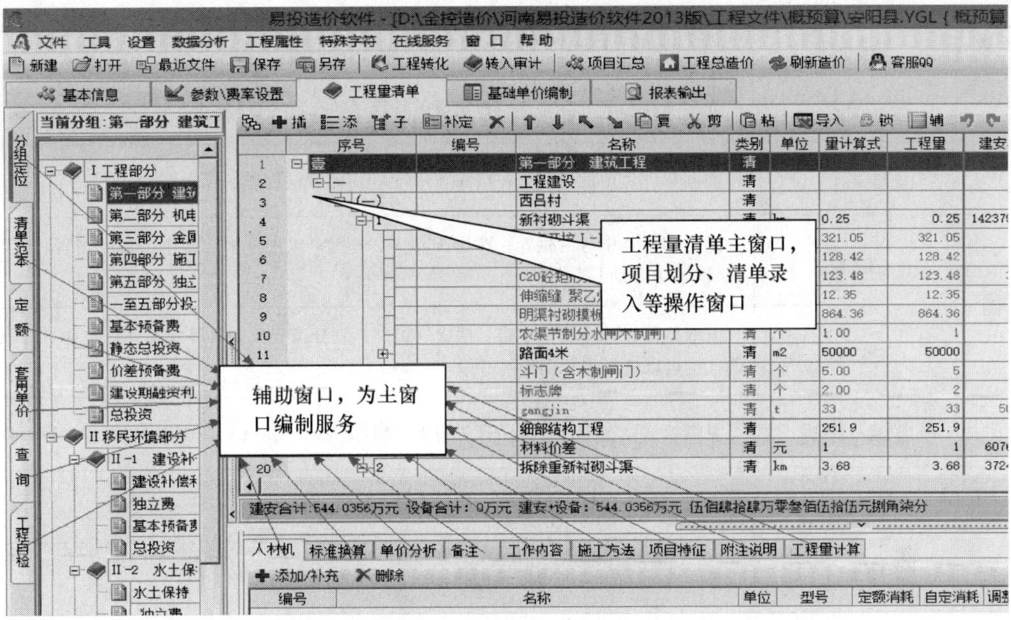

图 11-13

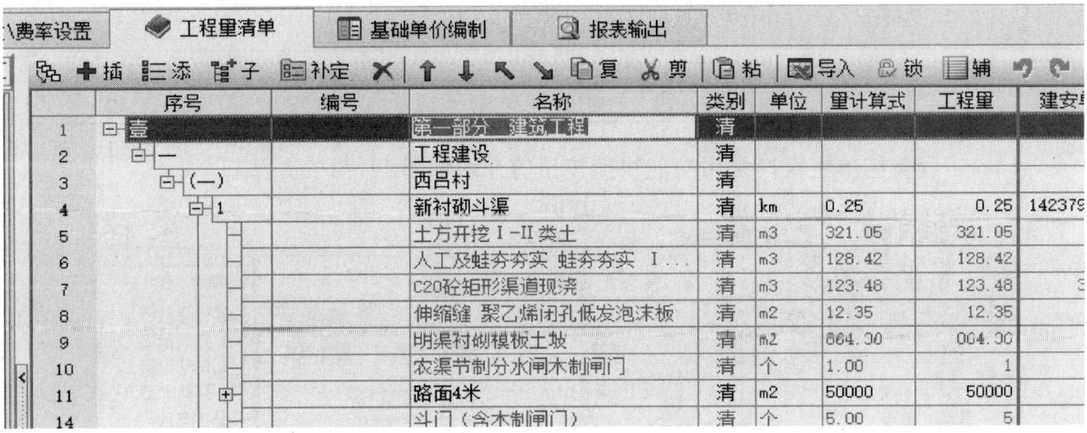

图 11-14

表 11-5　　　　工程量清单主窗口窗楣上快捷按钮功能作用

序号	快捷按钮	功　能　作　用
1		收拢或者展开分部、清单、定额行，项目划分层次较多，可以按照层次收拢或展开，方便检查或校对
2	插	光标所在行上方，插入空白清单行，插入同级别（层次）清单行
3	添	光标所在行下方，插入空白清单行，插入同级别（层次）清单行
4	子	光标所在行位置，添加子级空白清单行（当前行若已经带有定额子目行，则不可以再添加子级清单行）

续表

序号	快捷按钮	功 能 作 用
5	补定	光标所在行下方，添加空白定额子目行（补充定额行）
6	✕	删除鼠标选中的当前行；按住 Shift \ Ctrl 键可以选择多行操作
7	↑ ↓	上下移动选中行的位置；按住 Shift \ Ctrl 键可以选择多行操作。只能在同一级别（层次）中移动
8	↖ ↘	升级或降级选中的清单行，层次（级别）划分需要用到升降级操作；按住 Shift \ Ctrl 键可以选择多行操作
9	复 剪	复制或剪贴选中行，剪贴只适用于定额行；按住 Shift \ Ctrl 键可以选择多行操作
10	粘	在鼠标选中的当前行下方，粘贴已经复制或剪贴的清单行或者定额行
11	导入	将 Excel \ Word 文档数据，导入到工程量清单主窗口中
12	锁	锁定清单行的编号、工程量等数据，以防误操作导致错误
13	辅	常用功能工具栏的开关按钮
14	↶ ↷	撤销或回复最近的操作

（2）工程量清单主窗口常用功能快捷按钮的介绍见图 11-15 及表 11-6。

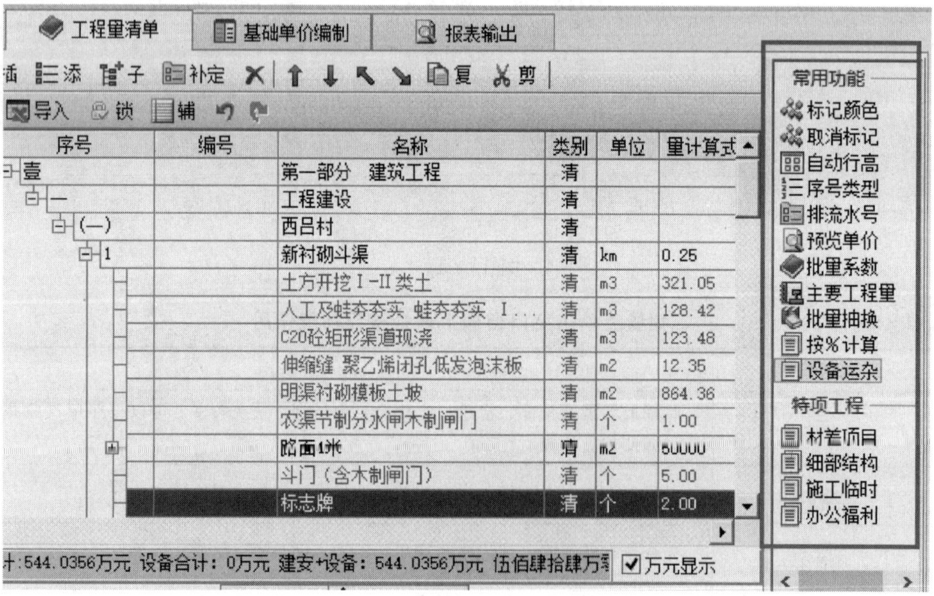

图 11-15

表 11－6　　工程量清单主窗口常用功能快捷按钮功能说明

序号	快捷按钮	功能说明
1	标记颜色 取消标记	用不同的颜色标记清单行，方便检查、核对；颜色标记可以取消
2	自动行高	根据项目名称字符串长短自动换行显示
3	序号类型	任意设置清单行的序号类别，也可以保存设置好的序号类型以便下次调用
4	排流水号	工程量清单编制中，国标清单编码后三位自动排序流水号
5	预览单价	预览当前行的单价分析表数据
6	批量系数	编制投标文件时候，批量调整项目的工料机含量，以达到调整报价的目的
7	主要工程量	概算文件编制中主要工程量表的设置，这个按钮可以修改主要工程量的名称，也可以重新排序主要工程名称的顺序
8	批量抽换	批量抽换整个项目的工料机、混凝土、机械等数据，比如现浇混凝土批量换算成商品混凝土
9	按%计算	根据某一部分费用的百分比，计算当前行的费用
10	设备运杂	批量计算设备的运杂费及安装费
11	材差项目	若工程属性中设置材料价差的计算位置为三级项目，则需要点击“材差项目”按钮，对整个项目统一添加三级材差项目；也可以统一删除，统一调整材差项目的税金系数
12	细部结构	设置细部结构项目并根据指标计算细部结构建安单价
13	施工临时	设置当前行为施工临时项目，工程量栏输入百分比系数，自动根据项目建安工作量的百分比计算费用，也可以取消施工临时项目行
14	办公福利	设置当前行为办公、生活及文化福利建筑项目，输入百分比系数，自动根据项目工程建安工作量百分比计算费用

（三）工程量清单辅助窗口

工程量清单辅助窗口的功能项列于表 11－7 中。

表 11－7　　工程量清单辅助窗口功能

左边框辅助窗口	（1）分组定位 （2）清单范本 （3）定额 （4）套用单价 （5）查询 （6）工程自检
下边框辅助窗口	（7）人材机 （8）标准换算 （9）单价分析 （10）备注 （11）工作内容 （12）项目特征 （13）附注说明 （14）工程量计算

(1) 分组定位。分组定位窗口，决定“工程量清单主窗口”的工作内容。鼠标选择哪一组，工程量清单主窗口就操作哪一组数据，如水利水电项目的费用组成分成工程部分与移民环境部分，工程部分又分组为建筑工程、机电设备安装、金属结构设备及安装工程等好几个部分。如图 11-16 所示：分组定位窗口选中建筑工程部分，那么“工程量清单主窗口”中所操作的都是建筑工程部分的内容。

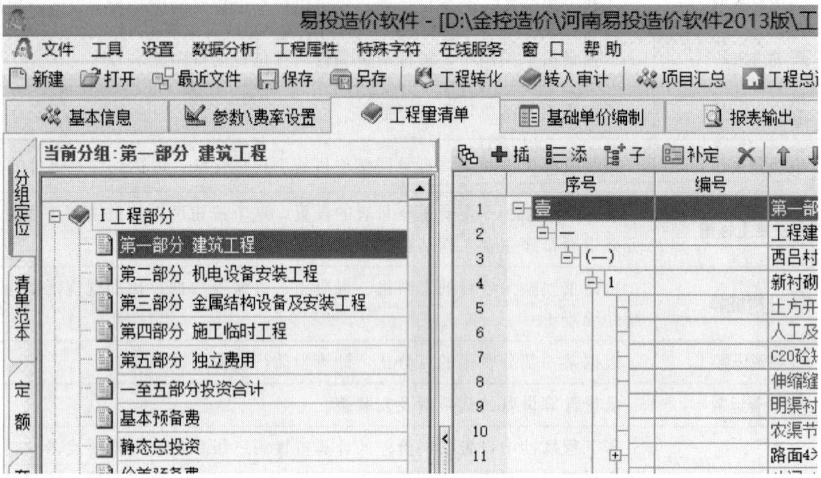

图 11-16

(2) 清单范本（图 11-17）。清单范本窗口，显示编规里边的项目划分列表与清单计价规范的项目列表，供“工程量清单主窗口”做项目划分、或清单项目录入的时候调用，省去手工打字录入的麻烦。

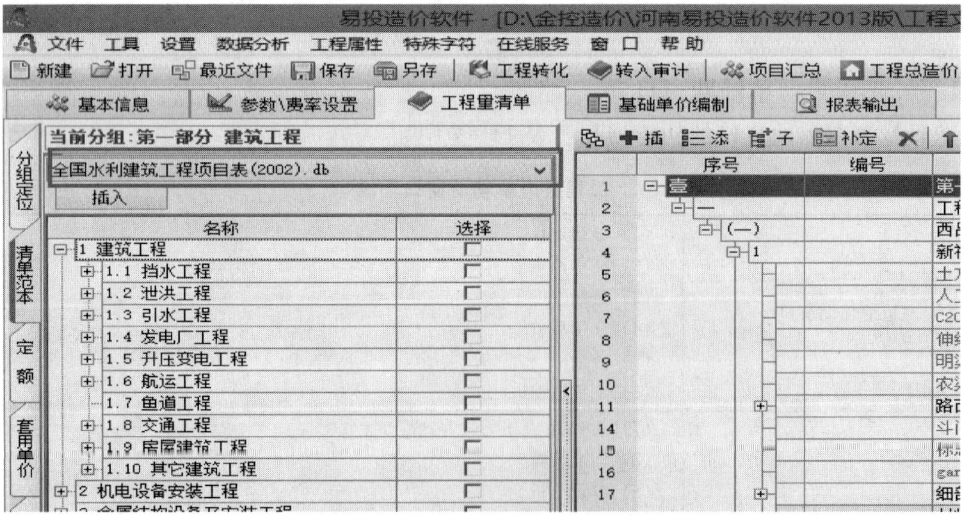

图 11-17

【操作】

A. 展开项目划分列表或清单规范列表，勾选需要的清单项目，点击“插入”按钮，勾选的项目自动插入到“工程量清单主窗口”光标所在行下方。

B. 展开项目划分列表或清单规范列表，选中需要的清单项目（Shift \ Ctrl 键可以多选），双击即可套用到“工程量清单主窗口”光标所在行下方。

(3) 定额（图 11－18）。定额窗口数据，为“工程量清单主窗口”组单价的时候提供定额子目标准依据。

【操作】

A. 双击定额子目行即可套用。

B. 可以通过定额名称等关键字，查找定额子目，双击套用。

C. 点击主定额行，可以切换到其他行业定额子目列表，进行嵌套使用。

D. 右键可以定位到定额列表各章节位置。

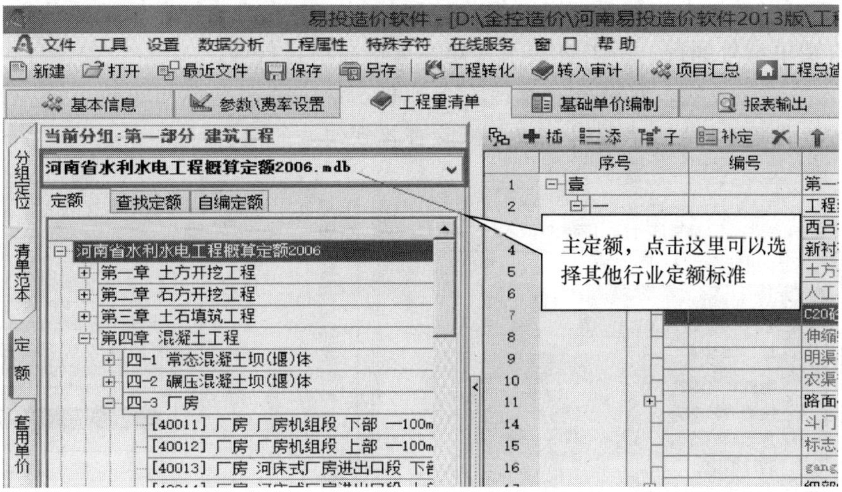

图 11－18

(4) 套用单价（图 11－19）。本工程组过的单价，或在基础单价编制里边组好的建安

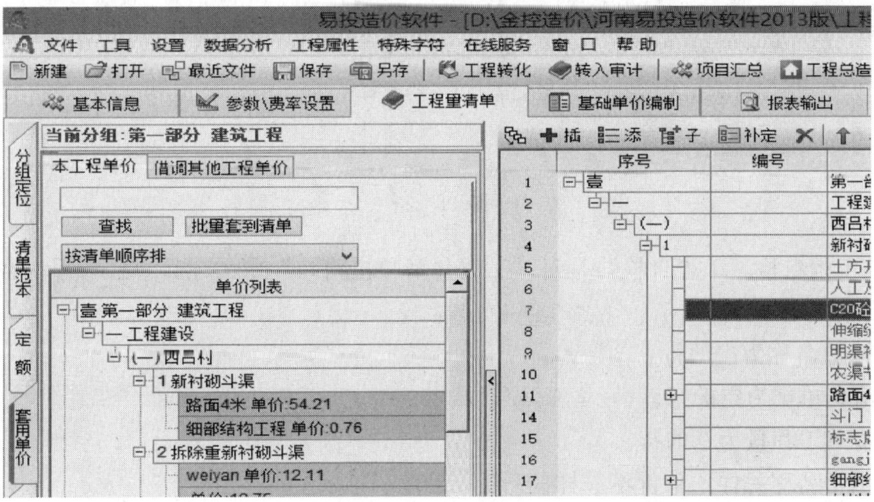

图 11－19

单价，或借调其他工程的单价等均在这个窗口列举。供“工程量清单主窗口”相同的项目套用。省去重复套用定额子目组价的麻烦。

【操作】

A. 双击需要的单价项，单价自动套用到“工程量清单主窗口”的选中行。

B. 右键可以批量套用到“工程量清单主窗口”的项目名称一样的项目行。

C. 可以借调其他工程做好的单价。

(5) 查询（图 11-20）。查询窗口，主要通过右键功能对“工程量清单主窗口”项目进行批量设置与编辑。输入项目名称或清单编号的关键字，查找到相应的项目，右键统一操作。

【操作】

A. 右键可以批量查找需要套定额组价的项目行、主要清单行、标记颜色行、超出限价行、没有清单编号的行、手工直接录入建安单价的项目行等。

B. 输入关键字查找，右键统一修改设备原价、统一修改名称与单位、统一设置主要工程量，统一设置 12 位清单编码，统一删除查找到勾选的项目行。

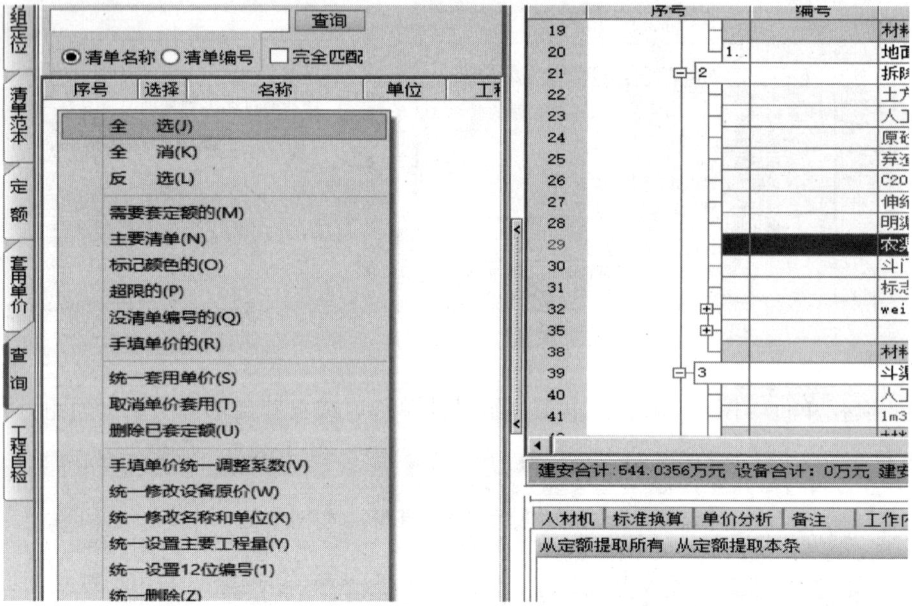

图 11-20

(6) 工程自检。工程自检，是对“工程量清单主窗口”中的项目，进行系统自检，可以自检出：

A. 清单名称为空的行。

B. 清单单位为空的行。

C. 清单工程量为 0 的行。

D. 项目名称一样，单价不一样的行。

E. 漏套定额组价的项目行。

F. 超过限价的清单行。

(7) 人材机（适用于定额行），见图 11－21，人材机窗口显示“工程量清单主窗口”中套用的定额子目工料机内容，这个窗口可以对套用的定额子目工料机作调整或换算。

【操作】

A. 在自定消耗栏直接输入计算消耗量或者计算公式。

B. 勾选某一个材料为装置性材料或已取费材料。

C. 右键可以添加人工、材料、机械、拌制运输附项定额或者中间单价等。

D. 双击工料机名称，可以修改工料机数据。

E. 点击工料机名称栏右边线按钮，可以修改、换算工料机。

编号	名称	单位	型号	定额消耗	自定消耗	调整结果	单价	合价	装置	已取费
10004	初级工	工时		6.3		6.3	2.22	13.99		
	零星材料费	%		4		4	569.72	22.79		
JX3013	自卸汽车 8t	台时		5.25		5.25	77.24	405.51		
JX1009	单斗挖掘机 液压 1m3	台时		0.95		0.95	126.63	120.3		
JX1042	推土机 59kw	台时		0.47		0.47	63.67	29.92		

图 11－21

(8) 标准换算（适用于定额行），见图 11－22，套用的定额子目根据工程具体情况做一些系数调整换算。

【操作】在对应的位置录入换算系数，或勾选设置换算内容，再点击“保存”即可。

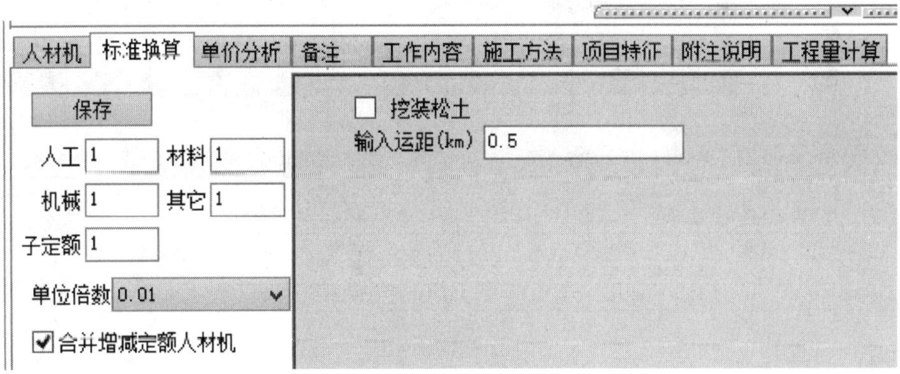

图 11－22

(9) 单价分析（适用于定额行），见图 11－23，这个窗口显示，选定的定额行取费计算的单价分析数据仅起查看作用，不支持操作。

(10) 备注：显示选定的定额子目行的备注信息，用户可以对该定额子目作备注说明。

(11) 工作内容：显示选中的定额子目包含的工作内容，用户可以加以修改补充。

(12) 项目特征（适用于清单行）显示清单行的项目特征描述，用户可以加以修改补充。

人材机 | 标准换算 | 单价分析 | 备注 | 工作内容 | 施工方法 | 项目特征 | 附注说明 | 工程量计算

编号	名称	单位	数量	单价	
一	直接工程费	元			
(一)	直接费	元			
1	人工费	元			
	初级工	工时	6.3	2.22	
2	材料费	元			
	零星材料费	%	4	569.72	
3	机械费	元			
	单斗挖掘机 液压 1m3	台时	0.95	126.63	
	推土机 59kw	台时	0.47	63.67	
	自卸汽车 8t	台时	5.25	77.24	
(二)	其他直接费	%	2.5	592.51	
(三)	现场经费	%	4	592.51	
二	间接费	%	4	631.02	
三	企业利润	%	7	656.26	
四	税金	%	3.284	702.2	
	合计	元			

图 11-23

(13) 附注说明（适用于清单行或定额行），用户对选中项目加以描述说明。

(14) 工程量计算（适用于清单项）。见图 11-24，对清单项目工程量计算，录入计算工程，检查修改方便，一般报施工进度，或审计结算时使用，方便数据校对与修改。计算式可以在报表中打印输出。

【操作】增加空行，录入名称、变量（可以不录）、计算式；点击计算，再点击提取结果（可以设置自动提取结果）。

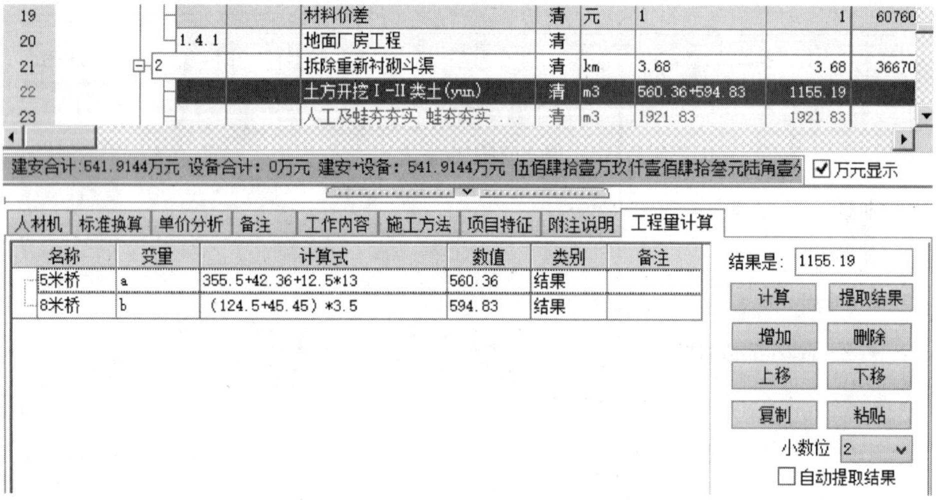

图 11-24

五、基础单价编制（插页窗口）

(1) 窗口的作用：基础单价编制，即人工、材料、机械、混凝土、电风水、中间单价以及建安单价的计算与录入。人工单价根据编制规定自动计算；材料预算价根据市场价格信息、运输装卸及采保费用、加工制作、自采等计算；自行生产电风水单价的计算；机械、混凝土的单价计算等均在这个窗口里边处理。还有工程项目的建安单价、中间单价，也可以集中在这个窗口中计算编制，如图 11－25 所示。

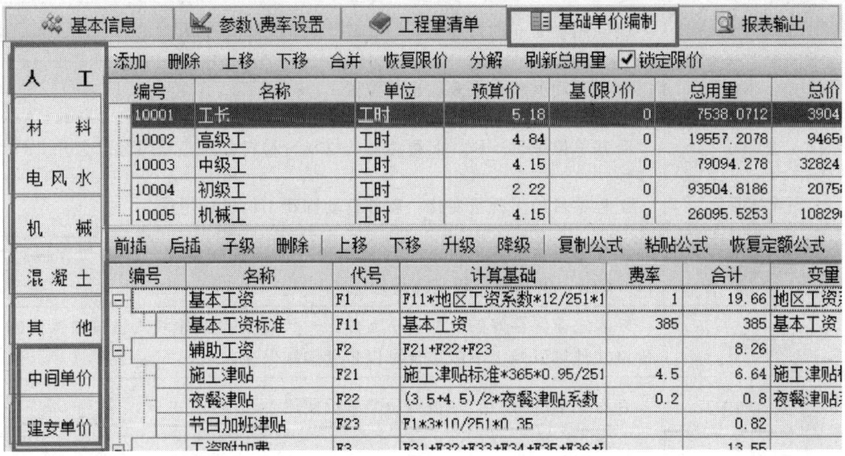

图 11－25

（2）基础单价编制窗口中“人工”窗口的介绍：（软件根据编制规定设置关联计算，用户不用做操作，若有补充的工种，直接输入预算价即可）。

（3）基础单价编制窗口中的“材料”窗口（图 11－26）介绍。基础单价编制窗口快捷按钮功能介绍见表 11－8。

【操作】

A. 可以按照需求显示材料，如定额用到的混凝土材料等。

B. 右键可以排序材料顺序。

C. 右键可以计算材料价格、关联材料价格、调整材料价格、导出到 Excel 格式。

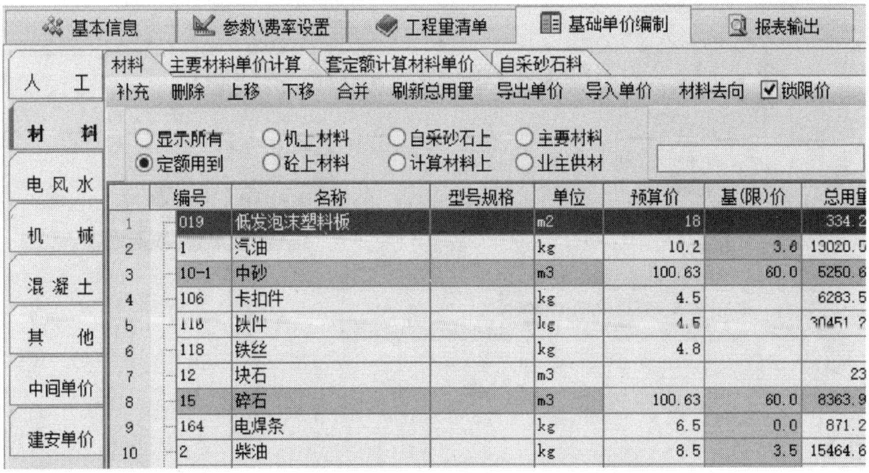

图 11－26

表 11-8　　基础单价编制窗口快捷按钮功能说明

序号	快捷按钮	功 能 说 明
1	补充	添加、补充项目需要的材料
2	删除	删除用量为 0 的材料行
3	上移　下移	上下移动材料在报表输出的位置
4	合并	合并单位单价一样、名称相似的材料，材料合并，总用量也合并
5	刷新总用量	工程项目的工程量变化，软件自动刷新工料机总用量
6	导出单价	是导出材料预算价，本工程材料预算价格编制完成，导出保存成材料价格文件（*.CL），供其他工程导入使用
7	导入单价	导入之前保存好的材料价格文件（*.CL），是快速录入材料预算价的方法。材料价格文件可以网上下载，也可以自己编制保存
8	材料去向	查看选中的材料，是被哪一个单价使用
9	☑锁限价	锁定限价材料的限制价格，需要修改或录入，需去勾解锁

（4）计算材料单价窗口如图 11-27 所示。

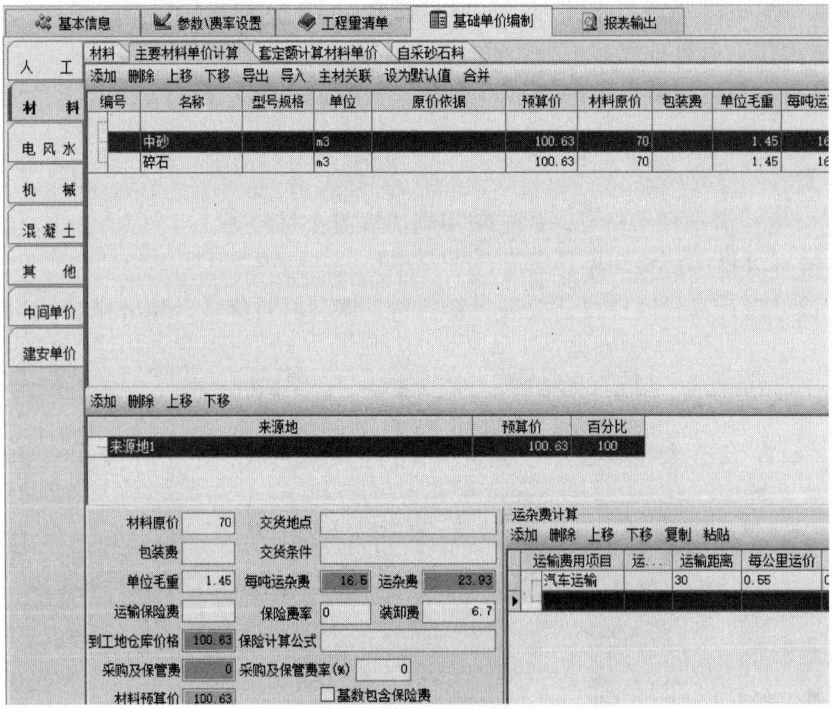

图 11-27

【操作】

A. 添加材料，依次输入材料原价、单位毛重、装卸费、运距运价以及运输保险费率等材料单价自动计算。

B. 点击“导出”按钮，保存成（*. 主材）文件，供其他工程导入使用。

C. 设置为默认值，下一个工程将默认保留所有主材单价计算数据。

（5）套定额计算材料单价。项目中有些材料需要自己制作生产，则需要套定额计算单价，见图 11－28。

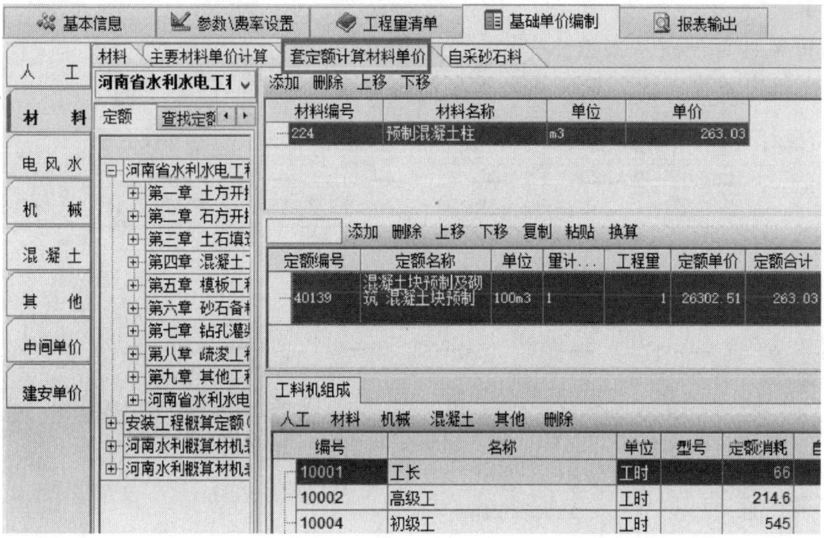

图 11－28

【操作】在“套定额计算材料单价”窗口，点击“添加”──→勾选定额用到的材料“双击”──→点击“确定”──→查找对应的定额子目双击套用。软件自动计算出该材料单价。

（6）自采砂石料窗口：砂石料自行开采，材料单价根据自采工序，套用对应的开采定额，软件自动计算出砂石料单价。

（7）电风水窗口：电单价计算（图 11－29）。

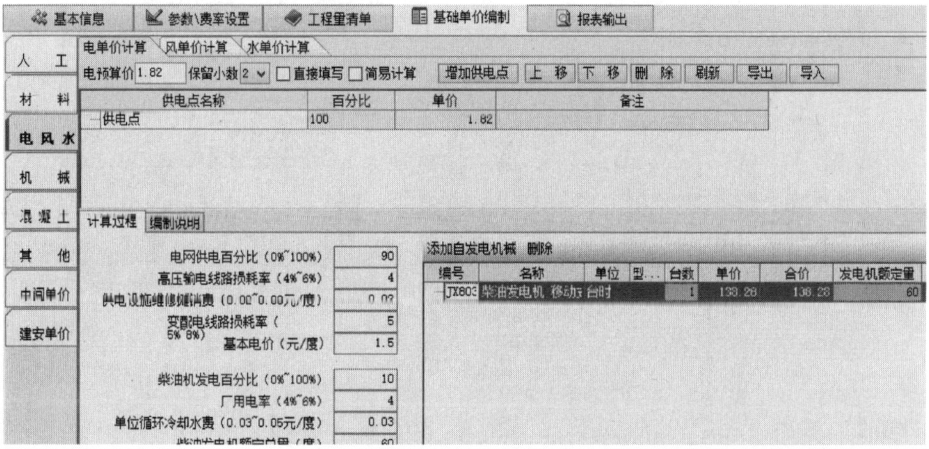

图 11－29

【操作】

A. 项目输入电网供电与自行发电的比例，录入电网供电单价（基本电价）。

B. 录入相关计算参数。

C. 添加自行发电机械，录入台时数与发电机额定量。

(8) 电风水窗口：风单价计算（图 11-30）。

【操作】

A. 设置风计算的技术参数。

B. 添加供风机械台时，输入机械数量与额定量。

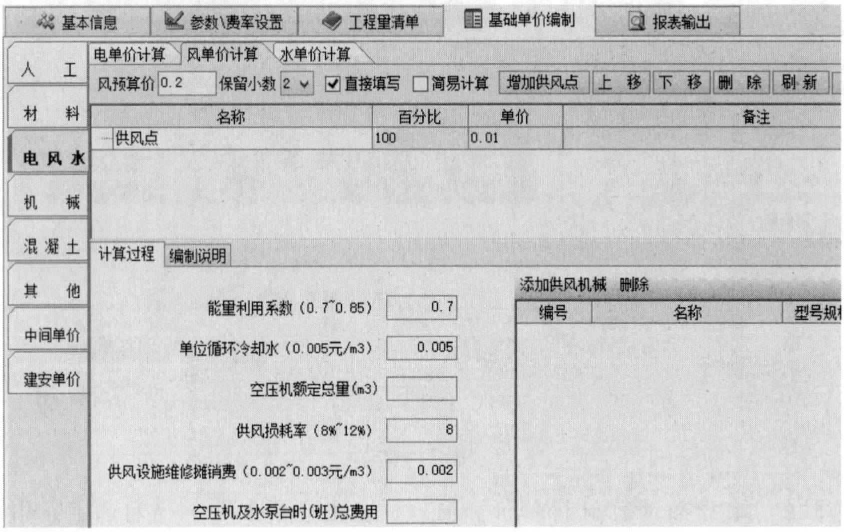

图 11-30

(9) 电风水窗口：水单价计算（图 11-31）。

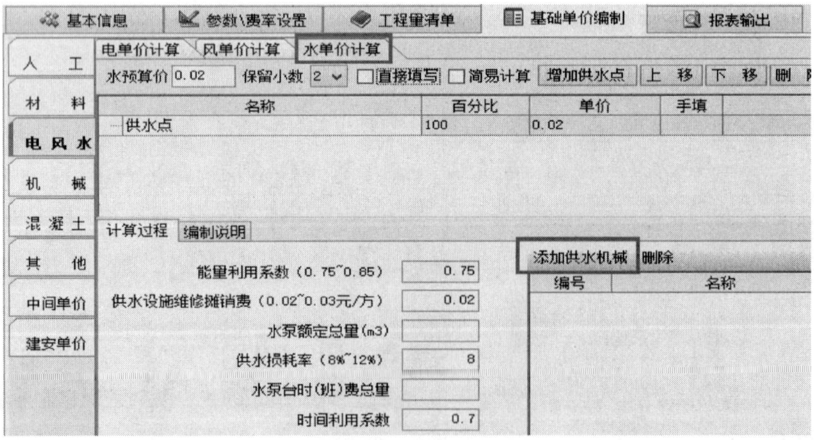

图 11-31

【操作】

A. 设置供水技术参数。

B. 添加供水机械台时，录入台时数量与额定量。

（10）基础单价编制窗口中的“机械”与“混凝土”窗口。

项目各种标号混凝土与各种型号机械，根据人工与材料预算价，自动计算单价。

基础单价编制中的建安单价编制（图 11－32）。建安单价，即工程量清单主窗口中划分的项目，建安单价可以在这里集中编制，后关联到对应的项目划分自动计算。这个窗口所编制的建安单价，会在工程量清单辅助窗口“套用单价”里边显示，供清单项目套用。其快捷按钮功能介绍见表 11－9。

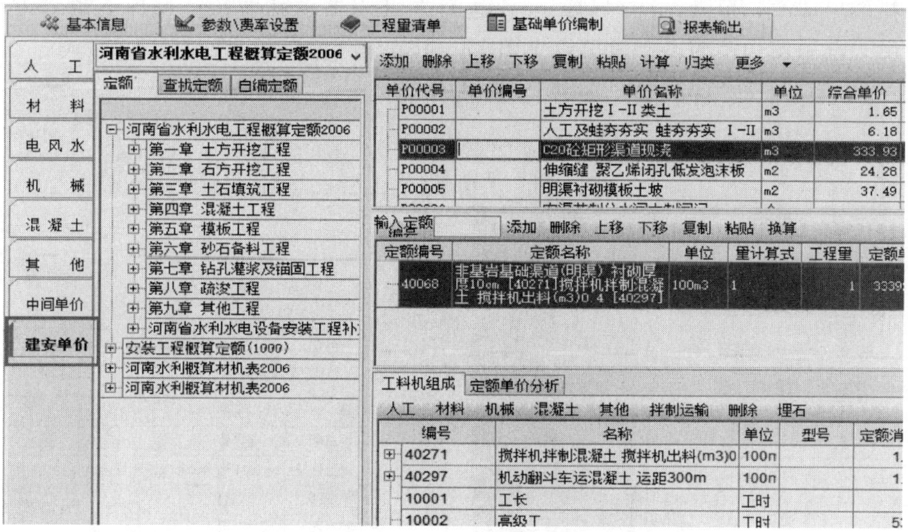

图 11－32

表 11－9　　　　基础单价编制中的建安单价快捷按钮功能介绍

序号	快捷按钮	功　能　作　用
1	从清单引入(U)	从工程量清单窗口的项目划分中导入单价项目，名称与项目划分一致（建议先做好项目划分）
2	从其他工程引入单价(V)	其他工程做好的建安单价，借调到本工程使用，组价是原来工程的，工料机单价可以是本工程的
3	代号规则(T)	建安单价的单价代号规则，默认以“p”开头的
4	生成单价编号(W)	软件默认没有单价编号，可以点击自动生成，报表输出可以调用这个编号（不建议生成）
5	重排单价代号(X)	单价代号顺序乱了，可以重新排序
6	未被使用单价显示红色(Y)	建安单价做多了，本工程用不到的单价项用红颜色标明，方便检查
7	添加	添加建安单价项
8	删除	删除不用的单价
9	上移　下移	上下移动建安单价的排序行位置
10	复制　粘贴	复制、粘贴建安单价项
11	归类	建安单价可以根据取费或自定义类型归类，方便检查核对或管理

【操作】

A. 点击“更多”里边的“从清单引入”，将工程量清单窗口中做好的项目划分，导入到建安单价窗口。

B. 删除不需要组单价的项目。

C. 从左边定额库列表中，查找定额，依次对单价项目套定额组价。

六、报表打印（插页窗口）

（1）窗口功能。报表打印窗口，是本工程文件数据报表的格式修改、报表分组、打印、导出等一系列操作的工作窗口，见图 11－33。

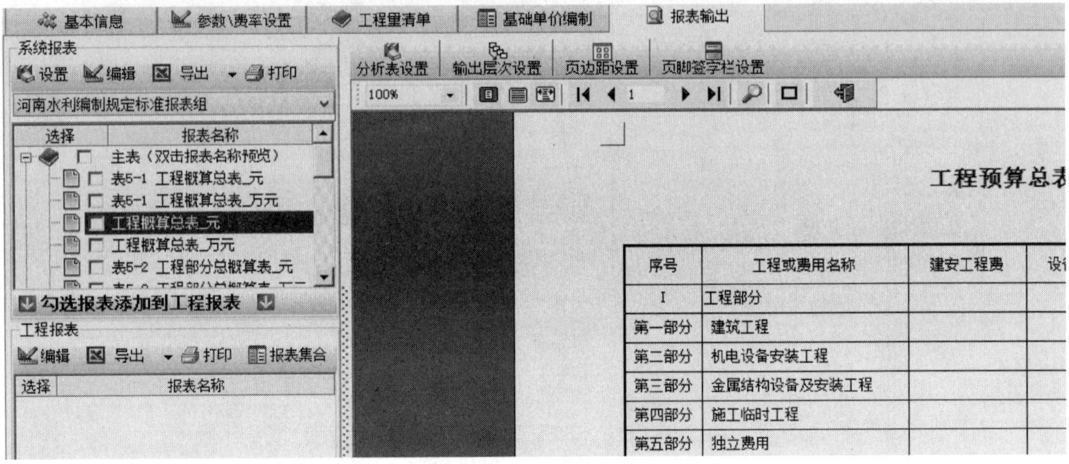

图 11－33

（2）窗口介绍。报表打印窗口分成 3 个部分：系统报表窗口（左上角）、工程报表窗口（左下角）、报表预览窗口（右半幅）。

1）系统报表：软件根据工程性质不同、编制规定不同、地方要求不同，设置多组报表格式。如省编规报表组、部编规报表组、各地设计院自行设计的报表组。每一组报表都成套完整工程文件数据输出。系统报表窗口，可以对报表进行预览、编辑、输出（编辑需要密码，不建议编辑系统默认的报表）。

2）工程报表：工程报表即用户报表，软件默认工程报表为空。用户自行根据需要，在系统报表里边勾选需要的表格，添加到工程报表窗口。工程报表支持预览、编辑、导出、打印等（建议使用工程报表输出）。

3）报表预览窗口：双击系统报表或者工程报表窗口里边的表格，均可预览。

（3）系统报表窗口的应用。

【操作】

A. 选择报表组。

B. 双击表格名称预览表格。

C. 勾选需要的表格，添加到工程报表。

D. 导出、打印系统报表组勾选的表格（建议添加到工程报表再导出或打印）。

（4）工程报表窗口的应用。

【操作】

A. 勾选需要的表格名称（右键可以全选、全消）。

B. 右键导出整个报表组，保存成报表组模板文件，供其他工程导入使用。

C. 右键导入之前保存的报表组模板文件。

D. 右键将整个工程报表组保存成报表集合。

E. 调用报表集合里边的报表组。

F. 编辑表格格式。

G. 工程单价分析表（单价计算表）的格式设置。

H. 概预算表格或清单计价表格输出层次设置。

I. 报表页边距设置。

J. 页脚及签字栏设置。

附　　录

附录一　水利水电基本建设工程项目划分

附表 1-1　　　　　　　　　　第一部分　建筑工程

Ⅰ	枢　纽　工　程			
序号	一级项目	二级项目	三级项目	备　注
一	挡水工程			
1		混凝土坝（闸）工程		
			土方开挖 石方开挖 土石方回填 模板 混凝土 钢筋 防渗墙 灌浆孔 灌浆 排水孔 砌石 喷混凝土 锚杆（索） 启闭机室 温控措施 细部结构工程	
2		土（石）坝工程		
			土方开挖 石方开挖 土料填筑 砂砾料填筑 斜（心）墙土料填筑 反滤料、过渡料填筑 坝体堆石填筑 铺盖填筑 土工膜（布） 沥青混凝土 模板 混凝土 钢筋 防渗墙 灌浆孔	

续表

Ⅰ	枢纽工程			
序号	一级项目	二级项目	三级项目	备注
			灌浆	
			排水孔	
			砌石	
			喷混凝土	
			锚杆（索）	
			面（趾）板止水	
			细部结构工程	
二	泄洪工程			
1		溢洪道工程		
			土方开挖	
			石方开挖	
			土石方回填	
			模板	
			混凝土	
			钢筋	
			灌浆孔	
			灌浆	
			排水孔	
			砌石	
			喷混凝土	
			锚杆（索）	
			启闭机室	
			温控措施	
			细部结构工程	
2		泄洪洞工程		
			土方开挖	
			石方开挖	
			模板	
			混凝土	
			钢筋	
			灌浆孔	
			灌浆	
			排水孔	
			砌石	
			喷混凝土	
			锚杆（索）	
			钢筋网	
			钢拱架、钢格栅	
			细部结构工程	
3		冲沙孔（洞）工程		

续表

Ⅰ	枢　纽　工　程			
序号	一级项目	二级项目	三级项目	备　注
4		放空洞工程		
5		泄洪闸工程		
三	引水工程			
1		引水明渠工程		
			土方开挖 石方开挖 模板 混凝土 钢筋 砌石 锚杆（索） 细部结构工程	
2		进（取）水口工程		
			土方开挖 石方开挖 模板 混凝土 钢筋 砌石 锚杆（索） 细部结构工程	
3		引水隧洞工程		
			土方开挖 石方开挖 模板 混凝土 钢筋 灌浆孔 灌浆 排水孔 砌石 喷混凝土 锚杆（索） 钢筋网 钢拱架、钢格栅 细部结构工程	

续表

Ⅰ	枢　纽　工　程			
序号	一级项目	二级项目	三级项目	备　注
4		调压井工程		
			土方开挖 石方开挖 模板 混凝土 钢筋 灌浆孔 灌浆 砌石 喷混凝土 锚杆（索） 细部结构工程	
5		高压管道工程		
			土方开挖 石方开挖 模板 混凝土 钢筋 灌浆孔 灌浆 砌石 锚杆（索） 钢筋网 钢拱架、钢格栅 细部结构工程	
四	发电厂 （泵站）工程			
1		地面厂房工程		
			土方开挖 石方开挖 土石方回填 模板 混凝土 钢筋 灌浆孔 灌浆 砌石 锚杆（索） 温控措施 厂房建筑 细部结构工程	

续表

Ⅰ	枢纽工程			
序号	一级项目	二级项目	三级项目	备注
2		地下厂房工程		
			石方开挖 模板 混凝土 钢筋 灌浆孔 灌浆 排水孔 喷混凝土 锚杆（索） 钢筋网 钢拱架、钢格栅 温控措施 厂房装修 细部结构工程	
3		交通洞工程		
			土方开挖 石方开挖 模板 混凝土 钢筋 灌浆孔 灌浆 喷混凝土 锚杆（索） 钢筋网 钢拱架、钢格栅 细部结构工程	
4		出线洞（井）工程		
5		通风洞（井）工程		
6		尾水洞工程		
7		尾水调压井工程		
8		尾水渠工程		

续表

Ⅰ	枢纽工程			
序号	一级项目	二级项目	三级项目	备注
			土方开挖 石方开挖 土石方回填 模板 混凝土 钢筋 砌石 锚杆（索） 细部结构工程	
五	升压变电站工程			
1		变电站工程		
			土方开挖 石方开挖 土石方回填 模板 混凝土 钢筋 砌石 钢材 细部结构工程	
2		开关站工程		
			土方开挖 石方开挖 土石方回填 模板 混凝土 钢筋 砌石 钢材 细部结构工程	
六	航运工程			
1		上游引航道工程		
			土方开挖 石方开挖 土石方回填 模板 混凝土 钢筋 砌石 锚杆（索） 细部结构工程	

续表

I	枢 纽 工 程			
序号	一级项目	二级项目	三级项目	备 注
2		船闸（升船机）工程		
			土方开挖 石方开挖 土石方回填 模板 混凝土 钢筋 灌浆孔 灌浆 锚杆（索） 控制室 温控措施 细部结构工程	
3		下游引航道工程		
七	鱼道工程			
八	交通工程			
1		公路工程		
2		铁路工程		
3		桥梁工程		
4		码头工程		
九	房屋建筑工程			
1		辅助生产建筑		
2		仓库		
3		办公用房		
4		值班宿舍及文化福利建筑		
5		室外工程		
十	供电设施工程			
十一	其他建筑工程			
1		安全监测设施工程		
2		照明线路工程		
3		通信线路工程		
4		厂坝（闸、泵站）区供水、供热、排水等公用设施		
5		劳动安全与工业卫生设施		
6		水文、泥沙监测设施工程		
7		水情自动测报系统工程		
8		其他		

续表

Ⅱ	引　水　工　程			
序号	一级项目	二级项目	三级项目	备　注
一	渠（管）道工程			
1		××—××段干渠（管）工程		
			土方开挖 石方开挖 土石方回填 模板 混凝土 钢筋 输水管道 管道附件及阀门 管道防腐 砌石 垫层 土工布 草皮护坡 细部结构工程	 各类管道（含钢管） 项目较多时可另附表
2		××—××段支渠（管）工程		
二	建筑物工程			
1		泵站工程（扬水站、排灌站）		
			土方开挖 石方开挖 土石方回填 模板 混凝土 钢筋 砌石 厂房建筑 细部结构工程	
2		水闸工程		
			石方开挖 土石方回填 模板 混凝土 钢筋 灌浆孔 灌浆 砌石 启闭机室 细部结构工程	

续表

Ⅱ	引　水　工　程			
序号	一级项目	二级项目	三级项目	备　注
3		渡槽工程		
			土方开挖 石方开挖 土石方回填 模板 混凝土 钢筋 预应力锚索（筋） 渡槽支撑 砌石 细部结构工程	钢绞线、钢丝束、钢筋或高大跨度渡槽措施费
4		隧洞工程		
			土方开挖 石方开挖 土石方回填 模板 混凝土 钢筋 灌浆孔 灌浆 砌石 喷混凝土 锚杆（索） 钢筋网 钢拱架、钢格栅 细部结构工程	
5		倒虹吸工程		含附属调压、检修设施
6		箱涵（暗渠）工程		含附属调压、检修设施
7		跌水工程		
8		动能回收电站工程		
9		调蓄水库工程		
10		排水涵（渡槽）		或排洪涵（渡槽）
11		公路交叉（穿越）建筑物		
12		铁路交叉（穿越）建筑物		
13		其他建筑物工程		
三	交通工程			
1		对外公路工程		
2		运行管理维护道路		

续表

Ⅱ	引　水　工　程			
序号	一级项目	二级项目	三级项目	备　注
四	房屋建筑工程			
1		辅助生产建筑		
2		仓库		
3		办公用房		
4		值班宿舍及文化福利建筑		
5		室外工程		
五	供电设施工程			
六	其他建筑工程			
1		安全监测施工工程		
2		照明线路工程		
3		通信线路工程		
4		厂坝（闸、泵站）区供水、供热、排水等公用设施		
5		劳动安全与工业卫生设施		
6		水文、泥沙监测设施工程		
7		水情自动测报系统工程		
8		其他		
Ⅲ	河　道　工　程			
序号	一级项目	二级项目	三级项目	备　注
一	河湖整治与堤防工程			
1		×××—×××段堤防工程		
			土方开挖 土方填筑 模板 混凝土 砌石 土工布 防渗墙 灌浆 草皮护坡 细部结构工程	
2		×××—×××段河道（湖泊）整治工程		

续表

Ⅲ	河　道　工　程			
序号	一级项目	二级项目	三级项目	备　注
3		×××—×××段河道疏浚工程		
二	灌溉工程			
1		×××—×××段渠(管)道工程		
			土方开挖 土方填筑 模板 混凝土 砌石 土工布 输水管道 细部结构工程	
三	田间工程			
1		×××—×××段渠(管)道工程		
2		田间土地平整		根据设计要求比例
四	建筑物工程			
1		水闸工程		
2		泵站工程(扬水站、排灌站)		
3		其他建筑物		
五	交通工程			
六	房屋建筑工程			
1		辅助生产厂房		
2		仓库		
3		办公用房		
4		值班宿舍及文化福利建筑		
5		室外工程		
七	供电设施工程			
八	其他建筑工程			
1		安全监测设施工程		
2		照明线路工程		
3		通信线路工程		

续表

Ⅲ	河　道　工　程			
序号	一级项目	二级项目	三级项目	备　注
4		厂坝（闸、泵站）区供水、供热、排水等公用设施		
5		劳动安全与工业卫生设施工程		
6		水文、泥沙监测设施工程		
7		其他		

附表 1－2　　三级项目划分要求及技术经济指标

序号	三　级　项　目			经济技术指标
	分类	名称示例	说　明	
1	土石方开挖	土方开挖	土方开挖与砂砾石开挖分列	元/m^3
		石方开挖	明挖与暗挖，平洞与斜井、竖井分列	元/m^3
2	土石方回填	土方填筑		元/m^3
		石方填筑		元/m^3
		砂砾料填筑		元/m^3
		斜（心）墙土料填筑		元/m^3
		反滤料、过渡料填筑		元/m^3
		坝体（坝趾）堆石填筑		元/m^3
		铺盖填筑		元/m^3
		土工膜		元/m^2
		土工布		元/m^2
3	砌石	砌石	干砌石、浆砌石、抛石、铅丝(钢筋)笼块石等分列	元/m^3
		砖墙		元/m^3
4	混凝土与模板	模板	不同规格形状和材质的模板分列	元/m^2
		混凝土	不同工程部位、不同强度等级、不同级配的混凝土分列	元/m^3
		沥青混凝土		元/m^3（m^2）
5	钻孔与灌浆	防渗墙		元/m^2
		灌浆孔	使用不同钻孔机械及钻孔的不同用途分列	元/m
		灌浆	不同灌浆种类分列	元/m（m^2）
		排水孔		元/m
6	锚固工程	锚杆		元/根
		锚索		元/束（根）
		喷混凝土		元/m^3

续表

序号	三级项目			经济技术指标
	分类	名称示例	说明	
7	钢筋	钢筋		元/t
8	钢结构	钢衬		元/t
		构架		元/t
9	止水	面（趾）板止水		元/m
10	其他	启闭机室		元/m^2
		控制室（楼）		元/m^2
		温控措施		元/m^3
		厂房装修		元/m^2
		细部结构工程		元/m^3

附表 1-3　　第二部分　机电设备及安装工程

Ⅰ	枢纽工程			
序号	一级项目	二级项目	三级项目	技术经济指标
一	发电设备及安装工程			
1		水轮机设备及安装工程		
			水轮机 调速器 油压装置 过速限制器 自动化元件 透平油	元/台 元/台 元/台（套） 元/台（套） 元/台（套） 元/t
2		发电机设备及安装工程		
			发电机 励磁装置 自动化元件	元/台 元/台（套） 元/台（套）
3		主阀设备及安装工程		
			蝴蝶阀（球阀、锥形阀） 油压装置	元/台 元/台
4		起重设备及安装工程		
			桥式起重机 转子吊具 平衡梁 轨道 滑触线	元/t（台） 元/t（具） 元/t（副） 元/双 10m 元/三相 10m
5		水力机械辅助设备及安装工程		

续表

Ⅰ	枢　纽　工　程			
序号	一级项目	二级项目	三级项目	技术经济指标
			油系统 压气系统 水系统 水力量测系统 管路（管子、附件、阀门）	
6		电气设备及安装工程		
			发电电压装置 控制保护系统 直流系统 厂用电系统 电工试验设备 35kV 及以下动力电缆 控制和保护电缆 母线 电缆架 其他	
二	升压变电设备及安装工程			
1		主变压器设备及安装工程		
			变压器 轨道	元/台 元/双 10m
2		高压电气设备及安装工程		
			高压断路器 电流互感器 电压互感器 隔离开关 110kV 及以上高压电缆	
3		一次拉线及其他安装工程		
三	公用设备及安装工程			
1		通信设备及安装工程		
			卫星通信 光缆通信 微波通信 载波通信 生产调度通信 行政管理通信	
2		通风采暖设备及安装工程		

续表

I	枢纽工程			
序号	一级项目	二级项目	三级项目	技术经济指标
			通风机 空调机 管路系统	
3		机修设备及安装工程		
			车床 刨床 钻床	
4		计算机监控系统		
5		工业电视系统		
6		管理自动化系统		
7		全厂接地及保护网		
8		电梯设备及安装工程		
			大坝电梯 厂房电梯	
9		坝区馈电设备及安装工程		
			变压器 配电装置	
10		厂坝区供水、排水、供热设备及安装工程		
11		水文、泥沙监测设备及安装工程		
12		水情自动测报系统设备及安装工程		
13		视频安防监控设备及安装工程		
14		安全监测设备及安装工程		
15		消防设备		
16		劳动安全与工业卫生设备及安装工程		
17		交通设备		

续表

Ⅱ	引水工程及河道工程			
序号	一级项目	二级项目	三级项目	技术经济指标
一	泵站设备及安装工程			
1		水泵设备及安装工程		
2		电动机设备及安装工程		
3		主阀设备及安装工程		
4		起重设备及安装工程		
			桥式起重机 平衡梁 轨道 滑触线	元/t（台） 元/t（副） 元/双 10m 元/三相 10m
5		水力机械辅助设备及安装工程		
			油系统 压气系统 水系统 水力量测系统 管路(管子、附件、阀门)	
6		电气设备及安装工程		
			控制保护系统 盘柜 电缆 母线	
二	水闸设备及安装工程			
1		电气一次设备及安装工程		
2		电气二次设备及安装工程		
三	电站设备及安装工程			
四	供电设备及安装工程			
		变电站设备及安装		
五	公用设备及安装工程			
1		通信设备及安装工程		
			卫星通信 光缆通信 微波通信 载波通信 生产调度通信 行政管理通信	

续表

Ⅱ	引水工程及河道工程			
序号	一级项目	二级项目	三级项目	技术经济指标
2		通风采暖设备及安装工程		
			通风机 空调机 管路系统	
3		机修设备及安装工程		
			车床 刨床 钻床	
4		计算机监控系统		
5		管理自动化系统		
6		全厂接地及保护网		
7		厂坝区供水、排水、供热设备及安装工程		
8		水文、泥沙监测设备及安装工程		
9		水情自动测报系统设备及安装工程		
10		视频安防监控设备及安装工程		
11		安全监测设备及安装工程		
12		消防设备		
13		劳动安全与工业卫生设备及安装工程		
14		交通设备		

附表 1－4　　第三部分　金属结构设备及安装工程

Ⅰ	枢　纽　工　程			
序号	一级项目	二级项目	三级项目	技术经济指标
一	挡水工程			
1		闸门设备及安装工程		
			平板门 弧形门 埋件 闸门、埋件防腐	元/t 元/t 元/t 元/t（m^2）

续表

Ⅰ	枢　纽　工　程			
序号	一级项目	二级项目	三级项目	技术经济指标
2		启闭设备及安装工程		
			卷扬式启闭机 门式启闭机 油压启闭机 轨道	元/t（台） 元/t（台） 元/t（台） 元/双 10m
3		拦污设备及安装工程		
			拦污栅 清污机	元/t 元/t（台）
二	泄洪工程			
1		闸门设备及安装工程		
2		启闭设备及安装工程		
3		拦污设备及安装工程		
三	引水工程			
1		闸门设备及安装工程		
2		启闭设备及安装工程		
3		拦污设备及安装工程		
4		压力钢管制作及安装工程		
四	发电厂工程			
1		闸门设备及安装工程		
2		启闭设备及安装工程		
五	航运工程			
1		闸门设备及安装工程		
2		启闭设备及安装工程		
3		升船机设备及安装工程		
六	鱼道工程			
Ⅱ	引水工程及河道工程			
序号	一级项目	二级项目	三级项目	技术经济指标
一	泵站工程			
1		闸门设备及安装工程		
2		启闭设备及安装工程		
3		拦污设备及安装工程		
二	水闸（涵）工程			
1		闸门设备及安装工程		
2		启闭设备及安装工程		

续表

Ⅱ	引水工程及河道工程			
序号	一级项目	二级项目	三级项目	技术经济指标
3		拦污设备及安装工程		
三	小水电站工程			
1		闸门设备及安装工程		
2		启闭设备及安装工程		
3		拦污设备及安装工程		
4		压力钢管制作及安装工程		
四	调蓄水库工程			
五	其他建筑物工程			

附表 1-5　　第四部分　施工临时工程

序号	一级项目	二级项目	三级项目	技术经济指标
一	导流工程			
1		导流明渠工程		
			土方开挖 石方开挖 模板 混凝土 钢筋 锚杆	元/m^3 元/m^3 元/m^2 元/m^3 元/t 元/根
2		导流洞工程		
			土方开挖 石方开挖 模板 混凝土 钢筋 喷混凝土 锚杆（索）	元/m^3 元/m^3 元/m^2 元/m^3 元/t 元/m^3 元/根（束）
3		土石围堰工程		
			土方开挖 石方开挖 堰体填筑 砌石 防渗 堰体拆除 其他	元/m^3 元/m^3 元/m^3 元/m^3 元/m^3（m^2） 元/m^3

续表

序号	一级项目	二级项目	三级项目	技术经济指标
4		混凝土围堰工程		
			土方开挖 石方开挖 模板 混凝土 防渗 堰体拆除 其他	元/m^3 元/m^3 元/m^2 元/m^3 元/m^3（m^2） 元/m^3
5		蓄水期下游断流补偿设施工程		
6		金属结构设备及安装工程		
二	施工交通工程			
1		公路工程		元/km
2		铁路工程		元/km
3		桥梁工程		元/延米
4		施工支洞工程		
5		码头工程		
6		转运站工程		
三	施工供电工程			
1		220kV 供电线路		元/km
2		110kV 供电线路		元/km
3		35kV 供电线路		元/km
4		10kV 供电线路（引水及河道）		元/km
5		变配电设施设备（场内除外）		元/座
四	施工房屋建筑工程			
1		施工仓库		
2		办公、生活及文化福利建筑		
五	其他施工临时工程			

注　凡永久与临时相结合的项目列入相应永久工程项目内。

附表 1-6　　**第五部分　独立费用**

序号	一级项目	二级项目	三级项目	技术经济指标
一	建设管理费			
二	工程建设监理费			
三	联合试运转费			
四	生产准备费			

续表

序号	一级项目	二级项目	三级项目	技术经济指标
1		生产及管理单位提前进厂费		
2		生产职工培训费		
3		管理用具购置费		
4		备品备件购置费		
5		工器具及生产家具购置费		
五	科研勘测设计费			
1		工程科学研究试验费		
2		工程勘测设计费		
六	其他			
1		工程保险费		
2		其他税费		

附录二 设计概算表格

一、工程概算总表

附表 2-1　　工程概算总表　　单位：万元

序号	工程或费用名称	建安工程费	设备购置费	独立费用	合计
Ⅰ	工程部分投资				
	第一部分　建筑工程				
	第二部分　机电设备及安装工程				
	第三部分　金属结构设备及安装工程				
	第四部分　施工临时工程				
	第五部分　独立费用				
	一至五部分投资合计				
	基本预备费				
	静态投资				
Ⅱ	建设征地移民补偿投资				
一	农村部分补偿费				
二	城（集）镇部分补偿费				
三	工业企业补偿费				
四	专业项目补偿费				
五	防护工程费				
六	库底清理费				
七	其他费用				
	一至七项小计				
	基本预备费				
	有关税费				
	静态投资				

续表

序号	工程或费用名称	建安工程费	设备购置费	独立费用	合计
Ⅲ	环境保护工程投资静态投资				
Ⅳ	水土保持工程投资静态投资				
Ⅴ	工程投资总计（Ⅰ～Ⅳ合计）				
	静态总投资				
	价差预备费				
	建设期融资利息				
	总投资				

二、工程部分概算表

1. 工程部分总概算表

附表 2－2　　**工程部分总概算表**　　单位：万元

序号	工程或费用名称	建安工程费	设备购置费	独立费用	合计	占一至五部分投资比例/%
	各部分投资					
	一至五部分投资合计					
	基本预备费					
	静态总投资					

2. 建筑工程概算表

按项目划分列示至三级项目。

附表 2－3 适用于编制建筑工程概算、施工临时工程概算和独立费用概算。

附表 2－3　　**建筑工程概算表**

序号	工程或费用名称	单位	数量	单价/元	合计/万元

3. 设备及安装工程概算表

按项目划分列示至三级项目。

附表 2－4 适用于编制机电和金属结构设备及安装工程概算。

附表 2－4　　**设备及安装工程概算表**

序号	名称及规格	单位	数量	单价/元		合计/万元	
				设备费	安装费	设备费	安装费

4. 分年度投资表

按附表 2－5 编制分年度投资表，可视不同情况按项目划分列示至一级项目或二级项目。

附表 2-5　　分年度投资表　　单位：万元

序号	项　目	合计	建设工期/年度						
			1	2	3	4	5	6	…
Ⅰ	工程部分投资								
一	建筑工程								
1	建筑工程								
	×××工程（一级项目）								
2	施工临时工程								
	×××工程（一级项目）								
二	安装工程								
1	机电设备安装工程								
	×××工程（一级项目）								
2	金属结构设备安装工程								
	×××工程（一级项目）								
三	设备购置费								
1	机电设备								
	×××设备								
2	金属结构设备								
	×××设备								
四	独立费用								
1	建设管理费								
2	工程建设监理费								
3	联合试运转费								
4	生产准备费								
5	科研勘测设计费								
6	其他								
	一至四项合计								
	基本预备费								
	静态投资								
Ⅱ	建设征地移民补偿投资								
	……								
	静态投资								
Ⅲ	环境保护工程投资								
	……								
	静态投资								
Ⅳ	水土保持工程投资								
	……								
	静态投资								

续表

序号	项　　目	合计	建设工期/年度						
			1	2	3	4	5	6	…
Ⅴ	工程投资总计（Ⅰ～Ⅳ合计）								
	静态总投资								
	价差预备费								
	建设期融资利息								
	总投资								

5. 资金流量表

需要编制资金流量表的项目可按下表编制。

可视不同情况按项目划分列示至一级项目或二级项目。项目排列方法同分年度投资表。资金流量表应汇总征地移民、环境保护、水土保持部分投资，并计算总投资。资金流量表是资金流量计算表的成果汇总。

附表 2-6　　**资 金 流 量 表**　　单位：万元

序号	项　　目	合计	建设工期/年度						
			1	2	3	4	5	6	…
Ⅰ	工程部分投资								
一	建筑工程								
（一）	建筑工程								
	×××工程（一级项目）								
（二）	施工临时工程								
	×××工程（一级项目）								
二	安装工程								
（一）	机电设备安装工程								
	×××工程（一级项目）								
（二）	金属结构设备安装工程								
	×××工程（一级项目）								
三	设备购置费								
	……								
四	独立费用								
	……								
	一至四项合计								
	基本预备费								
	静态投资								
Ⅱ	建设征地移民补偿投资								
	……								
	静态投资								

续表

序号	项　　目	合计	建设工期/年度						
			1	2	3	4	5	6	…
Ⅲ	环境保护工程投资								
	……								
	静态投资								
Ⅳ	水土保持工程投资								
	……								
	静态投资								
Ⅴ	工程投资总计（Ⅰ～Ⅳ合计）								
	静态总投资								
	价差预备费								
	建设期融资利息								
	总投资								

三、工程部分概算附表

工程部分概算附表包括建筑工程单价汇总表、安装工程单价汇总表、主要材料预算价格汇总表、其他材料预算价格汇总表、施工机械台时费汇总表、主要工程量汇总表、主要材料量汇总表、工时数量汇总表。

1. 建筑工程单价汇总表

附表 2-7　　建筑工程单价汇总表

单价编号	名称	单位	单价/元	其　中							
				人工费	材料费	机械使用费	其他直接费	间接费	利润	材料补差	税金

2. 安装工程单价汇总表

附表 2-8　　安装工程单价汇总表

单价编号	名称	单位	单价/元	其　中								
				人工费	材料费	机械使用费	其他直接费	间接费	利润	材料补差	未计价装置性材料费	税金

3. 主要材料预算价格汇总表

附表 2-9　　主要材料预算价格汇总表

序号	名称及规格	单位	预算价格/元	其　中			
				原价	运杂费	运输保险费	采购及保管费

4. 其他材料预算价格汇总表

附表 2-10　　其他材料预算价格汇总表

序号	名称及规格	单位	原价/元	运杂费/元	合计/元

5. 施工机械台时费汇总表

附表 2-11　　施工机械台时费汇总表

序号	名称及规格	台时费/元	其中				
			折旧费	修理及替换设备费	安拆费	人工费	动力燃料费

6. 主要工程量汇总表

附表 2-12　　主要工程量汇总表

序号	项目	土石方明挖/m^3	石方洞挖/m^3	土石方填筑/m^3	混凝土/m^3	模板/m^2	钢筋/t	帷幕灌浆/m	固结灌浆/m

注　表中统计的工程类别可根据工程实际情况调整。

7. 主要材料量汇总表

附表 2-13　　主要材料量汇总表

序号	项目	水泥/t	钢筋/t	钢材/t	木材/m^3	炸药/t	沥青/t	粉煤灰/t	汽油/t	柴油/t

注　表中统计的主要材料种类可根据工程实际情况调整。

8. 工时数量汇总表

附表 2-14　　工时数量汇总表

序　号	项　目	工时数量	备　注

四、工程部分概算附件附表

工程部分概算附件附表包括人工预算单价计算表、主要材料运输费用计算表、主要材料预算价格计算表、混凝土材料单价计算表、建筑工程单价表、安装工程单价表、资金流量计算表。

1. 人工预算单价计算表

附表 2－15　　人工预算单价计算表

艰苦边远地区类别		定额人工等级	
序号	项　目	计算式	单价/元
1	人工工时预算单价		
2	人工工日预算单价		

2. 主要材料运输费用计算表

附表 2－16　　主要材料运输费用计算表

编号	1	2	3	材料名称				材料编号	
交货条件				运输方式	火车	汽车	船运	火车	
交货地点				货物等级				整车	零担
交货比例/%				装载系数					

编号	运输费用项目	运输起讫地点		运输距离/km	计算公式	合计/元
1	铁路运杂费					
	公路运杂费					
	水路运杂费					
	综合运杂费					
2	铁路运杂费					
	公路运杂费					
	水路运杂费					
	综合运杂费					
3	铁路运杂费					
	公路运杂费					
	水路运杂费					
	综合运杂费					
每吨运杂费						

3. 主要材料预算价格计算表

附表 2－17　　主要材料预算价格计算表

编号	名称及规格	单位	原价依据	单位毛重/t	每吨运费/元	价　格/元				
						原价	运杂费	采购及保管费	运输保险费	预算价格

4. 混凝土材料单价计算表

附表 2-18　　混凝土材料单价计算表

编号	名称及规格	单位	预算量	调整系数	单价/元	合价/元

注　1. “名称及规格”栏要求标明混凝土强度等级及级配、水泥强度等级等。
2. “调整系数”为卵石换碎石、粗砂换中细砂及其他调整配合比材料用量系数。

5. 建筑工程单价表

附表 2-19　　建筑工程单价表

单价编号		项目名称			
定额编号				定额单位	
施工方法	（填写施工方法、土或岩石类别、运距等）				
编号	名称及规格	单位	数量	单价/元	合价/元

6. 安装工程单价表

附表 2-20　　安装工程单价表

单价编号		项目名称			
定额编号				定额单位	
型号规格					
编号	名称及规格	单位	数量	单价/元	合价/元

7. 资金流量计算表

资金流量计算表可视不同情况按项目划分列示至一级或二级项目。项目排列方法同分年度投资表。资金流量计算表应汇总征地移民、环境保护、水土保持等部分投资，并计算总投资。

附表 2-21　　资金流量计算表　　单位：万元

序号	项　目	合计	建设工期/年度						
			1	2	3	4	5	6	…
Ⅰ	工程部分投资								
一	建筑工程								
（一）	×××工程								
1	分年度完成工作量								
2	预付款								
3	扣回预付款								
4	保留金								
5	偿还保留金								

续表

序号	项　目	合计	建设工期/年度						
			1	2	3	4	5	6	…
(二)	×××工程								
	……								
二	安装工程								
	……								
三	设备购置								
	……								
四	独立费用								
	……								
五	一至四项合计								
1	分年度费用								
2	预付款								
3	回预付款								
4	保留金								
5	偿还保留金								
	基本预备费								
	静态投资								
Ⅱ	建设征地移民补偿投资								
	……								
	静态投资								
Ⅲ	环境保护工程投资								
	……								
	静态投资								
Ⅳ	水土保持工程投资								
	……								
	静态投资								
Ⅴ	工程投资总计（Ⅰ～Ⅳ合计）								
	静态总投资								
	价差预备费								
	建设期融资利息								
	总投资								

五、投资对比分析报告附表

1. 总投资对比表

格式参见附表 2-22，可根据工程情况进行调整。可视不同情况按项目划分列示至一级项目或二级项目。

附表 2-22　　**总 投 资 对 比 表**　　单位：万元

序号	工程或费用名称	可研阶段投资	初步设计阶段投资	增减额度	增减幅度/%	备注
(1)	(2)	(3)	(4)	(4)－(3)	[(4)－(3)]/(3)	
Ⅰ	工程部分投资					
	第一部分　建筑工程					
	……					
	第二部分　机电设备及安装工程					
	……					
	第三部分　金属结构设备及安装工程					
	……					
	第四部分　施工临时工程					
	……					
	第五部分　独立费用					
	……					
	一至五部分投资合计					
	基本预备费					
	静态投资					
Ⅱ	建设征地移民补偿投资					
一	农村部分补偿费					
二	城(集)镇部分补偿费					
三	工业企业补偿费					
四	专业项目补偿费					
五	防护工程费					
六	库底清理费					
七	其他费用					
	一至七项小计					
	基本预备费					
	有关税费					
	静态投资					
Ⅲ	环境保护工程投资 静态投资					
Ⅳ	水土保持工程投资 静态投资					
Ⅴ	工程投资总计(Ⅰ～Ⅳ合计)					
	静态总投资					
	价差预备费					
	建设期融资利息					
	总投资					

2. 主要工程量对比表

格式参见附表 2-23，可根据工程情况进行调整。应列示主要工程项目的主要工程量。

附表 2-23　　主要工程量对比表

序号	工程或费用名称	单位	可研阶段	初步设计阶段	增减数量	增减幅度/%	备注
(1)	(2)	(3)	(4)	(5)	(5)-(4)	[(5)-(4)]/(4)	
1	挡水工程						
	石方开挖						
	混凝土						
	钢筋						
	⋮						

3. 主要材料和设备价格对比表

格式参见附表 2-24，可根据工程情况进行调整。设备投资较少时，可不附设备价格对比。

附表 2-24　　主要材料和设备价格对比表　　单位：元

序号	工程或费用名称	单位	可研阶段	初步设计阶段	增减额度	增减幅度/%	备注
(1)	(2)	(3)	(4)	(5)	(5)-(4)	[(5)-(4)]/(4)	
1	主要材料价格						
	水泥						
	油料						
	钢筋						
	⋮						
2	主要设备价格						
	水轮机						
	⋮						

附录三　艰苦边远地区类别划分

一、新疆维吾尔自治区（99 个）

一类区（1 个）

乌鲁木齐市：东山区。

二类区（11 个）

乌鲁木齐市：天山区、沙依巴克区、新市区、水磨沟区、头屯河区、达坂城区、乌鲁木齐县。

石河子市。

昌吉回族自治州：昌吉市、阜康市、米泉市。

三类区（29个）

五家渠市。

阿拉尔市。

阿克苏地区：阿克苏市、温宿县、库车县、沙雅县。

吐鲁番地区：吐鲁番市、鄯善县。

哈密地区：哈密市。

博尔塔拉蒙古自治州：博乐市、精河县。

克拉玛依市：克拉玛依区、独山子区、白碱滩区、乌尔禾区。

昌吉回族自治州：呼图壁县、玛纳斯县、奇台县、吉木萨

尔县。巴音郭楞蒙古自治州：库尔勒市、轮台县、博湖县、焉耆回族自治县。

伊犁哈萨克自治州：奎屯市、伊宁市、伊宁县。

塔城地区：乌苏市、沙湾县、塔城市。

四类区（37个）

图木舒克市。

喀什地区：喀什市、疏附县、疏勒县、英吉沙县、泽普县、麦盖提县、岳普湖县、伽师县、巴楚县。

阿克苏地区：新和县、拜城县、阿瓦提县、乌什县、柯坪县。

吐鲁番地区：托克逊县。

克孜勒苏柯尔克孜自治州：阿图什市。

博尔塔拉蒙古自治州：温泉县。

昌吉回族自治州：木垒哈萨克自治县。

巴音郭楞蒙古自治州：尉犁县、和硕县、和静县。

伊犁哈萨克自治州：霍城县、巩留县、新源县、察布查尔锡伯自治县、特克斯县、尼勒克县。

塔城地区：额敏县、托里县、裕民县、和布克赛尔蒙古自治县。

阿勒泰地区：阿勒泰市、布尔津县、富蕴县、福海县、哈巴河县。

五类区（16个）

喀什地区：莎车县。

和田地区：和田市、和田县、墨玉县、洛浦县、皮山县、策勒县、于田县、民丰县。

哈密地区：伊吾县、巴里坤哈萨克自治县。

巴音郭楞蒙古自治州：若羌县、且末县。

伊犁哈萨克自治州：昭苏县。

阿勒泰地区：青河县、吉木乃县。

六类区（5个）

克孜勒苏柯尔克孜自治州：阿克陶县、阿合奇县、乌恰县。

喀什地区：塔什库尔干塔吉克自治县、叶城县。

二、宁夏回族自治区（19 个）

一类区（11 个）

银川市：兴庆区、灵武市、永宁县、贺兰县。

石嘴山市：大武口区、惠农区、平罗县。

吴忠市：利通区、青铜峡市。

中卫市：沙坡头区、中宁县。

三类区（8 个）

吴忠市：盐池县、同心县。

固原市：原州区、西吉县、隆德县、泾源县、彭阳县。

中卫市：海原县。

三、青海省（43 个）

二类区（6 个）

西宁市：城中区、城东区、城西区、城北区。

海东地区：乐都县、民和回族土族自治县。

三类区（8 个）

西宁市：大通回族土族自治县、湟源县、湟中县。

海东地区：平安县、互助土族自治县、循化撒拉族自治县。

海南藏族自治州：贵德县。

黄南藏族自治州：尖扎县。

四类区（12 个）

海东地区：化隆回族自治县。

海北藏族自治州：海晏县、祁连县、门源回族自治县。

海南藏族自治州：共和县、同德县、贵南县。

黄南藏族自治州：同仁县。

海西蒙古族藏族自治州：德令哈市、格尔木市、乌兰县、都兰县。

五类区（10 个）

海北藏族自治州：刚察县。

海南藏族自治州：兴海县。

黄南藏族自治州：泽库县、河南蒙古族自治县。

果洛藏族自治州：玛沁县、班玛县、久治县。

玉树藏族自治州：玉树县、囊谦县。

海西蒙古族藏族自治州：天峻县。

六类区（7 个）

果洛藏族自治州：甘德县、达日县、玛多县。

玉树藏族自治州：杂多县、称多县、治多县、曲麻莱县。

四、甘肃省（83个）

一类区（14个）

兰州市：红古区。

白银市：白银区。

天水市：秦州区、麦积区。

庆阳市：西峰区、庆城县、合水县、正宁县、宁县。

平凉市：崆峒区、泾川县、灵台县、崇信县、华亭县。

二类区（40个）

兰州市：永登县、皋兰县、榆中县。

嘉峪关市。

金昌市：金川区、永昌县。

白银市：平川区、靖远县、会宁县、景泰县。

天水市：清水县、秦安县、甘谷县、武山县。

武威市：凉州区。

酒泉市：肃州区、玉门市、敦煌市。

张掖市：甘州区、临泽县、高台县、山丹县。

定西市：安定区、通渭县、临洮县、漳县、岷县、渭源县、陇西县。

陇南市：武都区、成县、宕昌县、康县、文县、西和县、礼县、两当县、徽县。

临夏回族自治州：临夏市、永靖县。

三类区（18个）

天水市：张家川回族自治县。

武威市：民勤县、古浪县。

酒泉市：金塔县、安西县。

张掖市：民乐县。

庆阳市：环县、华池县、镇原县。

平凉市：庄浪县、静宁县。

临夏回族自治州：临夏县、康乐县、广河县、和政县。

甘南藏族自治州：临潭县、舟曲县、迭部县。

四类区（9个）

武威市：天祝藏族自治县。

酒泉市：肃北蒙古族自治县、阿克塞哈萨克族自治县。

张掖市：肃南裕固族自治县。

临夏回族自治州：东乡族自治县、积石山保安族东乡族撒拉族自治县。

甘南藏族自治州：合作市、卓尼县、夏河县。

五类区（2个）

甘南藏族自治州：玛曲县、碌曲县。

五、陕西省（48个）

一类区（45个）

延安市：延长县、延川县、子长县、安塞县、志丹县、吴起县、甘泉县、富县、宜川县。

铜川市：宜君县。

渭南市：白水县。

咸阳市：永寿县、彬县、长武县、旬邑县、淳化县。

宝鸡市：陇县、太白县。

汉中市：宁强县、略阳县、镇巴县、留坝县、佛坪县。

榆林市：榆阳区、神木县、府谷县、横山县、靖边县、绥德县、吴堡县、清涧县、子洲县。

安康市：汉阴县、石泉县、宁陕县、紫阳县、岚皋县、平利县、镇坪县、白河县。

商洛市：商州区、商南县、山阳县、镇安县、柞水县。

二类区（3个）

榆林市：定边县、米脂县、佳县。

六、云南省（120个）

一类区（36个）

昆明市：东川区、晋宁县、富民县、宜良县、嵩明县、石林彝族自治县。

曲靖市：麒麟区、宣威市、沾益县、陆良县。

玉溪市：江川县、澄江县、通海县、华宁县、易门县。

保山市：隆阳县、昌宁县。

昭通市：水富县。

思茅市：翠云区、潜尔哈尼族彝族自治县、景谷彝族傣族自治县。

临沧市：临翔区、云县。

大理白族自治州：永平县。

楚雄彝族自治州：楚雄市、南华县、姚安县、永仁县、元谋县、武定县、禄丰县。

红河哈尼族彝族自治州：蒙自县、开远市、建水县、弥勒县。

文山壮族苗族自治州：文山县。

二类区（59个）

昆明市：禄劝彝族苗族自治县、寻甸回族自治县。

曲靖市：马龙县、罗平县、师宗县、会泽县。

玉溪市：峨山彝族自治县、新平彝族傣族自治县、元江哈尼族彝族傣族自治县。

保山市：施甸县、腾冲县、龙陵县。

昭通市：昭阳区、绥江县、威信县。

丽江市：古城区、永胜县、华坪县。

思茅市：墨江哈尼族自治县、景东彝族自治县、镇沅彝族哈尼族拉祜族自治县、江城哈尼族彝族自治县、澜沧拉祜族自治县。

临沧市：凤庆县、永德县。

德宏傣族景颇族自治州：潞西市、瑞丽市、梁河县、盈江县、陇川县。

大理白族自治州：祥云县、宾川县、弥渡县、云龙县、洱源县、剑川县、鹤庆县、漾濞彝族自治县、南涧彝族自治县、巍山彝族回族自治县。

楚雄彝族自治州：双柏县、牟定县、大姚县。

红河哈尼族彝族自治州：绿春县、石屏县、泸西县、金平苗族瑶族傣族自治县、河口瑶族自治县、屏边苗族自治县。

文山壮族苗族自治州：砚山县、西畴县、麻栗坡县、马关县、丘北县、广南县、富宁县。

西双版纳傣族自治州：景洪市、勐海县、勐腊县。

三类区（20 个）

曲靖市：富源县。

昭通市：鲁甸县、盐津县、大关县、永善县、镇雄县、彝良县。

丽江市：玉龙纳西族自治县、宁蒗彝族自治县。

思茅市：孟连傣族拉祜族佤族自治县、西盟佤族自治县。

临沧市：镇康县、双江拉祜族佤族布朗族傣族自治县、耿马傣族佤族自治县、沧源佤族自治县。

怒江傈僳族自治州：泸水县、福贡县、兰坪白族普米族自治县。

红河哈尼族彝族自治州：元阳县、红河县。

四类区（3 个）

昭通市：巧家县。

怒江傈僳族自治州：贡山独龙族怒族自治县。

迪庆藏族自治州：维西傈僳族自治县。

五类区（1 个）

迪庆藏族自治州：香格里拉县。

六类区（1 个）

迪庆藏族自治州：德钦县。

七、贵州省（77 个）

一类区（34 个）

贵阳市：清镇市、开阳县、修文县、息烽县。

六盘水市：六枝特区。

遵义市：赤水市、遵义县、绥阳县、凤冈县、湄潭县、余庆县、习水县。

安顺市：西秀区、平坝县、普定县。

毕节地区：金沙县。

铜仁地区：江口县、石阡县、思南县、松桃苗族自治县。

黔东南苗族侗族自治州：凯里市、黄平县、施秉县、三穗县、镇远县、岑巩县、锦屏县、麻江县。

黔南布依族苗族自治州：都匀市、贵定县、瓮安县、独山县、龙里县。

黔西南布依族苗族自治州：兴义市。

二类区（36 个）

六盘水市：钟山区、盘县。

遵义市：仁怀市、桐梓县、正安县、道真仡佬族苗族自治县、务川仡佬族苗族自治县。

安顺市：关岭布依族苗族自治县、镇宁布依族苗族自治县、紫云苗族布依族自治县。

毕节地区：毕节市、大方县、黔西县。

铜仁地区：德江县、印江土家族苗族自治县、沿河土家族自治县、万山特区。

黔东南苗族侗族自治州：天柱县、剑河县、台江县、黎平县、榕江县、从江县、雷山县、丹寨县。

黔南布依族苗族自治州：荔波县、平塘县、罗甸县、长顺县、惠水县、三都水族自治县。

黔西南布依族苗族自治州：兴仁县、贞丰县、望谟县、册亨县、安龙县。

三类区（7个）

六盘水市：水城县。

毕节地区：织金县、纳雍县、赫章县、威宁彝族回族苗族自治县。

黔西南布依族苗族自治州：普安县、晴隆县。

八、四川省（77个）

一类区（24个）

广元市：朝天区、旺苍县、青川县。

泸州市：叙永县、古蔺县。

宜宾市：筠连县、珙县、兴文县、屏山县。

攀枝花市：东区、西区、仁和区、米易县。

巴中市：通江县、南江县。

达州市：万源市、宣汉县。

雅安市：荥经县、石棉县、天全县。

凉山彝族自治州：西昌市、德昌县、会理县、会东县。

二类区（13个）

绵阳市：北川羌族自治县、平武县。

雅安市：汉源县、芦山县、宝兴县。

阿坝藏族羌族自治州：汶川县、理县、茂县。

凉山彝族自治州：宁南县、普格县、喜德县、冕宁县、越西县。

三类区（9个）

乐山市：金口河区、峨边彝族自治县、马边彝族自治县。

攀枝花市：盐边县。

阿坝藏族羌族自治州：九寨沟县。

甘孜藏族自治州：泸定县。

凉山彝族自治州：盐源县、甘洛县、雷波县。

四类区（20个）

阿坝藏族羌族自治州：马尔康县、松潘县、金川县、小金县、黑水县。

甘孜藏族自治州：康定县、丹巴县、九龙县、道孚县、炉霍县、新龙县、德格县、白玉县、巴塘县、乡城县。

凉山彝族自治州：布拖县、金阳县、昭觉县、美姑县、木里藏族自治县。

五类区（8个）

阿坝藏族羌族自治州：壤塘县、阿坝县、若尔盖县、红原县。

甘孜藏族自治州：雅江县、甘孜县、稻城县、得荣县。

六类区（3个）

甘孜藏族自治州：石渠县、色达县、理塘。

九、重庆市（11个）

一类区（4个）

黔江区、武隆县、巫山县、云阳县。

二类区（7个）

城口县、巫溪县、奉节县、石柱土家族自治县、彭水苗族土家族自治县、酉阳土家族苗族自治县、秀山土家族苗族自治县。

十、海南省（7个）

一类区（7个）

五指山市、昌江黎族自治县、白沙黎族自治县、琼中黎族苗族自治县、陵水黎族自治县、保亭黎族苗族自治县、乐东黎族自治县。

十一、广西壮族自治区（58个）

一类区（36个）

南宁市：横县、上林县、隆安县、马山县。

桂林市：全州县、灌阳县、资源县、平乐县、恭城瑶族自治县。

柳州市：柳城县、鹿寨县、融安县。

梧州市：蒙山县。

防城港市：上思县。

崇左市：江州区、扶绥县、天等县。

百色市：右江区、田阳县、田东县、平果县、德保县、田林县。

河池市：金城江区、宜州市、南丹县、天峨县、罗城仫佬族自治县、环江毛南族自治县。

来宾市：兴宾区、象州县、武宣县、忻城县。

贺州市：昭平县、钟山县、富川瑶族自治县。

二类区（22个）

桂林市：龙胜各族自治县。

柳州市：三江侗族自治县、融水苗族自治县。

防城港市：港口区、防城区、东兴市。

崇左市：凭祥市、大新县、宁明县、龙州县。

百色市：靖西县、那坡县、凌云县、乐业县、西林县、隆林各族自治县。

河池市：凤山县、东兰县、巴马瑶族自治县、都安瑶族自治县、大化瑶族自治县。

来宾市：金秀瑶族自治县。

十二、湖南省（14个）

一类区（6个）

张家界市：桑植县。

永州市：江华瑶族自治县。

邵阳市：城步苗族自治县。

怀化市：麻阳苗族自治县、新晃侗族自治县、通道侗族自治县。

二类区（8个）

湘西土家族苗族自治州：吉首市、泸溪县、凤凰县、花垣县、保靖县、古丈县、永顺县、龙山县。

十三、湖北省（18个）

一类区（10个）

十堰市：郧县、竹山县、房县、郧西县、竹溪县。

宜昌市：兴山县、秭归县、长阳土家族自治县、五峰土家族自治县。

神农架林区。

二类区（8个）

恩施土家族苗族自治州：恩施市、利川市、建始县、巴东县、宣恩县、咸丰县、来凤县、鹤峰县。

十四、黑龙江省（104个）

一类区（32个）

哈尔滨市：尚志市、五常市、依兰县、方正县、宾县、巴彦县、木兰县、通河县、延寿县。

齐齐哈尔市：龙江县、依安县、富裕县。

大庆市：肇州县、肇源县、林甸县。

伊春市：铁力市。

佳木斯市：富锦市、桦南县、桦川县、汤原县。

双鸭山市：友谊县。

七台河市：勃利县。

牡丹江市：海林市、宁安市、林口县。

绥化市：北林区、安达市、海伦市、望奎县、青冈县、庆安县、绥棱县。

二类区（67个）

齐齐哈尔市：建华区、龙沙区、铁锋区、昂昂溪区、富拉尔基区、碾子山区、梅里斯达斡尔族区、讷河市、甘南县、克山县、克东县、拜泉县。

黑河市：爱辉区、北安市、五大连池市、嫩江县。

大庆市：杜尔伯特蒙古族自治县。

伊春市：伊春区、南岔区、友好区、西林区、翠峦区、新青区、美溪区、金山屯区、五营区、乌马河区、汤旺河区、带岭区、乌伊岭区、红星区、上甘岭区、嘉荫县。

鹤岗市：兴山区、向阳区、工农区、南山区、兴安区、东山区、萝北县、绥滨县。

佳木斯市：同江市、抚远县。

双鸭山市：尖山区、岭东区、四方台区、宝山区、集贤县、宝清县、饶河县。

七台河市：桃山区、新兴区、茄子河区。

鸡西市：鸡冠区、恒山区、滴道区、梨树区、城子河区、麻山区、虎林市、密山市、鸡东县。

牡丹江市：穆棱市、绥芬河市、东宁县。

绥化市：兰西县、明水县。

三类区（5个）

黑河市：逊克县、孙吴县。

大兴安岭地区：呼玛县、塔河县、漠河县。

十五、吉林省（25个）

一类区（14个）

长春市：榆树市。

白城市：大安市、镇赉县、通榆县。

松原市：长岭县、乾安县。

吉林市：舒兰市。

四平市：伊通满族自治县。

辽源市：东辽县。

通化市：集安市、柳河县。

白山市：八道江区、临江市、江源县。

二类区（11个）

白山市：抚松县、靖宇县、长白朝鲜族自治县。

延边朝鲜族自治州：延吉市、图们市、敦化市、珲春市、龙井市、和龙市、汪清县、安图县。

十六、辽宁省（14个）

一类区（14个）

沈阳市：康平县。

朝阳市：北票市、凌源市、朝阳县、建平县、喀喇沁左翼蒙古族自治县。

阜新市：彰武县、阜新蒙古族自治县。

铁岭市：西丰县、昌图县。

抚顺市：新宾满族自治县。

丹东市：宽甸满族自治县。

锦州市：义县。

葫芦岛市：建昌县。

十七、内蒙古自治区（95个）

一类区（23个）

呼和浩特市：赛罕区、托克托县、土默特左旗。

包头市：石拐区、九原区、土默特右旗。

赤峰市：红山区、元宝山区、松山区、宁城县、巴林右旗、敖汉旗。

通辽市：科尔沁区、开鲁县、科尔沁左翼后旗。

鄂尔多斯市：东胜区、达拉特旗。

乌兰察布市：集宁区、丰镇市。

巴彦淖尔市：临河区、五原县、磴口县。

兴安盟：乌兰浩特市。

二类区（39 个）

呼和浩特市：武川县、和林格尔县、清水河县。

包头市：白云矿区、固阳县。

乌海市：海勃湾区、海南区、乌达区。

赤峰市：林西县、阿鲁科尔沁旗、巴林左旗、克什克腾旗、翁牛特旗、喀喇沁旗。

通辽市：库伦旗、奈曼旗、扎鲁特旗、科尔沁左翼中旗。

呼伦贝尔市：海拉尔区、满洲里市、扎兰屯市、阿荣旗。

鄂尔多斯市：准格尔旗、鄂托克旗、杭锦旗、乌审旗、伊金霍洛旗。

乌兰察布市：卓资县、兴和县、凉城县、察哈尔右翼前旗。

巴彦淖尔市：乌拉特前旗、杭锦后旗。

兴安盟：突泉县、科尔沁右翼前旗、科尔沁右翼中旗、扎赉特旗。

锡林郭勒盟：锡林浩特市、二连浩特市。

三类区（24 个）

包头市：达尔罕茂明安联合旗。

通辽市：霍林郭勒市。

呼伦贝尔市：牙克石市、额尔古纳市、新巴尔虎右旗、新巴尔虎左旗、陈巴尔虎旗、鄂伦春自治旗、鄂温克族自治旗、莫力达瓦达斡尔族自治旗。

鄂尔多斯市：鄂托克前旗。

乌兰察布市：化德县、商都县、察哈尔右翼中旗、察哈尔右翼后旗。

巴彦淖尔市：乌拉特中旗。

兴安盟：阿尔山市。

锡林郭勒盟：多伦县、东乌珠穆沁旗、西乌珠穆沁旗、太仆寺旗、镶黄旗、正镶白旗、正蓝旗。

四类区（9 个）

呼伦贝尔市：根河市。

乌兰察布市：四子王旗。

巴彦淖尔市：乌拉特后旗。

锡林郭勒盟：阿巴嘎旗、苏尼特左旗、苏尼特右旗。

阿拉善盟：阿拉善左旗、阿拉善右旗、额济纳旗。

十八、山西省（44 个）

一类区（41 个）

太原市：娄烦县。

大同市：阳高县、灵丘县、浑源县、大同县。

朔州市：平鲁区。

长治市：平顺县、壶关县、武乡县、沁县。

晋城市：陵川县。

忻州市：五台县、代县、繁峙县、宁武县、静乐县、神池县、五寨县、岢岚县、河曲县、保德县、偏关县。

晋中市：榆社县、左权县、和顺县。

临汾市：古县、安泽县、浮山县、吉县、大宁县、永和县、隰县、汾西县。

吕梁市：中阳县、兴县、临县、方山县、柳林县、岚县、交口县、石楼县。

二类区（3个）

大同市：天镇县、广灵县。

朔州市：右玉县。

十九、河北省（28个）

一类区（21个）

石家庄市：灵寿县、赞皇县、平山县。

张家口市：宣化县、蔚县、阳原县、怀安县、万全县、怀来县、涿鹿县、赤城县。

承德市：承德县、兴隆县、平泉县、滦平县、隆化县、宽城满族自治县。

秦皇岛市：青龙满族自治县。

保定市：涞源县、涞水县、阜平县。

二类区（4个）

张家口市：张北县、崇礼县。

承德市：丰宁满族自治县、围场满族蒙古族自治县。

三类区（3个）

张家口市：康保县、沽源县、尚义县。

附录四　西藏自治区特殊津贴地区类别

二类区

拉萨市：拉萨市城关区及所属办事处，达孜县，尼木县县驻地、尚日区、吞区、尼木区，曲水县，墨竹工卡县（不含门巴区和直孔区），堆龙德庆县。

昌都地区：昌都县（不含妥坝区、拉多区、面达区），芒康县（不含戈波区），贡觉县县驻地、波洛区、香具区．哈加区，八宿县（不含邦达区、同卡区、夏雅区），左贡县（不含川妥区、美玉区），边坝县（不含恩来格区），洛隆县（不含腊久区），江达县（不含德登区、青泥洞区、字嘎区、邓柯区、生达区），类乌齐县县驻地、桑多区、尚卡区、甲桑卡区、丁青县（不含嘎塔区），察雅县（不含括热区、宗沙区）。

山南地区：乃东县，琼结县（不含加麻区），措美县当巴区、乃西区，加查县，贡嘎县（不含东拉区），洛扎县（不含色区和蒙达区），曲松县（不含贡康沙区、邛多江区），桑日县（不含真纠区），扎囊县，错那县勒布区、觉拉区，隆子县县驻地、加玉区、三安曲林区、新巴区，浪卡子县卡拉区。

日喀则地区：日喀则市，萨迦县孜松区、吉定区，江孜县卡麦区、重孜区，拉孜县拉孜区、扎西岗区、彭错林区，定日县卡选区、绒辖区，聂拉木县县驻地，吉隆县吉隆区，亚东县县驻地、下司马镇、下亚东区、上亚东区，谢通门县县驻地、恰嘎区，仁布县县驻地、仁布区、德吉林区，白朗县（不含汪丹区），南木林县多角区、艾玛岗区、土布加区，樟木口岸。

林芝地区：林芝县，朗县，米林县，察隅县，波密县，工布江达县（不含加兴区、金达乡）。

三类区

拉萨市：林周县，尼木县安岗区、帕古区、麻江区，当雄县（不含纳木错区），墨竹工卡县门巴区、直孔区。

那曲地区：嘉黎县尼屋区，巴青县县驻地、高口区、益塔区、雅安多区，比如县（不含下秋卡区、恰则区），索县。

昌都地区：昌都县妥坝区、拉多区、面达区，芒康县戈波区，贡觉县则巴区、拉妥区、木协区、罗麦区、雄松区，八宿县邦达区、同卡区、夏雅区，左贡县田妥区、美玉区，边坝县恩来格区，洛隆县腊久区，江达县德登区、青泥洞区、字嘎区、邓柯区、生达区，类乌齐县长毛岭区、卡玛多（巴夏）区、类乌齐区，察雅县括热区、宗沙区。

山南地区：琼结县加麻区，措美县县驻地、当许区，洛扎县色区、蒙达区，曲松县贡康沙区、邛多江区，桑日县真纠区，错那县县驻地、洞嘎区、错那区，隆子县甘当区、扎日区、俗坡下区、雪萨区，浪卡子县（不含卡拉区、张达区、林区）。

日喀则地区：定结县县驻地、陈塘区、萨尔区、定结区、金龙区，萨迦县（不含孜松区、吉定区），江孜县（不含卡麦区、重孜区），拉孜县县驻地、曲下区、温泉区、柳区，定日县（不含卡达区、绒辖区），康马县，聂拉木县（不含县驻地），吉隆县（不含吉隆区），亚东县帕里镇、堆纳区，谢通门县塔玛区、查拉区、德来区，昂仁县（不含桑桑区、查孜区、措麦区），萨噶县旦嘎区，仁布县帕当区、然巴区、亚德区，白朗县汪丹区，南木林县（不舍多角区、艾玛岗区、土布加区）。

林芝地区：墨脱县，工布江达县加兴区、金达乡。

四类区

拉萨市：当雄县纳木错区。

那曲地区：那曲县，嘉黎县（不含尼屋区），申扎县，巴青县江绵区、仓来区、巴青区、本索区，聂荣县，尼玛县，比如县下秋卡区，恰则区，班戈县，安多县。

昌都地区：丁青县嘎塔区。

山南地区：措美县哲古区，贡嘎县东拉区，隆子县雪萨乡，浪卡子县张达区、林区。

日喀则地区：定结县德吉（日屋区），谢通门县春哲（龙桑）区、南木切区，昂仁县桑桑区、查孜区、措麦区，岗巴县，仲巴县，萨噶县（不含旦嘎区）。

阿里地区：噶尔县，措勒县，普兰县，革吉县，日土县，扎达县，改则县。

附录五　南水北调中线一期工程总干渠

×××段

招　标　文　件

桩号：SH（3）115＋348.7—SH（3）120＋500

合同编号：HNJ－2010/×××

招　标　人：×××

设　计　人：×××

招标代理人：×××

二〇一〇年十二月

第一卷

第一章　招　标　公　告

南水北调中线一期工程总干渠沙河南—黄河南（委托建管项目）新郑南段、郑州1段施工标招标公告

1 招标条件

南水北调中线一期工程总干渠沙河南—黄河南（委托建管项目）新郑南段、郑州1段工程已由国家批准，建设资金已落实，资金来源为国家财政预算资金、南水北调工程基金和贷款。项目法人为南水北调中线干线工程建设管理局，招标人为河南省南水北调中线工程建设管理局，招标代理机构为河南省河川工程监理有限公司。项目已具备招标条件，现对该项目施工进行公开招标。

2 项目概况与招标范围

2.1 项目概况

新郑南段工程位于河南省新郑市市境内，起点桩号SH（3）115＋348.7，终点桩号SH（3）131＋531.4，设计段长16.183km。其中，其中明渠长15.190km，建筑物长0.993km。本渠段设计流量为305m^3/s，设计水位为124.528～123.524m。渠道过水断面呈梯形状，设计底宽为21～23.5m，设计水深为7m，堤顶宽为5m。渠道内边坡一级边坡系数为2.0～2.5，二级边坡系数为1.5～2.0，渠道设计纵坡为1/26000，渠道底部高程117.528～116.524m。本段共有各类建筑物27座，其中：河渠交叉2座，渠渠交叉1座，左岸排水7座，公路桥7座，生产桥9座，控制建筑物1座。

郑州1段工程位于河南省郑州市中原区境内，起点桩号SH（3）201＋000，终点桩号SH（3）210＋772.97，设计段长9772.97km。其中，渠道长度9401.97m，须水河渠倒虹吸长度371m。其设计流量290～270m^3/s，加大流量350～330m^3/s。渠道过水断面呈梯形状，设计底宽为21～23.5m，设计水深为7m，堤顶宽为5m。渠道内边坡一级边坡系数为2.0～2.5，二级边坡系数为1.5～2.0，渠道设计纵坡为1/26000，渠道底部高程117.528～116.524m。本段共有各类建筑物23座，其中：河渠交叉3座，左岸排水3座，公路桥9座，生产桥5座，控制建筑物3座。

工程计划开工日期为2011年2月10日，完工日期为2013年7月31日，总工期30个月。

2.2 招标范围

本次招标共5个标段，具体内容如下：

（1）新郑南段第一施工标“新郑-1”（合同编号：HNJ-2010/XZ/SG-001）。

桩号：SH(3) 115＋348.7—SH(3)120＋500，全长约5.15km。本标段为深挖方段，标段内共有各类建筑物11座，其中河渠交叉建筑物1座，左岸排水建筑物4座，控制建筑物1座，公路桥2座，生产桥3座。

主要工程量包括：土石方开挖240.76万m^3、土石方填筑79.31万m^3、混凝土12.52

万 m^3、砌石 4.49 万 m^3、钢筋制安 7823t。

(2) 新郑南段第二施工标"新郑-2"(合同编号:HNJ-2010/XZ/SG-002)。

桩号:SH(3)120+500—SH(3)127+200,全长约 6.70km。标段内共有各类建筑物 10 座,其中左岸排水建筑物 2 座,渠渠交叉建筑物 1 座,公路桥 4 座,生产桥 3 座。

主要工程量包括:土石方开挖 262.97 万 m^3、土石方填筑 266.55 万 m^3、混凝土 7.32 万 m^3、砌石 5.87 万 m^3、钢筋制安 3124t。

(3) 新郑南段第三施工标"新郑-3"(合同编号:HNJ-2010/XZ/SG-003)。

桩号:SH(3)127+200—SH(3)131+531.4,全长约 4.33km。标段内共有各类建筑物 6 座,其中河渠交叉建筑物 1 座,渠渠交叉建筑物 1 座,左岸排水建筑物 1 座,公路桥 1 座,生产桥 3 座。

主要工程量包括:土方开挖 85.36 万 m^3、土方填筑 239.47 万 m^3、混凝土 15.03 万 m^3、砌石 5.46 万 m^3、钢筋制安 11333t。

(4) 郑州 1 段第一施工标"郑州 1-1"(合同编号:HNJ-2010/Z1/SG-001)。

桩号:SH(3)201+000—SH(3)206+000,全长约 5.000km。标段内共有各类建筑物 12 座,其中河渠交叉建筑物 2 座,左岸排水建筑物 1 座,控制建筑物 2 座,公路桥 5 座,生产桥 2 座。

主要工程量包括:土方开挖 393.66 万 m^3、土方填筑 96.07 万 m^3、混凝土 10.03 万 m^3、砂石垫层 7.9 万 m^3、钢筋制安 6374t。

(5) 郑州 1 段第二施工标"郑州 1-2"(合同编号:HNJ-2010/Z1/SG-002)。

桩号:SH(3)206+000—SH(3)210+772.97,全长约 4.77297km。标段内共有各类建筑物 11 座,其中河渠交叉建筑物 1 座,左岸排水建筑物 2 座,控制建筑物 1 座,公路桥 4 座,生产桥 3 座。

主要工程量包括:土方开挖 507.63 万 m^3、土方填筑 53.26 万 m^3、混凝土 14.07 万 m^3、砂石垫层 4.32 万 m^3、钢筋制安 12503t。

2.3 计划工期

工程计划开工日期为 2011 年 2 月 10 日开工,完工日期为 2013 年 7 月 31 日,总工期 30 个月。

3 投标人资格

3.1 投标人必须具备下列要求:

(1) 具备独立法人资格;

(2) 具有水利水电工程施工总承包壹级以上资质;

(3) 具有企业安全生产许可证;

(4) 企业通过 ISO9000 质量管理体系认证;

(5) 2005 年以来具有大型水利水电工程的施工经历;

(6) 项目经理应具备相关专业一级建造师(含临时建造师)资格、大型水利水电工程项目经理 3 年以上岗位任职经历;技术负责人应具备相关专业高级工程师以上技术职称、3 年以上相关专业技术管理经历;项目经理和专职安全员应取得省部级以上安全生产考核合格证;

（7）财务状况良好。

3.2　本次招标不接受联合体投标。

3.3　本次招标实行资格后审，资格审查的具体要求见招标文件。资格审查不合格的投标文件将按废标处理。

4　招标文件的获取

4.1　凡有意参加投标者，必须派代表持单位介绍信、身份证原件、营业执照副本原件、企业资质等级证书副本原件、企业安全生产许可证原件、ISO9000质量管理体系证书原件，拟任项目经理注册建造师证书及安全生产考核合格证书原件、技术负责人技术职称资格证书原件、专职安全员安全生产考核合格证书原件，于2010年12月13—17日（8:30—12:00，14:00—17:00）到河南省河川工程监理有限公司（郑州市郑东新区康平路16号）购买招标文件，同时提交上述各类原件的复印件，复印件应按上述顺序装订成册，每页均须加盖单位公章。原件经核对后随即退还，复印件供资格后审时核查。

在招标人负责建设管理的项目中，中标后更换过或在建工程的项目经理、技术负责人，不得拟任本合同的项目经理、技术负责人。

投标文件中拟任本合同的项目经理、技术负责人和专职安全员应与购买招标文件时提交相关证明原件的人员一致。

4.2　招标文件每套售价叁仟元（￥3000元），现金支付，售后不退。

5　现场踏勘

招标代理机构将于2010年12月18日8:30在郑州市郑东新区康平路16号集合组织潜在投标人进行现场查勘，自愿参加。

6　投标文件的递交

投标文件递交的截止时间（投标截止时间）2011年1月8日10:00，地点为郑州市郑东新区康平路16号主楼三层投标文件接收处。

逾期送达的投标文件，招标人不予受理。

7　发布公告的媒介

本次招标告在《中国南水北调网》（www.nsbd.gov.cn）、《中国采购与招标网》（www.chinabidding.com.cn）上发布。

8　联系方式

招　标　人：河南省南水北调中线工程建设管理局

地　　　址：

联　系　人：

电　　　话：

招标代理人：河南省河川工程监理有限公司

地　　　址：

联　系　人：

电　　　话：

传　　　真：

第二章　投标人须知（略）

第三章　评标办法（略）

第四章　合同条款及格式（略）

第五章　工程量清单

投　标　总　价

__________（工程名称）__________（标段名称）

合同编号：________________________________

投标总价人民币（大　写）：________________________元

（　¥　）：________________________元

工程项目总价表

合同编号：HNJ-2010/×××

工程名称：南水北调中线一期工程总干渠×××段

序　号	工程项目名称	金额/元
一	分类分项工程	
二	措施项目	
三	其他措施项目	
	合计	

分类分项工程量清单计价表

合同编号：HNJ-2010/×××

工程名称：南水北调中线一期工程总干渠×××段

序号	项目编码	项　目　名　称	计量单位	工程数量	单价/元	合计/元	备注
1		建筑工程					
1.1		渠道建筑工程					
1.1.1		渠道土方工程					
1.1.1.1	500101002001	土方开挖	m^3	1634824			
1.1.1.2	500103001001	渠堤土方填筑	m^3	159205			
1.1.2		渠道衬砌					
1.1.2.1	500109001001	C20W6F150 渠坡现浇混凝土衬砌	m^3	18363			
1.1.2.2	500109001002	C20W6F150 渠底现浇混凝土衬砌	m^3	8931			
1.1.2.3	500109001003	C20W6F150 现浇混凝土封顶板	m^3	285			
1.1.2.4	500109001004	C20W6F150 坡脚混凝土齿墙	m^3	1425			
1.1.2.5	500109001005	C20W6F150 下渠台阶混凝土	m^3	78			
1.1.2.6	500109009001	密封胶填缝	m^3	29.7			
1.1.2.7	500114001001	聚乙烯闭孔泡沫板（密度≥90kg/m^3）	m^3	81			
1.1.2.8	500103014001	复合土工膜（两布一膜 150g/m^2-0.3mm-150g/m^2）	m^2	317109			
1.1.2.9	500114001002	聚苯乙烯保温板（XPS）	m^3	3791			
1.1.3		排水工程					
1.1.3.1	500101004001	集水暗管沟槽土方开挖	m^3	3561			
1.1.3.2	500103007001	粗砂铺填	m^3	3168			

续表

序号	项目编码	项 目 名 称	计量单位	工程数量	单价/元	合计/元	备注
1.1.3.3	500114001003	ϕ150 集水暗管（软式透水管）	m	22255			
1.1.3.4	500114001004	渠坡拍门式逆止阀	个	604			
1.1.3.5	500114001005	渠底球形逆止阀	个	302			
1.1.3.6	500114001006	逆止阀连接三通（UPVC）	个	906			
1.1.3.7	500114001007	逆止阀连接管（UPVC）	m	453			
1.1.3.8	500114001008	ϕ150 连接三通（UPVC）	个	596			
1.1.3.9	500114001009	ϕ150 连接四通（UPVC）	个	310			
1.1.4		渠坡防护工程					
1.1.4.1		一般坡面防护					
1.1.4.1.1	500101004002	沟槽土方开挖	m^3	3347			
1.1.4.1.2	500112001001	C15 混凝土矩形排水沟预制安装	m^3	1327			
	……						

措施项目清单计价表

合同编号：HNJ-2010/×××

工程名称：南水北调中线一期工程总干渠×××段

序号	项 目 名 称	金额/元	备 注
1	临时工程		总价承包
1.1	施工导流及降排水		
1.1.1	施工导流		
1.1.2	度汛		
1.1.3	施工期降、排水		
1.2	临时设施		
1.2.1	现场施工测量		
1.2.2	施工交通		
1.2.2.1	沿渠道路		
1.2.2.2	其他道路		
1.2.3	施工供电		
1.2.4	施工供水程		
1.2.5	施工供风系统		
1.2.6	施工照明		

续表

序号	项 目 名 称	金额/元	备 注
1.2.7	施工通信及邮政设施		
1.2.8	混凝土生产系统		
1.2.9	临时工厂设施		
1.2.10	仓库和储料场		
1.2.11	临时生产管理及生活设施		
1.2.12	强重夯施工措施（砂石垫层及完工清除等）		
2	施工环境保护		总价承包
2.1	废水处理		
2.2	固体废弃物处理		
2.3	施工噪声、粉尘控制措施费		
2.4	其他		
3	施工期水保		总价承包
3.1	工程措施		
3.2	植物措施		
4	质量、进度、安全、文明措施费		不低于分类分项工程量清单计价表与措施项目计价表中临时工程报价之和的2%，其中0.9%用于激励考核，发包人控制使用
	合计		

其他项目清单计价表

合同编号：HNJ－2010/×××

工程名称：南水北调中线一期工程总干渠×××段

序号	项 目 名 称	金额/元	备注
1	施工控制网基准点施测费	388081	
2	施工区围挡费	830000	
3	沿渠临时道路	210000	
	合计		

计日工项目计价表

合同编号：HNJ-2010/×××

工程名称：南水北调中线一期工程总干渠×××段

序号	名　称	型号规格	计量单位	单价/元	备　注
1	人工				
2	材料				
3	机械				

工程单价汇总表

合同编号：HNJ-2010/×××

工程名称：南水北调中线一期工程总干渠×××段

序号	项目编码	项目名称	计量单位	人工费	材料费	机械使用费	施工管理费	企业利润	其他	税金	合计
1		建筑工程									
1.1											
1.1.1	500101××××××										
1.1.2											
2		安装工程									
2.1											
2.1.1	500201××××××										
2.1.2											

工程单价费（税）率汇总表

合同编号：HNJ-2010/×××

工程名称：南水北调中线一期工程总干渠×××段

序号	工程类别	工程单价费（税）率/%			备注
		施工管理费	企业利润	税金	
一	建筑工程				
二	安装工程				

投标人生产电、风、水、砂石基础单价汇总表

合同编号：HNJ-2010/×××

工程名称：南水北调中线一期工程总干渠×××段

序号	名称	规格型号	计量单位	人工费	材料费	机械使用费				合计	备注

投标人生产混凝土配合比材料费表

合同编号：HNJ－2010/×××

工程名称：南水北调中线一期工程总干渠×××段

序号	工程部位	混凝土强度等级	水泥强度等级	级配	水灰比	预算材料量/(kg/m³)				单价	备注
						水泥	砂	石			

投标人自行采购主要材料预算价格汇总表

合同编号：HNJ－2010/×××

工程名称：南水北调中线一期工程总干渠×××段

序　号	材 料 名 称	规格型号	计量单位	预算价格/元	备　注

投标人自备施工机械台时（班）费汇总表

合同编号：HNJ－2010/×××

工程名称：南水北调中线一期工程总干渠×××段

单位：元/台时（班）

序号	机械名称	规格型号	一类费用				二类费用							合计
			折旧费	维修费	安拆费	小计	人工	柴油	电				小计	

总 价 项 目 分 解 表

合同编号：HNJ－2010/×××

工程名称：南水北调中线一期工程总干渠×××段

序号	项目编码	项目名称	计量单位	工程数量	单价/元	合价/元	说明

工程单价计算表

______________项目名称

单价编号：　　　　定额单位：

施工方法：						
序号	名　称	规格型号	计量单位	数量	单价/元	合价/元
1	直接费					
1.1	人工费					
1.2	材料费					
1.3	机械使用费					
2	施工管理费					
3	企业利润					
4	其他					
5	税金					
	合计					

人工费单价汇总表

合同编号：HNJ－2010/×××

工程名称：南水北调中线一期工程总干渠×××段

序号	工　种	单位	单价/元	备　注

第二卷

第六章　图纸（略）
（招标图纸单独成册）

第三卷

第七章　技术标准和要求（略）
（合同技术条款）

第四卷

第八章　投标文件格式（略）